面向新工科普通高等教育系列教材

人工智能导论

王　健　赵国生　赵中楠　主　编

谭秀红　副主编

机械工业出版社

本书从人工智能的基本知识点（知识表示、搜索策略、确定性推理和不确定性推理等）入手，在全面讲解基础知识之后，进一步介绍人工智能在各领域中的研究，如人工智能在机器学习、专家系统、智能体、自然语言处理及其他领域的研究，并且配有丰富的实例方便读者理解学习，帮助读者由浅入深地学习人工智能知识。

本书按照人工智能的知识体系结构系统讲解各知识点，并且在每章末配有思考与练习，帮助读者理解和自测。本书内容全面、重点突出、由浅入深、方便理解、实用性强。各章节既相互独立又相互关联，适合项目化教学、课程设计、专题培训等。

本书既可以作为高等院校计算机类专业的相关课程教材，也可以作为相关培训机构的辅导用书。

本书配有授课电子课件，需要的教师可登录 www.cmpedu.com 免费注册，审核通过后下载，或联系编辑索取（微信：15910938545；电话：010-88379739）。

图书在版编目（CIP）数据

人工智能导论 / 王健，赵国生，赵中楠主编. —北京：机械工业出版社，2021.8
面向新工科普通高等教育系列教材
ISBN 978-7-111-68803-7

Ⅰ. ①人… Ⅱ. ①王… ②赵… ③赵… Ⅲ. ①人工智能-高等学校-教材
Ⅳ. ①TP18

中国版本图书馆 CIP 数据核字（2021）第 150318 号

机械工业出版社（北京市百万庄大街 22 号　邮政编码 100037）
策划编辑：郝建伟　　责任编辑：郝建伟　李晓波
责任校对：张艳霞　　责任印制：常天培
固安县铭成印刷有限公司印刷

2021 年 9 月第 1 版·第 1 次印刷
184mm×260mm·13.75 印张·337 千字
标准书号：ISBN 978-7-111-68803-7
定价：59.00 元

电话服务　　　　　　　　　　　网络服务
客服电话：010-88361066　　　　机 工 官 网：www.cmpbook.com
　　　　　010-88379833　　　　机 工 官 博：weibo.com/cmp1952
　　　　　010-68326294　　　　金 书 网：www.golden-book.com
封底无防伪标均为盗版　　　　机工教育服务网：www.cmpedu.com

前　言

人工智能是计算机学科的重要分支，从诞生以来，理论和技术日益成熟，应用领域也不断扩大。当前我国人工智能产业发展势头良好、空间巨大，以信息技术与制造技术深度融合为主线，推动新一代人工智能技术的产业化与集成化。现阶段人工智能的专业技术人才缺口很大，具有此方面专业技能的人才相对较少，但此领域发展前景被普遍看好。

本书在介绍基础知识和领域应用的同时，加入丰富实例，由浅入深地介绍知识点。本书可以引导读者快速掌握人工智能的基本知识，进而对人工智能在各领域中的研究进行学习，重点突出，便于理解。

本书介绍了人工智能的基本知识以及应用发展，全书共 10 章，包括人工智能概述、人工智能的知识表示、搜索策略、确定性推理和不确定性推理、机器学习、专家系统、智能体与多智能体系统、自然语言处理和人工智能在其他领域的研究，例如机器人学、智能规划、数据挖掘等。涵盖了人工智能从初学到进阶的主要内容，各章具体内容如下。

- 第 1 章：绪论，内容包括人工智能的定义及特点、人工智能的发展简史、人工智能的研究方法和人工智能的应用领域等。
- 第 2 章：主要讲解了知识表示，包括概述、一阶谓词逻辑表示法、产生式表示法、语义网络表示法、框架表示法等。
- 第 3 章：主要讲解了搜索策略，包括概述、问题求解过程的形式表示、状态空间图的盲目搜索策略、状态空间图的启发式搜索策略、与或树的搜索策略等。
- 第 4 章：主要讲解了确定性推理，包括自然演绎推理、归结演绎推理、与或型的演绎推理等。
- 第 5 章：主要讲解了不确定性推理，包括不确定性推理概述、主观贝叶斯方法、证据理论、模糊推理、粗糙集理论等。
- 第 6 章：主要讲解了机器学习，包括机器学习概述、归纳学习、人工神经网络学习、深度学习、强化学习等。
- 第 7 章：主要讲解了专家系统，包括专家系统概述、专家系统的设计与实现、专家系统的开发工具与环境、新型专家系统研究、案例分析等。
- 第 8 章：主要讲解了智能体与多智能体系统，包括智能体与多智能体系统概述、智能体理论、多智能体系统、移动智能体、案例分析等。
- 第 9 章：主要讲解了自然语言处理，包括自然语言处理概述、自然语言处理的基础研究内容、自然语言处理的应用技术、案例分析等。
- 第 10 章：主要讲解了人工智能在一些领域的研究，包括机器人学、智能规划、数据挖掘等。

主要特点

笔者多年来一直从事人工智能相关课程的讲授及理论研究工作，并在多个项目中对人工智能进行深入研究，有丰富的教学实践和编写经验。

本书内容丰富全面，举例充分，不仅有人工智能的基础知识，更有人工智能发展的相关内容。在内容编排上，按照读者学习的一般规律，由浅入深，条理清晰。在组织结构递进的同时，每章还配以实例、小结及思考与练习，针对人工智能在各领域的研究进行讲解，加深读者对知识的理解及运用。能够帮助读者快速、全面地学习人工智能，提高学习效率。

本书具有以下鲜明的特点：

- 从零开始，轻松入门。
- 图解案例，清晰直观。
- 图文并茂，操作简单。
- 实例引导，专业经典。
- 学以致用，注重实践。

读者对象

本书可以作为高等院校计算机相关专业本科及研究生的教材，也可以作为相关培训机构的辅导用书，同时也非常适合作为专业人员的参考手册。

- 学习人工智能的初级读者。
- 具有一定人工智能基础知识、希望进一步深入理解人工智能的中级读者。
- 人工智能的专业技术人员。

本书由哈尔滨理工大学王健教授、哈尔滨师范大学赵国生教授和哈尔滨理工大学赵中楠副教授任主编，齐鲁工业大学谭秀红任副主编。王健主要负责 1～4 章内容，赵国生主要负责 5～6 章内容，赵中楠主要负责 7～10 章内容，谭秀红负责部分章节的编写与统稿工作，宋一兵参与了编写工作并负责书稿的审查与校对。这里要特别感谢王妍力、刘嘉欣、刘佳、刘光辉、陈静、王晓、詹秀颖、葛惠杰和郝帅等研究生参与了编辑与校对工作，正是在他们的辛苦努力下，本书才能够展现给各位读者，在此一并表示感谢。同时，本书得到以下项目支持：国家自然科学基金项目"基于认知循环的任务关键系统可生存性自主增长模型与方法（61403109）"、国家自然科学基金项目"可生存系统的自主认知模式研究（61202458）"、高等学校博士点专项基金项目"任务关键系统可信性增强的自律机理研究（20112303120007）"和黑龙江省自然科学基金项目。

感谢您选择了本书，希望能对您的工作和学习有所帮助，也希望您把对本书的意见和建议告诉我们。"面向感知质量保障的移动群智感知方法研究（LH2020F034）"。

编　者

目　　录

第1章 绪　　论

　　人工智能作为研究机器智能和智能机器的一门综合性高技术学科，产生于 20 世纪 50 年代，它是一门涉及心理、认知、思维、信息、系统和生物等多学科的综合性技术学科。目前已在知识处理、模式识别、自然语言处理、博弈、自动定理证明、自动程序设计、专家系统、知识库、智能机器人等多个领域取得丰富的成果，并形成了多元化的发展方向。

1.1　什么是人工智能

　　人工智能（Artificial Intelligence，简称 AI），作为计算机学科的一个重要分支，是由 John McCarthy 于 1956 年在 Dartmouth 学会上正式提出的，当前被人们称为世界三大尖端技术（基因工程、纳米技术、人工智能）之一。通俗来讲，人工智能就是机器可以完成人们认为机器不能胜任的事情，如 AlphaGo 打败了世界顶尖的围棋高手；又如从图像当中把文字识别出来（如光学字符识别 OCR）等，人们认为它们就是人工智能。但随着人们认知的改变，对人工智能的认识也在改变，即使在科学界，人工智能的定义也在不断地变化着。

1.1.1　人工智能的定义

　　美国斯坦福大学人工智能研究中心尼尔逊（Nilson）教授这样定义人工智能"人工智能是关于知识的学科——怎样表示知识以及怎样获得知识并使用知识的学科"，而美国麻省理工学院的温斯顿（Winston）教授认为"人工智能就是研究如何使计算机去做过去只有人才能做的智能的工作"。除此之外，还有很多关于人工智能的定义，但至今尚未给出确切的定义。原因是无法准确定义智能，并且大众与专业人士之间、技术研发人员与社科研究人员之间，对于人工智能的认知存在深深的裂痕，因此人们彼此之间谈论的人工智能其实有时并非同一概念。但现有的定义均反映了人工智能学科的基本思想和基本内容。由此可以将人工智能定义为研究人类智能活动的规律、构造具有一定智能行为的人工系统的学科。

　　提到人工智能就不得不提及两个经典问题，即图灵测试和中文屋。图灵提出一个有趣的问题：人们如何辨别计算机是否真的会思考？根据这个问题设计了模仿游戏，如果一台机器能够与人类展开对话（通过电传设备）而不会被辨别出其机器身份，那么称这台机器具有智能，图灵测试示意图如图 1-1 所示。

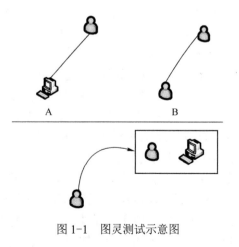

图 1-1　图灵测试示意图

📖 艾伦·麦席森·图灵（Alan Mathison Turing），英国数学家、逻辑学家，被称为"计算机科学之父""人工智能之父"。1950 年 10 月，曾发表了一篇名为"Computing Machinery and Intelligence"的论文，探讨到底什么是人工智能。

图中观察者通过控制打字机向两个测试对象通话，其中一个是人，另一个是机器。要求观察者不断提出各种问题，从而辨别回答者是人还是机器。

问：你会下国际象棋吗？

答：是的。

问：你会下国际象棋吗？

答：是的。

问：请再次回答，你会下国际象棋吗？

答：是的。

若问答效果如上所述，那么观察者多半会想到，面前的这位是一台机器。如果提问与回答呈现出另一种状态：

问：你会下国际象棋吗？

答：是的。

问：你会下国际象棋吗？

答：是的，我不是已经说过了吗？

问：请再次回答，你会下国际象棋吗？

答：你烦不烦，干嘛老提同样的问题。

那么观察者大概会认为对方是人而不是机器。上述两种对话的区别在于，第一种可明显地感到回答者是从知识库里提取简单的答案；第二种则具有分析综合的能力，回答者知道观察者在反复提出同样的问题。因此图灵指出："如果机器在某些现实的条件下，能够非常好地模仿人回答问题，以至提问者在相当长时间里误认为它不是机器，那么该机器就可以被认为是能够思维的。"

中文屋则是假设将一个只懂英文而不懂中文的人锁在一个房间里，房中只留一个中文翻译手册，房外人用中文提问，房中人依靠手册用中文回答，通过传递纸条进行沟通。房外人所扮演的角色相当于程序员，房中人相当于计算机，而手册则相当于计算机程序，中文屋示意图如图 1-2 所示。通过这样一种"黑箱"的方式，达到以假乱真的效果。实际上房外人是无法分辨房中人是否真正懂中文。虽然中文屋也提出了一个与图灵测试相似的问题，即如何判断一个程序是否拥有智能，但与此同时它提出了另外一个疑问：怎么样才能说明程序具有了理解能力？房中人即使回答对所有问题，也不代表他懂中文。

对于人工智能的定义还有很多说法，如美国科学院和美国工程院院士明斯基（Minsky）认为人工智能是研究使机器做人能做的、需要智能地工作的一门学科；新墨西哥大学的计算机科学、语言学以及心理学教授卢格尔（G. F. Luger）认为人工智能是计算机学科中关于智力行为自动化的分支；美国斯坦福大学计算机科学系教授费根鲍姆（Feigenbaum）认为只要告诉机器做什么，而不告诉它怎么做，机器若能完成就认为有智能；美籍日本学者渡边慧认为人类智能主要体现在演绎能力和归纳能力上，机器有这些能力就认为有智能等。智能是知识与智力的总和，知识是智能行为的基础，而智力是获取知识并应用知识求解问题的能力。经归纳总结，人工智能在广义上可定义为是人类智能行为规律、智能理论方面的研究，在狭义上是计算机学科中涉及研究、设计和应用智能机器的一个分支。

图 1-2　中文屋示意图

1.1.2　人工智能研究的特点

人工智能是一门知识的学科，以知识为对象，研究知识的获取、表示和使用。它游走于科技与人文之间，其中既需要数学、统计学、数学逻辑、计算机学科、神经学科等的贡献，也需要哲学、心理学、认知学科、法学、社会学等的参与。人工智能具有"至小有内，至大无外"的特点，并以一种多学科交叉内禀的形式呈现。它与传统计算机程序的区别是：其研究对象为以符号表示的知识，而不是数值；采用启发式推理方法；控制结构与领域知识分离，还允许出现不正确的答案。从模拟人类智能角度而言，人工智能应具备以下能力：

- 具备视觉感知和语言交流能力。
- 具备推理和问题求解能力。
- 具备协同控制能力。
- 具备遵守伦理道德能力。
- 具备从数据中进行归纳总结的能力。

在科学的历史长河中，人工智能是引起争论最多的学科之一。Minsky 说人工智能是有史以来最难的学科之一，难在实现智能需要浩繁的知识，而最难对付的知识是常识（不是专业知识）。由此可见，万能的逻辑推理体系至今没有创造出来，并不是因为人工智能专家的能力不够，而是因为这种万能的体系从根本上就是不可能有的。它最大的弱点就是缺乏知识，缺乏人类在几千年的文明史上积累起来的知识。在实际生活中，人是根据知识行事的，而不是根据在抽象原则上的推理行事的。即使就推理体系来说，它的主要技术是状态空间搜索，而在执行中遇到的主要困难是"组合爆炸"，事实表明，单靠一些思维原则是解决不了"组合爆炸"问题的，要摆脱困境，只有大量使用理性的知识。

1.2　人工智能发展简史

自 1956 年人工智能概念的正式提出，距今已经有 60 多年了。在此期间人工智能经历了三次浪潮、两次低谷的洗礼。当前，在深度学习算法的促进下，人工智能携带着云计算、大数据、卷积神经网络，突破了自然语言和语音处理、图像识别的瓶颈，为人类带来了翻天覆地的变化，用"忽如一夜春风来，千树万树梨花开"来形容人工智能的发展一点都不为过。

1955 年，在美国西部计算机联合大会中的一场名为"学习机器"的讨论会上，著名的英国计算机科学家塞费里奇（Oliver Selfridge）和美国卡耐基梅隆大学教授纽厄尔（Allen Newell）分别提出了对计算机模式识别与下棋的研究，人工智能的雏形得以出现。但人工智能一词的首次使用，则是在次年的 Dartmouth 会议。在这次会议上，除提到的这两位科学家外，John McCarthy、Claude Shannon、Marvin Lee Minsky、Herbert Simon 等当时顶尖的科学家也参与其中，确定了人工智能发展的大方向，也确定了人工智能最初的发展路线与发展目标。但受限于当时的软硬件条件，人工智能的研究多局限于对人类大脑运行的模拟，研究者只能对一些特定领域的具体问题开展研究，所以出现了如几何定理证明器、西洋跳棋程序、积木机器人等展现出智能的应用。图 1-3 所示为人工智能发展历史。

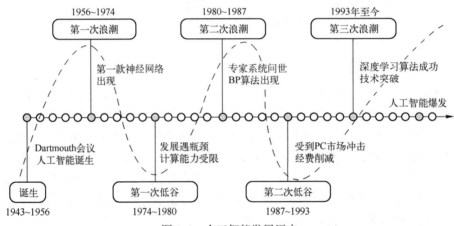

图 1-3　人工智能发展历史

人工智能高速发展的黄金时代是在 20 世纪 50～70 年代。期间，IBM 公司研发的跳棋程序战胜了当时的人类高手；首台人工智能机器人 Shakey 第一次被世人所知；世界上第一台自主互动聊天机器人 ELIZA 诞生。第一次浪潮伴随这些现象的出现达到了顶峰，一方面，人工智能被看作应用系统中的一门新兴科学技术；另一方面，由于算法上存在的缺陷以及计算任务的复杂和巨量，使得其前景不被人们看好，人工智能的效果饱受质疑，并遭遇了严重的打击。随之而来的经费削减使得人工智能陷入了第一次低谷。20 世纪 70 年代初期，人工智能的发展遭遇了瓶颈，当时最杰出的人工智能程序也只能解决问题中最简单的一部分，原因是随着人工智能技术和算法不断取得发展，当时的计算机性能和技术尚不具备处理并解决对应实际问题的能力，如计算机的内存大小和处理器速度。然而更重要的是，人们发现人工智能缺乏最基本的常识，例如：要求机器具有普通儿童的认知，科学家发现实现难度太高。虽然美国政府为人工智能领域的研究提供了巨额的经费，但由于缺乏进展，民众丧失了对人工智能发展前景的期望，人工智能的研究遭到了强力的阻碍，最终不得不停止相应的研究。

到了 20 世纪 80 年代，基于已有知识对实际问题进行解决的专家系统的大量投入使用，并成功地帮助工业界降低了大量成本，创造了大量收益，人工智能进入到第二次浪潮。如美国的 DEC 公司在 20 世纪 80 年代通过使用诸如 XCON/R1 等专家系统，每年在电子设备的生产、组装等环节节省的成本可达千万美元量级。此次复苏得益于飞速增长的算力与软硬件发展水平，但这些技术水平终究没能达到进一步发展的要求，因此深度学习在当时的条件之下仍然无法实现。此外，针对专家系统应用领域较为单一的问题，人们所尝试研制的通用于各领域的人工智能程序也遇到了危机，彼时日本的第五代计算机研制终因不能实现人机对话而宣告失败，对当时的学术界也是一次打击。人工智能在20世纪80年代末到90年代初期再一次陷入低谷，因为1987年第一代台式机的推广，市场需求被台式机取代，政府对于人工智能研究的拨款逐渐减少。此外，专家系统的研究还需要大量的领域专家参与，由于当时各方面人才的缺乏，并且计算机应用没有得到完全的普及，这导致专家系统的使用存在局限性。

20世纪90年代至今，人工智能迎来了第三浪潮，现在的我们也正身处其中。因为互联网的繁荣，使得数据量剧增，数据驱动方法从量变到质变，人们通过统计大量的样本进行建模，使得人工智能对于现实世界的理解发生显著的变化。同时，由于计算机硬件的飞速发展，满足了对大数据处理、复杂模型计算的能力的要求。在此次浪潮中，1997年超级计算机"深蓝"击败了国际象棋世界冠军，在全世界引起了不小的轰动；2011年基于人工智能技术的"沃森"在智力抢答节目中，击败了两位人类冠军，赢得了大奖，让人工智能技术再一次受世界瞩目；2016年谷歌旗下DeepMind公司开发的AlphaGo，在与世界围棋冠军李世石进行的围棋人机大战中，以4∶1的总分获胜，如图1-4所示。通过这些事件，人们逐渐地感受到了人工智能的力量。与前两次不同，第三次人工智能浪潮的很多产品都能投入到生活中使用，能够解决很多实际问题，让社会对它的需求日益增加。

图1-4　AlphaGo与李世石的围棋比赛宣传画

经过三次浪潮的洗礼，现在人们对于人工智能以及它将对社会产生什么样的影响展开了热烈的讨论，人工智能能够发展到什么程度，是否会超越人类，科幻电影中机器人反过来控制人类的场景会不会出现，人们对人工智能充满了好奇与担忧。当前，人工智能大致可以分为三类：弱人工智能、强人工智能、超人工智能。

弱人工智能是指专心于且只能处理特定领域问题的人工智能。毫无疑问，今日看到的所有人工智能算法和应用都归于弱人工智能的领域，如下棋程序、图像识别、自然语言处理等。在特定的领域弱人工智能已经超过了人类，如AlphaGo。目前，弱人工智能还是可供人类使用的工具，能推进社会的进步，对于人类来说它是可以控制和管理的。强人工智能基本上是和人一样聪明的，它具有和人一样的智力和能力，目前还没有强人工智能这种技术产品出现。强人工智能带来的第一个冲击就是它具备全方位的能力（如推理能力、学习能力、知识的表示和融合能力等），所以对于强人工智能，最具有争议性的不是它的技术能力，而是其是否有必要具有人类的"意识"（Consciousness）。进一步来讲，若人工智能有了自己的价值观，它还能愿意为人类服务吗？会不会危害到社会？这是一个更大的争议性话题。超人工智能是全面超越了人类的智能。牛津大学哲学家、未来学家尼克·波斯特洛姆（Nick Bostrom）在他的《超级智能》一书中，将超人工智能定义为"在科学创造力、才智和社交才能等任一方面都比最强的人类大脑聪明很多的智能"。显然，对今日的人们来说，这只是一种存在于科幻电影中的幻想场景。

在人工智能发展期间，各种技术的涌现，使得人工智能蓬勃发展。技术发展所来带来的计算能力的提升，成为人工智能爆发的科技基础。图 1-5 所示为人工智能发展道路上的大事记。其中有很多具有代表性的成就如人工神经网络、遗传算法、深度学习等。尤其是深度学习的提出，引领了人工智能发展中的第三次浪潮，并在当今依旧广泛应用于各个领域。深度学习结构，特别是那些基于人工神经网络（Artificial Neural Networks，ANN）而构建的，至少可以追溯到 1980 年由日本计算机科学家福岛邦彦（Kunihiko Fukushima）提出的新认知机，新认知机引入了使用无监督学习训练的卷积神经网络（Convolutional Neural Networks，CNN），而人工神经网络本身可以追溯更远。深度学习的发展历史如图 1-6 所示。它是比传统机器学习精度更高的一种机器学习。其在图形分类、面部识别和声音识别方面比传统机器学习的错误率分别低 41%、27% 和 25%。目前用于图像识别的卷积神经网络和用于语言/文字处理的人工神经网络是两种典型的模型。

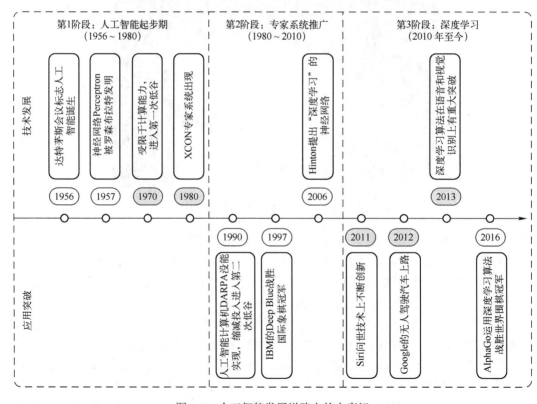

图 1-5　人工智能发展道路上的大事记

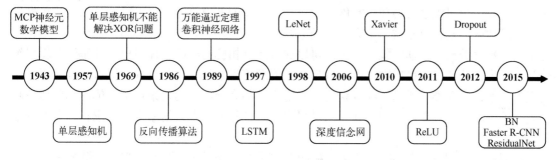
图 1-6 深度学习的发展历史

回顾人工智能 60 多年的风风雨雨，历史经验告诉我们，基础设施带来的推动作用是巨大的，人工智能屡次因数据、运算力、算法的局限性而跌入低谷，突破的方式则是由基础设施逐层向上推动至行业应用。我们也必须清醒地意识到，虽然在许多任务上，人工智能都取得了令人惊讶的结果，可以匹敌甚至超越人类，但瓶颈还是非常明显的。比如：计算机视觉方面，存在自然条件的影响（光线、遮挡物等）；主题的识别判断问题（从一幅结构复杂的图片中找到关注重点）；语音技术方面，存在特定场合的噪声问题（车载，家居等）；自然语言处理方面存在理解能力缺失、与物理世界缺少对应（"常识"的缺乏）的问题。总而言之，现有的人工智能技术一方面要依赖于大量高质量的训练数据；另一方面要依赖于独立的、具体的应用场景，通用性很差。

1.3 人工智能的研究方法

在人工智能的研究过程中，由于人们对智能本质的理解和认知不同，形成了人工智能研究的多种不同途径。不同的研究途径具有不同的学术观点，采用不同的研究方法，形成了不同的研究学派。目前在人工智能界主要的研究学派有符号主义、连接主义和行为主义等学派。符号主义以物理符号系统假设和有限合理性原理为基础；连接主义以人工神经网络模型为核心；行为主义侧重研究感知—行动的反应机制。

1.3.1 符号主义

符号主义（Symbolism）又被称为逻辑主义（Logicism）、心理学派（Psychlogism）或计算机学派（Computerism），是一种基于逻辑推理的智能模拟方法。该学派认为人工智能源于数理逻辑，人类认知和思维的基本单元是符号，认知过程就是符号的操作过程。它还认为知识是信息的一种形式，是构成智能的基础，人工智能的核心问题是知识表示、知识推理和知识运用，可以把符号主义的思想简单地归结为"认知即计算"。早期的人工智能研究者大多属于此类，该学派的代表人物有西蒙（Simon）、纽厄尔（Newell）和尼尔逊（Nilsson）等。

符号主义的主要原理是物理符号系统（即符号操作系统）假设和有限合理性原理。其中物理符号系统假设是纽厄尔和西蒙提出来的，其观点认为物理符号系统是实现智能行为的充要条件，即所有智能行为都等价于一个物理符号系统，而任何具有足够尺度的物理符号系统都可以经适当组织之后展现出智能。一个智能实体能处理符号，它可以由蛋白质、机械运动、半导体或其他材料构成，如人的神经系统等。计算机具有符号处理的推算能力，这种能力本身就蕴含着演绎推理的能力，因此可以通过运行相应的程序来体现出某种基于逻辑思维的智能行为，故计算机可以看作是一种理想的物理符号系统。有限合理性原理是西蒙提出来的观点，他认为人类之所以能在大量的不确定性、不完全信息的复杂环境下解决那些似乎超出人类求解能力的难题，其原因在于人类采用了一种称为启发式搜索方法来求得问题的有限合理性。

符号主义的代表性成果是纽厄尔和西蒙等人共同开发的数学定理证明程序——逻辑理论家（Logical Theorist，LT），其证明了《数学原理》第二章前 52 个数学定理中的 38 个，这意味着用计算机研究人的思维、模拟人类智能活动是可行的。之后，符号主义走过了一条启发式算法（专家系统）知识工程的发展道路，尤其是专家系统的成功开发与应用，使人工智能研究取得了突破性的进展，这对于人工智能走向工程应用和实现理论联系实际具有特别重要的意义。符号主义作为人工智能的主流派别，为人工智能的发展做出了突出贡献。

📖 《数学原理》由英国哲学家伯特兰·罗素（Bertrand Russell）及其老师怀特海（Alfred North Whitehead）合著，是数理逻辑发展史上的一个重要里程碑，奠定了 20 世纪数理逻辑发展的基础。但由于此书内容艰深，普通人甚至专门从事数学原理探讨的人，也难以通读，所以目前国内还没有完整及权威的中文译本。

1.3.2 连接主义

连接主义（Connectionism）又称为仿生学派（Bionicsism）或生理学派（Physiologism）。该学派以人工神经网络模型（如图 1-7 所示）为核心，认为人工智能是一种基于神经网络、网络间连接机制与学习算法的智能模拟方法。并将人工智能的起源归结为仿生学，把人的智能归结为人脑中大量的简单单元通过复杂的相互连接并进行活动的结果。连接主义者希望通过研究弄清楚大脑的结构以及它进行信息处理的过程和机理，以实现人类智能在机器上的模拟。我们可以把连接主义的思想简单地称为"神经计算"。该学派的代表人物是美国神经生理学家麦卡洛克（McCulloch）和数理逻辑学家皮茨（Pitts）。

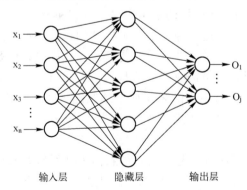

输入层　　　　隐藏层　　　　输出层

图 1-7　人工神经网络经典模型

连接主义的代表性成果为 1943 年麦卡洛克和皮茨共同创立的脑模型，即 MP 模型，通过对神经系统特别是神经元的活动机理、图灵的可计算数理论、罗素和怀特海的命题逻辑理论进行综合研究，提出该形式神经元的数学模型，从而开创了人工神经网络研究的时代，开辟了人工智能的又一发展道路。20 世纪 50 年代末，以美国心理学家罗森布拉特（Frank Rosenblatt）设计的感知机为代表的脑模型研究出现热潮，他试图用人工神经网络模拟动物和人的感知与学习能力，形成了人工智能的一个分支——模式识别，并创立了学习的决策论方法。但由于受到当时的理论模型、生物原型和技术条件的限制，脑模型的研究在 20 世纪 70 年代后期至 80 年代初期落入低谷。直到 1982 年，美国物理学家霍普菲尔德（Hopfield）证明了一种新型的神经元连接的网络，能够用一种全新的方式来学习和处理信息，提出了离散的神经网络模型，1984 年他又提出了连续的神经网络模型，使神经网络可以用电子线路来仿真，开拓了神经网络用于计算机的新途径，这才令连接主义再次受人关注。1986 年，美国的人工智能专家鲁梅尔哈特（Rumelhart）等人提出了多层网络中的反向传播算法，即 BP 算法，使多层感知机的理论模型有所突破。此后，连接主义势头大振，从模型到算法，从理论分析到工程实现，目前对人工神经网络结构和连接学习算法的研究热情仍然较高。

1.3.3 行为主义

行为主义（Actionism）又称为进化主义（Evolutionism）或控制论学派（Cyberneticsism），是基于控制论和"感知—行动"型控制系统的行为智能模拟方法，属于非符号处理方法。该学派认为人工智能源于控制论，认为"感知—行动"的反应机制是智能行为的基础，即智能行为取决于对外界复杂环境的适应，而非表示和推理。该学派的代表人物是澳大利亚机器人专家布鲁克斯（Brooks）。

控制论把神经系统的工作原理与信息理论、控制理论、逻辑以及计算机联系起来。它推进了机器人研究，机器人是"感知—行为"模式，通过系统与环境的交互，从运行环境中获取信息，从而做出相应的行为反应。早期的行为主义学者研究工作重点是模拟人在控制过程中的智能行为和作用，如对自寻优、自适应、自镇定、自组织和自学习等控制论系统的研究，并进行"控制动物"的研制。随着计算机技术、仿生学等学科的发展，具有行为主义代表性的研究成果"机器虫"（如图 1-8 所示）出现在大众视野中，"机器虫"是布鲁克斯在麻省理工学院的人工智能实验室研制成功的，它由一些相对独立的功能单元组成，分别实现避让、前进和平衡等基本功能，组成分层异步分布式网络，这个"机器虫"虽然不像人类那样具有推理、规划能力，但其在应付复杂环境方面体现出了超越原有机器人的能力，在自然（非结构化）环境下，具有灵活的防碰撞和漫游行为。布鲁克斯认为要求机器人像人类一样去思考很困难，如果由"机器虫"慢慢进化，或许可以做出机器人。这种基于行为的观点开辟了人工智能研究的新途径。尽管有人认为"机器虫"在"感知—行为"上的成功并不能导致高级控制行为，但是该学派的兴起，表明了控制论、系统工程的思想将进一步影响人工智能的发展。

图1-8 机器虫

1.4 人工智能的应用领域

人工智能的重要应用领域如下。

1. 智能医疗

人工智能对人类最具有意义的帮助之一就是促进医疗科技的发展,将人工智能算法和大数据服务应用于医疗行业中,提升医疗行业的诊断效率及服务质量,更好地解决医疗资源短缺问题。近年来,随着技术的发展、社会的进步、人们健康意识的提高以及人口老龄化问题的不断加剧,人们对提升医疗技术、延长寿命、增强健康的需求更加迫切。现在智能医疗领域的应用主要集中于以下5个方面。

1)医疗机器人:医疗机器人现在主要体现在外科领域,因为机器人的机械臂可以提供非常高的精准度,保障手术的可靠性,降低外科医生的劳动强度的同时缩小病人创口,减少系统定位误差。医疗机器人主要分为智能外骨骼(如 ExoAtlet I、ExoAtlet Pro)和手术机器人(如达·芬奇手术系统),如图1-9所示。

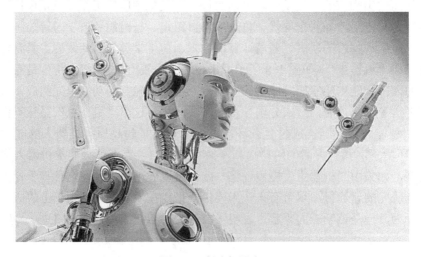

图1-9 医疗机器人

2）智能诊断：智能诊断是人工智能在医疗领域最核心的应用之一。目前智能诊断中最成熟的案例是 IBM Watson，IBM Watson 主要面向的是癌症患者，可为多种癌症病种提供诊治服务。国内也研发了很多智能诊断应用，如关幼波肝炎医疗专家系统、林如高骨伤计算机诊疗系统、腾讯觅影等。

3）智能医学影像：随着人工智能在图像识别和影像分类方面的技术越来越成熟，智能诊断得到了很好的发展。贝斯以色列女执事医疗中心（Beth Israel Deaconess Medical Center，BIDMC）与哈佛医学院合作研发的人工智能系统，对乳腺癌病理图片中癌细胞的识别准确率达到 92%。美国 Enlitic 公司结合深度学习开发出的癌症等恶性肿瘤检测系统诊断出了人类医生无法诊断出的 7%的癌症。

4）智能药物研发：借助深度学习、大数据分析等技术，快速、准确地挖掘和筛选出合适的化合物或生物，在新药的研发过程中缩短周期、降低成本、提高准确率。如美国 Berg 生物医药公司通过其开发的 Interrogative Biology 人工智能平台，已在抗肿瘤药和常见传染病治疗药物等多领域取得突破，在抗击埃博拉病毒中智能药物研发也发挥了重要作用。

5）智能健康管理：它是将人工智能技术应用到健康管理的具体场景中。比如，与打败了围棋大师的 AlphaGo 同属于一家公司的 DeepMind Health。DeepMind Health 利用 AlphaGo 积累下来的机器学习的技术来预测病人在住院期间病情恶化的情况，帮助医生和护士更早地发现病情并及时采取治疗。还有慢性病患者虚拟助理（Alme Health Coach）、康夫子等应用。

人工智能的引入，并不是要在所有领域都超过顶尖的医生，而是为了给经验不足的医生提供帮助，减少因为经验欠缺而造成的误诊，或者帮助高水平医生提高判断医疗影像、病理化验结果的效率，让其可以在相同时间内给更多的病人提供服务。医疗资源分布不均衡的地区，会因为人工智能的引入，让绝大多数病人享受到一流的服务。

2．自动驾驶

毫无疑问，自动驾驶是最能激起普通人好奇心的人工智能应用领域之一。自动驾驶汽车可以被理解为"站在四个轮子上的机器人"，利用传感器、摄像头、雷达感知环境，使用定位系统和高精度地图确定自身位置，从云端数据库接收交通信息，利用处理器使用收集到的各类数据，向控制系统发出指令，实现加速、刹车、变道、跟随等各种操作。人工智能技术在自动驾驶领域主要体现在环境感知、决策规划和车辆控制方面。汽车所面临的环境感知可谓极其"烧脑"，包括路面路沿检测、车道线检测、护栏检测、路标交通标志检测，以及重中之重的行人检测、机动车检测、非机动检测等。行为决策与路径规划则是人工智能在自动驾驶汽车领域中的另一个重要应用，前期决策树与贝叶斯网络都是已经大量应用的人工智能技术，目前越来越多的研发机构将强化学习应用到自动驾驶的行为与决策中。而在车辆控制方面，相对于传统的车辆控制技术，智能控制方法主要体现在对控制对象模型的运用和综合信息学习的运用上，包括神经网络控制和深度学习方法等，这些算法已经逐步在车辆控制中广泛应用。

谷歌的自动驾驶技术在过去若干年里始终处于领先地位，不仅获得了美国数个州合法上路的测试许可，也在实际路面上积累了上百万英里的行驶经验。Waymo 公司就是谷歌自动驾驶团队独立出来成立的，该公司研发的无人车"Firefly（萤火虫）"（如图 1-10 所示）是全球首款真正意义上的自动驾驶汽车。此外，自动驾驶领域代表性的例子还有吴恩达的

Drive.ai，它是一辆可以日常载客的自动驾驶汽车，在固定线路和固定区域行驶，并配备LCD屏幕，通过文字和符号与车外的行人、车辆进行沟通。

在出租车行业，优步和滴滴都在为自动驾驶技术用于共享经济而积极布局。优步的无人出租车已经在美国道路开始测试。在物流行业，自动驾驶的货运汽车很可能早于通用型的自动驾驶汽车开始上路运营，如 Embark 自动驾驶卡车可横穿美国东西海岸线。国内一些企业也在为之努力，如百度与金龙客车合力打造的 L4 级自动驾驶巴士"阿波龙"（如图 1-11所示）。阿里巴巴等一些互联网企业也纷纷与上汽等车企合作开发互联网汽车。自动驾驶本身的科幻色彩在今天已经越来越弱——它正从科幻元素变成真真切切的现实。

图 1-10　无人车"Firefly（萤火虫）"　　　图 1-11　自动驾驶巴士"阿波龙"

3．智慧金融

智慧金融是人工智能目前最被看好的落地领域之一。人工智能在金融服务、商业贸易、经济发展过程中可以充当一只"无形的手"来辅助个人、机构和政府，使得经济社会能够更加快速健康地发展，图 1-12 所示为智能投资顾问。

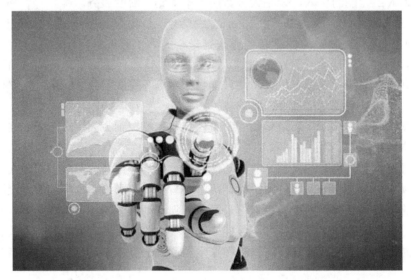

图 1-12　智能投资顾问

智能投资顾问是人工智能技术与金融服务深度结合的产物，与传统投资顾问相比，智能投资顾问具有透明度较高、投资门槛和管理费率较低、用户体验良好、个性化投资建议等独特优势，对于特定用户群体而言吸引力较大，推动了用户数量和市场规模的不断增长。它可以对整个金融投资数据进行详细的分析，不仅是对历史数据进行分析，还能够结合市场上的一些其他数据（如国家政策、行业发展等）进行分析。首个由国内商业银行推出的产品"摩羯智投"，用户可自行选择风险偏好，投资过程中可以减少受人情绪的影响所做出的不利于投资盈利的行为。另一款产品"灵犀智投"则是依据诺贝尔奖经典理论的投资组合策略进行资产分配的。

此外，还有如智能客服、智能推荐和金融监管等智能产物。智能客服可以给予用户良好的交互体验，如及时回复用户的问题、对用户意图进行理解和预测、解决常见问题等。智能推荐可以记忆用户偏好，比如根据浏览时间判断商品对用户的吸引力，并根据用户的偏好进行相关推荐，现在广泛应用于购物（如京东）、新闻（如今日头条）、短视频（如抖音）等方面。除了金融行业的服务和消费之外，监管问题也不容忽视，因此金融监管应运而生，对于违法违规行为的探测，可在人工智能系统中内置智能合约，在合规的情况下自动地进展，在违规时可以自我纠错，这使得新时代的金融交易得到健康的发展。

4. 智能家居

随着人工智能技术的赋能，智能家居产业迅速发展，生态逐步完善趋于成熟，美好的智慧新生活也似乎将要成为可能。智能家居（如图 1-13 所示）能够感知自己的周围环境，感知家中每一个人的活动。如指纹门锁、自动感应灯、人体传感器等联网传感设备。智能家居良好的发展前景已吸引众多巨头公司涉足，成为群雄逐鹿的战场，国内外科技企业对智能家居市场跃跃欲试，以单品爆发与平台发力等作为落脚点争相布局，欲抢占智能家居产业的主导地位。

图 1-13　智能家居

从国际来看，亚马逊、苹果、谷歌等都争相在平台、系统中枢上布局，意在以开放平台为卖点，构建一个开放的生态，实现互联互通与家居控制中心的战略目标，借此抢占更多上下游的支持者资源，巩固自身在市场中的主导地位。如亚马逊的 Echo 智能蓝牙喇叭、苹果发布的 Apple HomeKit、谷歌发布的 Google-Home 等。智能家居在国内的热度也一度上升，人们对智能家居的兴趣很高，都希望生活能够智能化，如海尔公司推出的 U-home、阿里巴巴的天猫精灵等。

典型的智能家居应用有以下几类：扫地机器人、智能音箱、个人助手。扫地机器人（如图 1-14 所示的米家扫地机器人）是搭载了智能处理器的吸尘装置，作为智能家居的代表，结合人工智能技术的扫地机器人能够达到良好的居家自动打扫效果。智能音箱的构成是音箱加上了智能语音的交互系统以及互联网的服务，所以用户可通过简单的语言指令，使其播放音乐、查询信息，甚至控制各种智能家居设备，如小度智能音箱（如图 1-15 所示）。个人助手则更贴近人们的生活，如微软的 Cortana、苹果的 Siri、小米的"小爱同学"等。

图 1-14　米家扫地机器人　　　　　　　　　　图 1-15　小度智能音箱

人工智能技术使智能家居由原来的被动智能转向主动智能，甚至可以代替人进行思考、决策和执行。科技给生活带来便利，让人们有更多的时间去享受生活。随着人工智能技术的成熟，势必会带动智能家居产业揭开新的篇章。

1.5　本章小结

本章主要介绍了人工智能的定义，讲述人工智能各阶段和方向的发展历史。另外还介绍了人工智能的研究方法和应用领域。虽然人工智能取得了突破性进展，但是它还是相当于在婴幼儿时期。目前来看，人工智能在图像识别、语音识别、文本处理、游戏博弈、艺术美学、软件设计等诸多方面正在全面赶超人类，相信人工智能的发展将会为人类社会带来又一次技术革命。

1.6　思考与练习

（1）人工智能的研究方法有哪些？
（2）人工智能发展中遇到过什么波折？后来是如何发展的？
（3）人工智能应用在哪些领域？你对人工智能的发展有何看法？

第2章 知识表示

知识表示（Knowledge Representation）是知识的符号化和形式化的过程，它研究用机器表示知识的可行的、有效的、通用的原则和方法，是一种数据结构与控制结构的统一体，既考虑知识的存储又考虑知识的使用。知识表示可以看成是一组对知识的描述和约定，把人类知识表示成机器能处理的数据结构。本章将介绍多种知识表示的方法：一阶谓词逻辑表示法、产生式表示法、语义网络表示法、框架表示法等。

2.1 概述

知识是人类在长期的生活及社会实践中、在科学研究及实验中积累起来的对客观世界的认识与经验。它反映了客观世界中事物之间的关系，不同事物或者相同事物间的不同关系形成了不同的知识。常用的且便于计算机利用的一种知识表达形式为："如果……，则……"或"如果……，那么……"，例如："如果叶子变黄了，则秋天来了"。知识一般可分为 3 类：描述性知识、程序性知识、控制性知识。描述性知识是描述客观事物的特点及其关系的知识；程序性知识是关于问题求解的操作步骤和过程的知识（如产生式规则、语义网络等）；控制性知识是有关各种处理过程的策略和结构的知识（如搜索策略、信息传播策略等）。

对于绝大多数大型而复杂的基于知识的系统，常常包含多种不同的问题求解活动，不同的活动往往需要不同的知识，因此建造基于知识的系统时会面临一个艰难的选择，即是否以统一的方式表达不同的知识。知识表示是对知识的一种描述，或者说是一组约定、一种计算机可以接受的用于描述知识的数据结构。若统一表示方法，则在知识获取和知识库维护上具有简易性，但处理效率较低；若不统一表示方法，会使得获取知识和维护数据库具有难度，但处理效率较高。为了选择合适的表示方法，应从以下几个方面进行考虑。

1）充分表示领域知识，将问题求解所需要的各类知识都能够正确、充分地表示出来，深入地了解领域知识的特点以及每一种表示模式的特征。

2）便于对知识进行获取和管理，使得智能系统可以逐步地增加知识，并在吸收新知识的同时，消除可能引起的新老知识之间的矛盾，保证知识的一致性、完整性。

3）便于理解与推理，所表示的知识应该易懂、易读，并且能够从已有的知识中推理出需要的答案及内容。

2.2 一阶谓词逻辑表示法

逻辑在知识的形式化表示和机器自动定理证明方面发挥了重要的作用，其中常用的逻辑是谓词逻辑（Predicate Logic），命题逻辑（Propositional Logic）可以看作是谓词逻辑的一种特殊形式。虽然命题逻辑能够把客观世界的各种事实表示为逻辑命题，但它具有较大的局限性，不适合表示复杂的问题，谓词逻辑则可以表达那些无法用命题逻辑表达的事情。

2.2.1 命题逻辑

定义 1 命题是一个非真即假的陈述句。

命题一般由大写的英文字母表示，它所表达的判断结果称为真值。当命题的意义为真时，称它的真值为"真"，记为 T。当命题的意义为假时，称它的真值为"假"，记为 F。一个命题可在一种条件下为真，在另一种条件下为假。

【例 2-1】 判断下列语句是否为命题，若是则判断其真假。

"π 约等于 3.14 吗？"：不是命题，非陈述句

"4<6"：是真命题

"太阳从东边落下"：是假命题

"北京是中华人民共和国的首都"：是真命题

"今天是星期日"：是命题，但是否为真值无法确定，不能判断真假

定义 2 命题逻辑是研究命题及命题之间关系的符号逻辑系统。

命题逻辑的表示方法非常简单，可以表示一些简单的逻辑关系和推理，但是具有一定的局限性，只能表示由事实组成的事物，无法把它所描述的事物的结构及逻辑特征反映出来，也无法表示不同事物的相同特征。

2.2.2 谓词逻辑

1．谓词

在一阶谓词逻辑中，研究对象全体所构成的非空集合称为论域（个体域），它是个体变量的取值范围，既可以是无限的，也可以是有限的。论域中的元素称为个体或个体词。个体可以是常量、变量（变元）或函数。个体常量通常表示具体的或特定的个体；个体变量通常表示抽象的或泛指的个体；个体函数指的是一个个体到另一个个体的映射。

定义 3 用于刻画个体的性质、状态或个体之间关系的词项，称为谓词。

谓词的一般形式为 $P(x_1,x_2,\cdots,x_n)$。其中，个体 $x_1,x_2,\cdots,x_n$ 表示某个独立存在的事物或者某个抽象的概念；谓词名 P 表示刻画个体的性质、状态或个体间的关系。如果谓词 P 中的所有个体都是常量、变量或函数，则称该谓词为一阶谓词。若某个个体本身又是一个一阶谓词，则称 P 为二阶谓词，以此类推。

【例 2-2】 将下列命题符号化，并判断是否为一阶谓词。

"老李是一名教师"：Teacher(Li)，是一阶谓词

"y<6"：Less(y,6)，是一阶谓词

"小王的母亲是教师"：Teacher(mother(Wang))，否，为二阶谓词

"David 作为一名工程师为 IBM 工作"：Works(engineer(David),IBM)，否，为二阶谓词

2．逻辑公式

谓词逻辑可以由原子和 5 种逻辑连接词，再加上量词来构造复杂的符号表示，这就是谓词逻辑中的公式。原子公式是谓词演算的基本积木块，运用连接词能够组合多个原子公式，以构成比较复杂的公式。

（1）连接词

¬："否定"（Negation）或"非"。

∨："析取"（Disjunction）或"或"。

∧："合取"（Conjunction）或"与"。

→："蕴含"（Implication）或"条件"（condition）。

↔："等价"（Equivalence）或"双条件"（bicondition）。

连接词的优先级别从高到低排列为：¬、∧、∨、→、↔。

表 2-1 所示为真值表。

表 2-1　真值表

P	Q	¬P	P∨Q	P∧Q	P→Q	P↔Q
T	T	F	T	T	T	T
T	F	F	T	F	F	F
F	T	T	T	F	T	F
F	F	T	F	F	T	T

【例 2-3】　将下列命题符号化。

"机器人不在 3 号房间"：¬Inroom(robot,r3)

"王红打篮球或踢足球"：Plays(Wanghong,basketball)∨Plays(Wanghong,football)

"我喜欢音乐和唱歌"：Like(I,music)∧Like(I,singing)

"如果陈华跑得最快，那么他将取得冠军"：Runs(Chenhua,faster) → Wins(Chenhua, champion)

"P 当且仅当 Q"：P↔Q

（2）量词

量词可分为全称量词（Universal Quantifier）和存在量词（Existential Quantifier）。全称量词（∀x）表示"对个体域中的所有（或任一个）个体 x"，读作"对所有的 x"或"对任一个 x"。存在量词（∃x）表示"在个体域中存在个体 x"，读作"存在 x"或"至少存在一个 x"。

【例 2-4】　将下列命题符号化。

"所有的机器人都是红色的"：(∀x)[ROBOT(x)→COLOR(x,RED)]

"2 号房间有个物体"：（∃x）INROOM（x,r2）

当全称量词和存在量词同时出现时，二者出现的次序将影响命题的意思。

【例 2-5】　请对下列公式进行翻译。

(∀x)((∃y)(Employee(x)→Manager(y,x)))："每个雇员都有一个经理"

(∃y)((∀x)(Employee(x)→Manager(y,x)))："有一个人是所有雇员的经理"

（3）谓词公式

定义 4　可按下述规则得到谓词演算的谓词公式。

1）单个谓词是谓词公式，也称为原子谓词公式。

2）若 A 是谓词公式，则¬A 也是谓词公式。

3）若 A、B 都是谓词公式，则 A∧B、A∨B、A→B、A↔B 也都是谓词公式。

4）若 A 是谓词公式，则(∀x)A，(∃x)A 也是谓词公式。

5）有限次应用 1）～4）生成的公式也是谓词公式。

在谓词逻辑中，由于公式可能含有常量、变量和函数，因此不能像命题公式那样直接通过真值指派给出解释，必须首先考虑常量和函数在个体域中的取值，然后才能针对常量和函数的具体取值为谓词分别指派真值。

3．一阶谓词逻辑知识表示方法

谓词能够比命题更加细致地刻画知识，可以表示事物的状态、属性、概念等事实性知识，也可以表示因果关系等规则性知识。对于事实性知识，通常由合取符号"∧"和析取符号"∨"连接形成的谓词公式表示；对于规则性知识，通常由蕴含符号"→"连接形成的谓词公式表示。谓词公式表示知识的一般步骤如下。

1）定义谓词及个体。确定每个谓词及个体的确切含义。

2）变量赋值。根据所要表达的事物或概念，为每个谓词中的变量赋予特定的值。

3）用连接词连接各谓词，形成谓词公式。根据所要表达知识的语义，用适当的连接符号将各谓词连接起来。

【例 2-6】 请用谓词公式表示下列知识。

1）小明比他父亲高。

2）所有整数不是偶数就是奇数。

3）人人都爱护环境。

解： 1）定义谓词：Father(x)：x 的父亲；Higher(x,y)：x 比 y 高。

谓词公式：Higher(Xiaoming,father(Xiaoming))。

2）定义谓词：I(x)：x 是整数；E(x)：x 是偶数；O(x)：x 是奇数。

谓词公式：(∀x)(I(x)→E(x)∨O(x))。

3）定义谓词：Man(x)：x 是人；Protect(x,y)：x 保护 y。

谓词公式：(∀x)(Man(x)→Protect(x,environment))。

谓词逻辑法是应用最广的方法之一，它本身具有比较扎实的数学基础，知识的表达方式决定了系统的主要结构。因此，对知识表达方式的严密科学性要求就比较容易得到满足。一阶谓词逻辑具有完备的逻辑推理算法。如果对逻辑的某些外延扩展后，则可把大部分的知识表达成一阶谓词逻辑的形式。这样对形式理论的扩展导致了整个系统框架的发展，由于逻辑及形式系统具有的重要性质，可以保证知识库中的新旧知识在逻辑上的一致性（或通过相应的一套处理过程进行检验）和所演绎出来的结论的正确性，而其他的表示方法在这点上还不能与其相比。

4．推理规则

在证明中常用的推理规则有前提引入规则 P，结论引入规则 T 和置换规则 E 等。P 规则是指在任何步骤上都可以引入前提；T 规则是指可以引入本次已经得到的结论作为后续证明的前提；E 规则是指一阶谓词公式中的任何子公式都可用与之等值的公式置换，得到证明公式序列的另一个公式。因为谓词演算可看作命题演算的推广，因此除了上述基本规则外，等价式和蕴含式也适用于谓词演算过程。

定义 5 设 A 和 B 是两个谓词公式，D 是它们共同的个体域，若对 D 上的任一个解释，A 与 B 都有相同的真值，则称 A 与 B 在 D 上是等价的。如果 D 是任意的非空个体域，则 A 与 B 是等价的，记为 A⇔B。

常用的等价关系式有以下几种，

1）双重否定：¬(¬A)⇔A。

2）交换律：A∨B⇔B∨A，A∧B⇔B∧A。

3）结合律：(A∧B)∧R⇔A∧(B∧R)，(A∨B)∨R⇔A∨(B∨R)。

4）分配律：A∨(B∧R)⇔(A∧B)∧(A∨R)，A∧(B∨R)⇔(A∨B)∨(A∧R)。

5）摩根定律：¬(A∧B)⇔¬A∨¬B，¬(A∨B)⇔¬A∧¬B。

6）吸收律：A∨(A∧B)⇔A，A∧(A∨B)⇔A。

7）补余律：A∨¬A⇔T，A∧¬A⇔F。

8）连词化归律：A→B⇔¬A∨B，A↔B⇔(A→B)∧(B→A)，A↔B⇔(A∧B)∨(¬A∧¬B)。

9）量词转换律：¬(∀x)A(x)⇔(∃x)(¬A(x))，¬(∃x)A(x)⇔(∀x)(¬A(x))。

10）量词分配律：(∀x)(A(x)∧B(x))⇔(∀x)A(x)∧(∀x)B(x)。

(∃x)(A(x)∨B(x))⇔(∃x)A(x)∨(∃x)B(x)。

定义 6 设 A，B 是谓词公式，如果 A→B 为永真式，则称 A 蕴含 B，或称 B 是 A 的逻辑结果，记为 A⇒B。

一阶逻辑中常用的永真蕴含式有以下几种，

1）化简式：A∧B⇒A，A∧B⇒B。

2）附加式：A⇒A∨B，B⇒A∨B。

3）析取三段论：¬A，A∨B⇒B。

4）假言推理：A，A→B⇒B。

5）拒取式：¬B，A→B⇒¬A。

6）假言三段论：A→B，B→R⇒R。

7）二难推理：A∨B，A→R，B→R⇒R。

8）全称固化：(∀x)(A(x)⇒A(y))。

9）存在固化：(∃x)A(x)⇒A(a)。

【例 2-7】 证明 ¬A 是 A→¬B、B∨¬R、R 的有效结论。

证：

① R	P
② B∨¬R	P
③ B	T(1)(2)，由 ¬P，P∨Q⇒Q 得
④ A→¬B	P
⑤ B→¬A	T(4)，由 P→Q⇔¬Q→¬P 得
⑥ ¬A	T(3)(5)，由 P，P→Q⇒Q 得

由于量词的引入，使得某些前提与结论可能受量词的限制。并且为了使谓词演算的推理过程可以按命题演算的推理过程进行，必须在谓词演算过程中消去和添加量词。因此，还需给出一些谓词演算中所特有的蕴含式和推理规则。

1）全称指定规则（US 规则）

∀xA(x)⇒A(y)

∀xA(x)⇒A(c)

成立条件：x 是 A(x)的自由变量；y 是不在 A(x)中约束出现的任何一个变量符号；c 为任意常量符号。

2）全称推广规则（UG 规则）

$A(y) \Rightarrow \forall x A(x)$

成立条件：y 在 A(x)中自由出现；x 不能在 A(x)中约束出现。

3）存在指定规则（ES 规则）

$\exists x A(x) \Rightarrow A(c)$

成立条件：c 是使 A(c)为真的常量符号；A(x)中的变量只有 x。

4）存在推广规则（EG 规则）

$A(c) \Rightarrow \exists x A(x)$

成立条件：c 是特定的常量符号；取代 c 的 x 在 A(x)中没有出现过。

定义 7　设 A(x)、B(x)是含一个自由变量的谓词公式，则有

1）$(\forall x A(x)) \vee (\forall x B(x)) \Rightarrow \forall x(A(x) \vee B(x))$

2）$\exists x(A(x) \wedge B(x)) \Rightarrow (\exists x A(x)) \wedge (\exists x B(x))$

3）$(\exists x A(x)) \rightarrow (\forall x B(x)) \Rightarrow \forall x(A(x) \rightarrow B(x))$

【例 2-8】　将下列命题符号化，并证明其结论是有效的。

每个喜欢步行的人都不喜欢骑自行车；每个人或者喜欢骑自行车或者喜欢乘汽车；有的人喜欢乘汽车。所以有的人不喜欢步行。

命题符号化为：F(x)：x 喜欢步行，G(x)：x 喜欢骑自行车，H(x)：x 喜欢乘汽车。

前提：$\forall x(F(x) \rightarrow G(x))$，$\forall x(G(x) \vee H(x))$，$\exists x(\neg H(x))$

结论：$\exists x(\neg(F(x)))$

证明：① $\exists x(\neg H(x))$　　　　　　　P

② $\neg H(c)$　　　　　　　　　　ES(1)

③ $\forall x(G(x) \vee H(x))$　　　　　P

④ $G(c) \vee H(c)$　　　　　　　US(3)

⑤ $G(c)$　　　　　　　　　　　T(2)(4)

⑥ $\forall x(F(x) \rightarrow G(x))$　　　　P

⑦ $F(c) \rightarrow G(c)$　　　　　　　US(6)

⑧ $\neg F(c)$　　　　　　　　　　T(5)(7)

⑨ $\exists x(\neg(F(x)))$　　　　　　EG(8)

5．谓词逻辑表示法的特点

逻辑知识表示的主要特点是建立在形式化的逻辑基础上，并利用逻辑方法研究推理的规则，即条件和结论之间的蕴含关系。一阶谓词逻辑表示方法的主要优点如下。

1）严密性：可以保证其推理过程和结果的准确性，可以比较精确地表达知识。

2）通用性：具有通用的知识表示方法和推理规则，有很广泛的应用领域。

3）自然性：表达方式与人类自然语言非常相似，易于被人所接受。

4）明确性：对各语法单元（如连接词、量词等）和逻辑公式定义严格，对于用逻辑方法表示的知识，可以按照一种标准的方法进行解释，易于理解。

5）易于实现：各条知识相互独立，它们之间不直接发生关系，便于知识的模块化，便

于知识的增删及修改，易于在计算机上实现。

一阶谓词逻辑推理虽然具备充分的表达能力，但是也有不足的地方，如下所示。

1）效率低：由于推理是根据形式逻辑进行的，形式推理使得推理过程太冗长，降低了效率。另一方面，表示越清楚，推理越慢，则效率越低。

2）灵活性差：不便于表达启发式知识和不精确的知识。

3）组合爆炸：在推理过程中，随着事实数量的增大及盲目地使用推理规则，有可能产生组合爆炸。

2.3 产生式表示法

在自然界的各种知识单元之间存在着大量的因果关系。这些前提和结论之间的关系，可用产生式（或者规则）来表示。产生式表示法容易用来描述事实、规则以及它们的不确定性度量，适用于表示事实性知识和规则性知识。目前其应用比较广泛，特别是在人工智能领域，已成为该领域应用最多的一种知识表示模式，尤其是在专家系统方面，许多成功的专家系统都是采用产生式表示法。本节将重点介绍产生式的基本形式以及它的特点，并阐述产生式系统的组成和推理方式。

2.3.1 产生式

1934 年美国数学家波斯特（E. POST）首先提出产生式的概念，它根据串代替规则提出了一种称为波斯特机的计算模型，模型中的每条规则称为产生式，所以产生式可以理解为符号的变换规则。对于事实性知识，可看成断言一个语言变量的值或多个语言变量间关系的陈述句，语言变量的值或语言变量间的关系可以是数字，也可以是一个词。如小李年龄是25；小李喜欢计算机课。对于规则性知识，一般表示事物间的因果关系，如天上下雨地上湿；如果把冰加热到0℃以上，冰就会融化为水。下面将对其表达形式进行具体的介绍。

1．事实性知识

确定性事实性知识一般使用三元组表示：（对象，属性，值）或（关系，对象 1，对象2），其中对象就是语言变量。不确定性事实性知识的表示形式一般使用四元组表示（增加可信度）：（对象，属性，值，可信度值）或（关系，对象1，对象2，可信度值）。

【例 2-9】 用产生式表示法表示下列事实。

1）"小丽体重 50kg"：（Xiaoli，weight，50）

2）"Lisa 和 Eva 是同班同学"：（classmate，Lisa，Eva）

3）"小丽体重可能 50kg"：（Xiaoli，weight，50，0.8）

4）"Lisa 和 Eva 不大可能是同班同学"：（classmate，Lisa，Eva，0.1）

2．规则性知识

确定性规则性知识一般用"P→Q"或者"IF P THEN Q"表示，P 是产生式的前提，也称为前件，它给出了该产生式可否使用的先决条件，由事实的逻辑组合来构成；Q 是一组结论或操作，也称为产生式的后件，它指出当前提 P 满足时，应该推出的结论或应该执行的动作。不确定性规则性知识一般用"P→Q（可信度）"或者"IF P THEN Q（可信度）"表示。

【例 2-10】 用产生式表示法表示下列事实。

1）"如果该动物会飞会下蛋，则该动物是鸟"：Fly∧Egg→Bird

2）"如果该动物会思考，则它具有智慧"：IF Think THEN Wisdom

3）"如果咳嗽，则很有可能是感冒了"：Cough→Have a cold (0.7)

4）"如果打喷嚏，有可能是鼻炎"：IF Sneezing THEN Rhinitis (0.3)

3．产生式的形式描述及语义——巴科斯范式（Backus Normal Form，BNF）

规则的巴科斯范式描述如下。

<规则>::=<前提>→<结论>

<前提>::=<简单条件>|<复杂条件>

<结论>::=<事实>|<动作>

<复合条件>::=|<简单条件>AND<简单条件>[(AND<简单条件>)]<简单条件>OR<简单条件>[(OR<简单条件>)]

<动作>::=<动作名>|<变元>

其中，符号"::="表示"定义为"；符号"|"表示"或者是"；符号"[ ]"表示"可省略"。

4．产生式与蕴含式的区别

1）表示范围不同：蕴含式是一个逻辑表达式，其逻辑值只有真和假，因此蕴含式只能表示精确知识。产生式则包括各种操作、规则、变换和函数等，所以产生式不仅可以表示精确知识，还可以表示不精确知识。

2）匹配标准不同：产生式系统中决定一条知识是否可用的方法是检查当前是否有已知事实可与前提中的条件匹配，但是这种匹配可以是精准的也可以是不精准的，只要按某种算法求出相似度在某个预先指定范围内即可。但是对逻辑谓词的蕴含式来说，要求匹配是精准的。

2.3.2　产生式系统的组成

把一组产生式放在一起，相互配合、协同作用，一个产生式的结论可以是另一个产生式的前提，以这种方式解决问题称为产生式系统。产生式系统也可算作是一种演绎系统。如数学公理系统，算数公理：x=y∧y=z→x=z，x=z∧y=t→x+y=z+t；几何公理：connect(l,a,b)∧connect(m,a,b)∧segment(l)→length(m)>=length(l)。下面将介绍产生式系统的结构及其基本特征。

1．产生式系统的基本结构

产生式系统的三要素是综合数据库、规则库、推理机，它们之间的关系如图 2-1 所示。

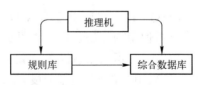

图 2-1　产生式系统基本结构

1）综合数据库：综合数据库又称全局数据库、事实库、黑板、上下文等，用于存放求解问题过程中各种当前信息，如问题的初始事实、原始证据、推理中得到的中间结论以及最终结论。当规则库中的某一条产生式的前提与综合数据库中的某些已知事实匹配时，该产生式激活，并把它推出的结论放入综合数据库中，作为其后推理的已知条件。

2）规则库：规则库就是用于描述某领域内知识的产生式集合，是某领域知识（规则）的存储器，其中的规则是以产生式形式表示的。规则库中包含着将问题从初始状态转换成目标状态（或解状态）的那些变换规则。规则库是专家系统的核心，也是一般产生式系统赖以进行问题求解的基础，其中知识的完整性和一致性、知识表达的准确性和灵活性以及知识组织的合理性都将对产生式系统的性能和运行效率产生直接的影响。每个规则分左部和右部，如天气晴朗→地上干。一般左边表示情况，即什么条件发生时产生式被调用。通常用匹配方法核实情况。匹配成功时，执行右边规定的动作。

3）推理机：推理机由一组程序组成，实现对问题的求解。推理机主要做以下几方面工作。

① 按某种策略从规则库中选择规则与综合数据库中的已知事实进行匹配。

② 若匹配成功的规则有多条，则需有冲突消解策略，选择一条来执行。

③ 执行规则时，若后件是结论，则加入到综合数据库。

④ 对于不确定性知识，执行规则时还需按一定算法来执行结论的不确定性。

⑤ 随时检查结束推理机的条件。

2．产生式系统的基本特征

产生式系统的主要特点有以下几点。

1）相对固定格式：每个产生式均由左部和右部构成，左部匹配，右部动作。匹配信息只有两种：成功或失败。左部的匹配没有副作用，一般无递归、无复杂的计算。右部的动作也是基本的、无复杂的控制。

2）知识的模块化：知识被分成知识元，存储于数据库中。规则本身也可看作是知识元，但它是指导如何使用知识的，是关于知识的知识。知识的模块化使知识的补充与修改变得容易，但必须保证数据库的无矛盾性与一致性。

3）相互影响的间接性：产生式系统是数据驱动的，控制流程是看不见的。一个产生式的调用对其他产生式的影响是通过修改数据库来间接地实现的。

4）机器可读性：包括机器识别产生式、语法检查和某种程度上的语义检查。语法检查包括无矛盾性检验（Integrity Test），如 A→B、A→￢B 这类矛盾或 A∧B→C、A→C 这类冗余。语义检查涉及具体知识领域，如数据库的一致性检验，对产生式做出解释。由于产生式的推理过程一般是看不见的，因此系统应告诉用户做出结论的依据是什么、用到什么规则推理过程是怎样的。

3．产生式知识元

1）常量字符串：最简单的一种形式，仅当两个常量字符串恒等时，相应的两个知识元才算匹配成功；仅当左部的每个知识元都和当前数据库中的某个知识元匹配成功时，该左部才算匹配成功。

【例 2-11】 某单位的职称制度产生式系统的知识元。

```
graduate∧seminar→assistant
assistant∧lecture→lecturer
lecturer∧paper→a-professor
a-professor∧book→professor
```

2）置换系统：在置换系统中，不要求两个知识元恒等，只要左部中的知识元是当前数据库中的某个知识元的子串即可。匹配成功后，右部的动作会把数据库中该知识元所含的子串换成在右部中出现的子串。

【例 2-12】 转换系统具体例子如下。

```
aa→a
bb→b
ba→ab
a→A
b→B
```

这个产生式系统可以把任何由 a 和 b 两个字母构成的字符串变为 AB。

例如，abab⇒aabb⇒abb⇒ab⇒Ab⇒AB

3）带变量的置换系统：在置换系统中，如果产生式的左部都只有一个符号，则这些符号也称为变量。当有多个产生式具有相同的左部和各不相同的右部时，表示该符号可被不同的字符串所替换。引进变量的另一个效果是把命题化为谓词，进而构造出由谓词构成的产生式系统。变量的作用域仅限于它所在的产生式。如果匹配过程中某规则中的一个变量被约束为某个值，则同一规则中所有同名变量必须约束为同一个值。同时，不论是规则匹配失败或成功结束，被约束变量都要恢复原状。

【例 2-13】 有一个智力竞赛，有三个竞赛者 x、y 和 z。开始时主持人在每个竞赛者头上戴一顶帽子，颜色有红、白两种，但至少有一顶为白色，问题是说出自己所戴帽子的颜色。主持人连续提问两次，三人谁都没有答对，第三次时 z 答对了，请问他的判断依据是什么？

规则如下。

```
color(x,red)∧color(y,red)∧x≠y→color(himself,white)
color(x,red)∧color(y,red)∧cant answer(y)→color(himself,white)
color(x,red)∧color(y,white)∧answer(y)→color(himself,red)
color(x,white)∧color(y,white)∧can't answer(y)∧can't answer at second time (y)→color
(himself,white)
color(x,white)∧color(y,white)∧can't answer(y)∧answer at second time(y)→color
(himself,red)
```

2.3.3 产生式系统的基本过程

1. 产生式系统的基本过程

产生式系统的基本过程流程图如图 2-2 所示。

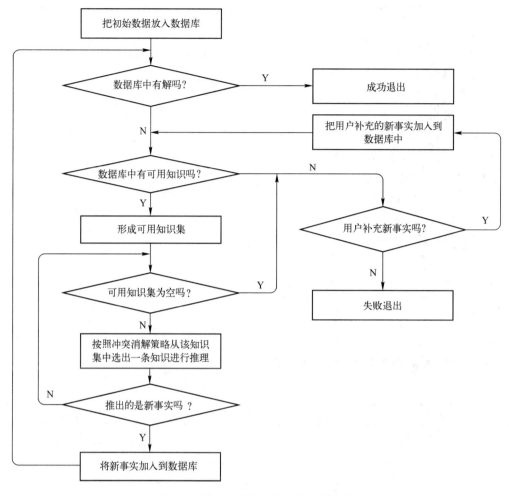

图 2-2 产生式系统的基本过程流程图

产生式系统的基本过程如下。

1）DATA←初始化数据库

2）until DATA 满足结束条件，do

3）{

4）在规则集中选择一条可应用于 DATA 的规则 R

5）DATA←R 应用到 DATA 得到的结果

6）}

【例 2-14】 问题：设字符转换规则

A∧B→C

A∧C→D

B∧C→G

B∧E→F

D→E

已知：A，B。

求：F。

1）综合数据库。

{x}，其中 x 为字符。

2）规则集。

r_1: IF A∧B THEN C

r_2: IF A∧C THEN D

r_3: IF B∧C THEN G

r_4: IF B∧E THEN F

r_5: IF D THEN E

3）控制策略。

顺序排队。

4）初始条件。

{A,B}

5）结束条件。

F∈{x}

具体的字符转换求解过程，如表 2-2 所示。

表 2-2　字符转换求解过程

数据库	可触发规则	被触发规则
A，B	r_1	r_1
A，B，C	r_2、r_3	r_2
A，B，C，D	r_3、r_5	r_3
A，B，C，D，G	r_5	r_5
A，B，C，D，G，E	r_4	r_4
A，B，C，D，G，E，F	/	/

最后因为出现 F，满足 F∈{x}这个结束条件，所以转换终止，字符转换过程可描述如下。

1）IF A∧B THEN C

2）IF A∧C THEN D

3）IF B∧C THEN G

4）IF D THEN E

5）IF B∧E THEN F

【例 2-15】 传教士与野人问题（M-C 问题）。

N 个传教士，N 个野人，只有一条船，可同时乘坐 k 个人。要求在任何时刻，在河的两岸，传教士的人数不能少于野人的人数。

问：如何过河？

以 N=3、k=2 为例求解，M-C 初始状态如表 2-3 所示，M-C 最终状态如表 2-4 所示。

表 2-3　M-C 初始状态	L	R
m	3	0
c	3	0
b	1	0

表 2-4　M-C 最终状态	L	R
m	0	3
c	0	3
b	0	1

1）综合数据库。

(m, c, b)，其中：$0 \leqslant m, c \leqslant 3, b \in \{0, 1\}$

L：左岸

R：右岸

m：传教士的人数

c：野人的人数

b=1：船在这一岸

b=0：船不在这一岸

2）初始状态。

(3,3,1)

3）目标状态（结束状态）。

(0,0,0)

4）规则集。

r_1:IF(m,c,1)　　THEN(m−1,c,0)

r_2:IF(m,c,1)　　THEN(m,c−1,0)

r_3:IF(m,c,1)　　THEN(m−1,c−1,0)

r_4:IF(m,c,1)　　THEN(m−2,c,0)

r_5:IF(m,c,1)　　THEN(m,c−2,0)

r_6:IF(m,c,0)　　THEN(m+1,c,1)

r_7:IF(m,c,0)　　THEN(m,c+1,1)

r_8:IF(m,c,0)　　THEN(m+1,c+1,1)

r_9:IF(m,c,0)　　THEN(m+2,c,1)

r_{10}:IF(m,c,0)　　THEN(m,c+2,1)

当状态为（3,3,1）时，可能有如下动作。

(3,3,1)→(2,3,0)

→(3,2,0)

→(2,2,0)

→(1,3,0)

→(3,1,0)

根据约束条件"传教士的人数不能少于野人的人数"进行取舍，一种可行方案如下。

3,3,1⇒3,1,0⇒3,2,1⇒3,0,0⇒

3,1,1⇒1,1,0⇒2,2,1⇒0,2,0⇒

0,3,1⇒0,1,0⇒1,1,1⇒0,0,0

【例2-16】 猴子香蕉问题。

一只猴子位于水平位置 c 处，香蕉挂在水平位置 a 处的上方，猴子想吃香蕉，但高度不够，够不着。恰好在 b 处有可移动的箱子，若猴子站在箱子上，就可以够到香蕉，猴子香蕉问题示意图如图 2-3 所示。问题是判定猴子的行动计划，使它能够到香蕉。

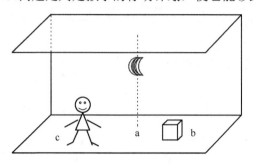

图 2-3　猴子香蕉问题示意图

1）综合数据库。

（M,B,Box,On,H）

M：猴子的位置

B：香蕉的位置

Box：箱子的位置

On=0：猴子在地板上

On=1：猴子在箱子上

H=0：猴子没有够到香蕉

H=1：猴子够到了香蕉

2）初始状态。

（c,a,b,0,0）

3）结束状态。

（x1,x2,x3,x4,1）

其中 x1～x4 为变量。

4）规则集。

r_1:IF　(x, y, z, 0, 0)　THEN　(w, y, z, 0, 0)；走到 w 处

r_2:IF　(x, y, x, 0, 0)　THEN　(z, y, z, 0, 0)；推箱子到 z

r_3:IF　(x, y, x, 0, 0)　THEN　(x, y, x, 1, 0)；爬上箱子

r_4:IF　(x, y, x, 1, 0)　THEN　(x, y, x, 0, 0)；下箱子

r_5:IF　(x, x, x, 1, 0)　THEN　(x, x, x, 1, 1)；够到香蕉

其中 x、y、z、w 为变量。

2. 产生式系统的推理方法

1）正向推理：从已知事实出发，通过规则集求得结论。正向推理方式也被称为数据驱动方式或自底向上方式。推理过程是：将规则集中的规则与数据库中的事实进行匹配，得到匹配的规则集合；从匹配的规则集合中选择一条规则作为使用规则；执行使用规则的右部，

将该规则的右部送入数据库或对数据库进行必要的修改；重复这个过程直到达成目标。正向推理的优点是简单明了且能求出所有解；缺点是执行效率较低，原因是它驱动了一些与问题无关的规则，具有一定的盲目性。

2）反向推理：从目标出发，反向使用规则，求得已知事实，这种推理方式也称为目标驱动方式或自顶向下方式。推理过程是：将规则集中的规则右部与目标事实进行匹配，得到匹配的规则集合；从匹配的规则集合中选择一条规则作为使用规则；将使用规则的左部作为子目标；重复这个过程直到各子目标均为已知事实，则推理成功。反向推理的优点是不寻找无用数据，不使用与问题无关的规则，因此若目标明确，使用反向推理方式的效率是比较高的。

3）双向推理：既自顶向下又自底向上的推理，推理是从两个方向进行的，直至某个中间界面上两方向的结果相符便结束。双向推理较正向推理或反向推理所形成的推理网格小，因此推理效率更高。

3．产生式系统的优点和缺点

产生式系统是目前在人工智能中应用最广泛的知识表示方法，主要原因在于产生式规则最适合表示各种启发式的经验性关联规则，领域专家可以无须知识工程工具就能够把自己的知识转换为 IF-THEN 规则形式。这种方法的优点如下。

1）模块性：规则与规则之间相互独立，知识库与推理机分离，知识库维护方便。

2）清晰性：格式固定、形式简单。

3）自然性：表达因果关系自然，符合思维习惯，可方便地表示专家的启发性知识与经验。

4）有效性：既可以表示精确的知识，也可以表示不精确、不完全的知识。

但是，随着要解决的问题越来越复杂，规则集越来越大，产生式系统的问题也越来越多。具体问题如下。

1）效率低：各规则之间的联系必须以综合数据库为媒介。并且，其求解过程是一种反复进行的"匹配—冲突消解—执行"过程，因此其工作效率不高。

2）不便于表示结构性知识：由于产生式表示中的知识具有一致格式，且规则之间不能相互调用，因此，那种具有结构关系或层次关系的知识很难以自然的方式来表示。

3）难以扩展：尽管规则形式上相互独立，但实际问题中往往彼此是相关的。这样当知识库不断扩大时，要保证新的规则和已有的规则没有矛盾就会越来越困难，知识库的一致性就越来越难以实现。

2.4 语义网络表示法

语义网络（Semantic Network）是一种以网络格式表达人类知识构造的形式，是人工智能程序运用的表示方式之一。1968 年奎林（J. R. Quillian）在研究人类联想记忆时提出的一种心理学模型——语义网络，他认为记忆是由概念间的联系实现的。随后在他设计的可教式语言理解器（Teachable Language Comprehendent）中又把它用作知识表示方法。如今语义网络表示法已广泛应用于 AI（人工智能）的自然语言处理领域，以表示命题信息。本节将介绍语义网络的结构、基本语义联系、推理方式及其特征。

2.4.1 语义网络

1. 语义网络结构

语义网络是一种用实体及其语义关系来表达知识的网络图。它由一组节点和一组连接节点的弧线构成，节点表示各种事件、事物、概念、情况、属性和动作等；弧线代表语义关系，表示它所连接的两个实体之间的语义联系。语义网络表示法实质上是对人脑功能的模拟。在这种网络中，代替概念的单位是节点，代替概念之间关系的则是节点间连接的弧线，称为联想弧。因此这种网络又称为联想网络，在形式上是一个有向图。逻辑和产生式表示法常用于表示有关领域中不同状态间的关系。然而用于表示一个事物同其各部分间的分类知识就不方便了。语义网络法的特点就在于提出了便于表示这种分类知识的槽和填槽的结构。

在语义网络结构中，节点还可以是一个语义子网络；弧线必须是有方向的、有标注的，方向表示节点间的主次关系且方向不能随意调换。标注用来表示各种语义联系，指明它所连接的节点间的某种语义关系。语义网络一般由一些最基本的语义单元组成，这些最基本的语义单元被称为语义基元，可用三元组来表示：（节点 1，弧，节点 2）。一个语义基元所对应的那部分网络结构则称为基本网元。若用 A、B 分别表示三元组中的节点 1、节点 2，用 R 表示 A 与 B 之间的语义联系，那么它所对应的基本网元的结构如图 2-4 所示。

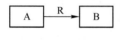

图 2-4　基本网元结构

语义网络的一种重要特征是它能表示事物间属性的继承、补充、变异及细化等关系。这样既可把事物的属性都表示出来，又可实现信息的共享，避免重复描述，节省空间，如图 2-5 所示的猎狗与狗的语义网络。"猎狗"与"狗"是两个节点，它们之间的弧线及其上面的标记"是一种"是这两个节点间的语义联系，它具体地指出"猎狗"是"狗"中的一种，两者之间存在类属关系。弧线的方向是有意义的，需要根据事物间的关系确定。例如在表示类属关系时，箭头所指的节点代表父类概念，而箭尾节点代表子类概念或者一个具体的事物，如图 2-6 所示。

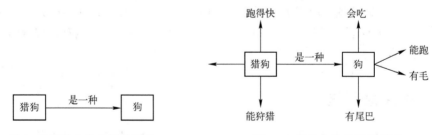

图 2-5　猎狗与狗的语义网络　　　　图 2-6　猎狗与狗的类属关系

2. 语义网络常用的关系

语义网络可以描述事物间多种复杂的语义关系。常用的语义关系有类属关系，聚集关系，推论关系，时间、位置关系，相似关系等。

1）类属关系：类属关系是指具有共同属性的不同事物间的分类关系、成员关系或实例关系。体现的是"具体与抽象""个体与集体"的层次分类。类属关系中最主要的特征是属性的继承性，常用的类属关系有 ISA，含义为"是一个（IS-A）"，有时也用 AKO，含义为"是一种（A-Kind-Of）"。子类概念除了可继承、细化、补充父类概念的属性外，还可出现变异，如图 2-7 所示。图中鸟是鸵鸟的父类概念节点，其属性是有羽毛、会飞。但是鸵鸟只继承了有羽毛的这一属性，把鸟的会飞变异为不会飞、善奔走。

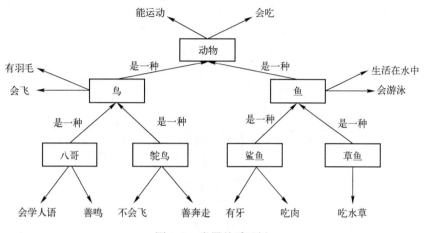

图 2-7 类属关系示例

2）聚集关系：聚集关系也称为包含关系，是指具有组织或结构特征的"部分与整体"之间的关系，它和类属关系的主要区别是聚集关系一般不具备属性的继承性。常用的聚集关系有 Part-of、Member-of，含义为"是一部分"，表示一个事物是另一个事物的一部分，聚集关系示例如图 2-8 所示。

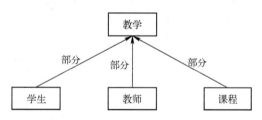

图 2-8 聚集关系示例

3）推论关系：推论关系是指从一个概念推出另一个概念的语义关系。常用的推论关系有 Reasoning-to，含义为"推出"，推论关系示例如图 2-9 所示。

图 2-9 推论关系示例

4）时间、位置等关系：时间关系是指不同事件在其发生时间内的先后次序关系，位置关系是指不同事物在位置方面的关系，这些节点间的属性都不具有继承性。常用的时间关系有 before、after。常用的位置关系有 located-on、located-under、located-at，具体示例如图 2-10 所示。

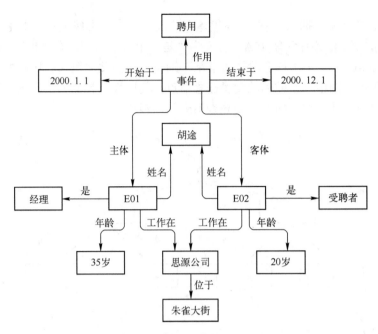

图 2-10 时间、位置等关系示例

5）相似关系：相似关系是指不同事物在形状、内容等方面相似或相近。常用的相似关系有 Similar-to，含义为"相似"，相似关系示例如图 2-11 所示。

3．语义网络对合取、析取、蕴含的表示

合取、析取、蕴含是知识中常用的连接词。用语义网络表示时，为了能反映有关事实间的这些关系，可通过增设合取节点及析取节点并把它们表示出来。只是在使用时应该注意其语义，不要出现不合理的组合情况。

【例 2-17】 与会者有男、有女，有的年老、有的年轻，如图 2-12 所示。

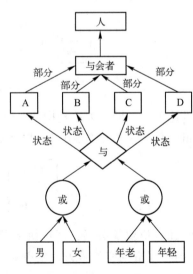

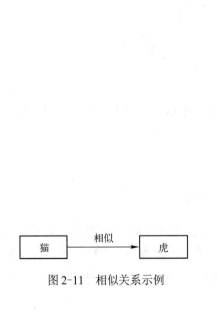

图 2-11 相似关系示例　　　　　　图 2-12 与会者之间的语义网络

32

【例 2-18】 如果晴天并放假，就去打球或爬山，如图 2-13 所示。

图 2-13 如果晴天并放假，就去打球或爬山的语义网络

4．语义网络的分区——网络分区技术

用语义网络表示比较复杂的知识时，往往会牵涉到对量化变量的处理。对于存在量词可用"是一个""是一种"等语义联系来表示，对于全称量词需要用网络分区技术来实现。网络分区技术是美国人亨德里克斯（Hendrix）在 1975 年提出的，其基本思想是把一个表示复杂知识的命题划分为若干个子命题，每个子命题用一个较简单的语义网络表示，称为子空间。多个子空间构成大空间，每个子空间可看作是大空间的一个节点。空间可以逐层嵌套，子空间之间也可用弧线互相连接。

【例 2-19】 每个学生都背了一首唐诗，如图 2-14 所示。

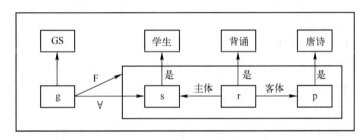

图 2-14 每个学生都背诵了一首唐诗的语义网络

在图 2-14 中，s 是全称变量，表示任一个学生；r 是存在变量，表示某一次背诵；p 也是存在变量，表示某一首唐诗；s、r、p 及其语义联系构成一个子网，是一个子空间，表示对每个学生 s，都存在一个背诵事件 r 和一首唐诗 p；节点 g 是这个子空间的代表，由弧线F 指出它所代表的子空间是什么及其具体形式；弧线∀指出 s 是一个全称变量，所以只有一个；节点 GS 代表整个空间。

【例 2-20】 每个学生都背了《静夜思》这首唐诗，如图 2-15 所示。

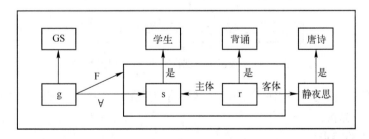

图 2-15 每个学生都背了《静夜思》这首唐诗的语义网络

在例 2-20 中，要求子空间中的所有非全称变量节点都是全称变量，否则就应放在子空

33

间的外面。本例中，由于《静夜思》是一首具体的唐诗，不是全称变量，所以应放在子空间的外面。

2.4.2 语义网络的推理及其特点

1．语义网络的推理方法

在语义网络推理中，若寻找两个概念之间的关系，则从这两个概念出发，分别以广度优先的方法向前进行搜索，搜索沿着联想弧进行。这两个搜索范围逐渐扩大，如果到某个时刻相遇，即形成一条连接两个概念的通路，这时候就找到了两个概念间的联系了。在语义网络中，推理一般是通过匹配和继承实现的。匹配包括结构上的匹配、节点和弧的匹配。首先根据待求解问题的要求构造一个网络片断，然后在知识库中查找可与之匹配的语义网络。当网络片断中的询问部分与知识库中某网络结构匹配时，则与询问部分匹配的知识库中的某网络结构就是问题的解。继承是指把对事物的描述从抽象节点传递到具体节点，通过继承可以得到所需要节点的一些属性值。

【例 2-21】 假设有如下事实：

张三是一个学生；

他在东方大学主修计算机课程；

他入学时间是 2000 年。

求解：张三主修什么课程？

解： 首先将事实用语义网络表示出来放在知识库中，如图 2-16 所示。

图 2-16　学生张三受教育情况的语义网络

再将待求解问题构造一个语义网络片段，如图 2-17 所示。

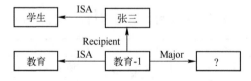

图 2-17　张三主修课程的语义网络片段

用该语义网络片段与图 2-16 中的语义网络进行匹配，由 Major 弧线所指的节点可知张三的主修课程是计算机。

2．语义网络的特点

语义网络的优点如下。

1）结构性：能把事物的属性及事物间的各种语义联系显式地表示出来。

2）联想性：便于以联想的方式实现对系统的检索，使之具有记忆心理学中的联想特性。

3）自然性：便于理解，使自然语言与语义网络间的转换容易实现。

语义网络的缺点如下。

1）非严格性：没有公认的形式表示体系，所表达的含义依赖于处理程序如何对它进行解释。

2）处理上的复杂性：表示形式的不一致性导致处理复杂。

2.5 框架表示法

框架（Frame）表示法是一种适应性强、概括性高、结构化良好、推理方式灵活，又能把陈述性知识与过程性知识相结合的知识表示方法。它是以框架理论为基础发展起来的一种结构化的知识表示，适用于表达多种类型的知识。框架理论把知识看作是互相关联的成块组织，它与把知识表示为独立的简单模块有很大的不同。本节将介绍框架表示法的定义和功能。

2.5.1 框架结构

1975 年美国工程院院士（Minsky）在其发表的论文中提出了框架理论。他从心理学的证据出发，认为人类获得的知识以框架结构储存在人脑中。当人们面临新的情况或对问题的看法有重要变化时，总是从自己的记忆中找出一个合适的框架，然后根据细节加以修改补充，从而形成对新观察到的事物的认识。如当提到"教室"这一概念时，会想到它有四面墙，有天花板和地板，有课桌、椅子、黑板和门窗等，这就是"教室"框架。当走进一个屋子，发现有上述物品时，就会与记忆中关于"教室"的框架进行匹配，得出"这是一个教室"的结论。

人类对一件事物的了解，表现在对这件事物的存储方面，即对属性的了解。掌握了事物的属性，也就有了关于事物的知识，知识表示是从属性描述开始的。某些属性是否存在及其值的大小取决于另外一些属性，如类别：铁和哲学有不同的属性，称为属性之间的依赖关系。各类事物属性总数大以及每个事物的属性相对少这一特性是知识库不同于通常数据库的一个重要方面。事物本身与属性之间无绝对界限，如已知铝的沸点是 2467℃，当问铝的沸点时，铝是事物，沸点是属性；当问沸点是 2467℃的是什么元素时，铝又变成了属性。在数据库层次模型中，也存在这一现象，如某坦克的属性如下。

型号：T-72。

装甲：复合型。

火炮：滑膛炮。

车高：2.19m。

其中有的属性值还可以进一步加以描述，比如 T-72 坦克的装甲属性如下。

装甲类型：复合型。

厚度：204mm。

水平倾角：22°。

属性之间的关系有横向关系和纵向关系。横向关系是不同事物的属性之间或同一事物的属性之间存在的关系。如人的年龄大小与生命阶段之间的关系：12 岁以下是童年、12～18 岁为少年等。纵向关系表现为事物子类的属性与事物父类的属性之间的继承和发展关系。如车辆是某种事物，属性有车轮个数、载重量、动力等；汽车是其一个子类，除了车辆的属性外有汽缸个数、发动机功率等属性；轿车是汽车的一个子类。属性间的继承可以是直接继承，也可以是计算后继承；可以全盘继承，也可以有选择地继承。

框架是一种描述所论对象（一个事物、事件或概念）属性的数据结构。它在表示知识时不仅可以表示出事物各方面的属性，而且还可以表示出事物之间的类属关系、事物的特征和变异等。每个框架都有自己的名字，称为框架名，用来指出所表达知识的内容，下一个层次设若干个槽（Slot），用来说明该框架的具体性质。一个槽用于描述所论对象某一方面的属性。每个槽可以按实际情况被一定类型的实例或数据所填充（或称赋值），所填写的内容称为槽值。每个槽值一般都预先规定赋值的条件，例如，规定其值是人物、符合一定条件的事物、指向某类子框架的指针等。还可规定不同槽的槽值之间应满足的条件。每个槽又可根据实际情况分为若干个侧面，一个侧面用于描述相应属性的一个方面。每个侧面可拥有若干个值，称为侧面值。一般框架结构如下。

```
<框架名>
<槽名 1><侧面名 11>    <值 111>...
        <侧面名 12>    <值 121>...
            ⋮
        <侧面名 1m>    <值 1m1>...
<槽名 2><侧面名 21>    <值 211>...
        <侧面名 22>    <值 221>...
            ⋮
        <侧面名 2m>    <值 2m1>...
            ⋮
<槽名 n><侧面名 n1>    <值 n11>...
        <侧面名 n2>    <值 n21>...
            ⋮
        <侧面名 nm>    <值 nm1>...
约束：约束条件 1
      约束条件 2
        ⋮
      约束条件 n
```

槽或侧面的取值可以是二值逻辑的真或假，可以是实数值，也可以是文字或其他形式的定义域，还可以是一组子程序，称为框架的程序附件。例如，说明在填槽过程中需要些什么（即 IF-ADDED 程序）、填槽时应如何计算槽值（即 IF-NEEDED 程序）。

【例 2-22】 硕士生框架。

```
Frame<master>
    Name: unit(Last-name, First-name)
    Sex: area(male, female)
        default: male
    Age: unit(years)
```

```
Major: unit(major)
      default: computer
Advisor: unit(Last-name, First-name)
Project: area(national; provincial; other)
        default: national
Paper: area(SCI; EI; core; general)
       default: core
```

该框架中的一些槽或侧面都给出了相应的说明信息，这些说明信息用来指出填写槽值或侧面值时的一些格式限制。unit 指的是填写侧面值时的书写格式，例如姓名槽应先写姓后写名。范围（area）用来指出所填的槽值仅能在指定的范围内选择。默认值（default）用来指出当相应槽未填入槽值时，以其默认值作为槽值。

2.5.2 框架表示法及其特点

框架表示法是一种结构化的知识表示方法，因为它在一定程度上体现了人的心理反应，又适用于计算机处理，如今已在多种系统中得到应用，如 1976 年美国斯坦福大学研究人员莱纳特（Lenat）开发的数学专家系统 AM、1980 年美国斯特菲克（Stefik）开发的专家系统 UNITS 等，都采用框架作为知识表示的基础。框架是由若干个节点和关系（统称为槽）构成的网络，是语义网络一般化形式的一种结构，常用来表示定型状态，同语义网络没有本质的区别。其表示形式由框架名、槽名、侧面、值组成。它没有固定的推理机理，但和语义网络一样遵循匹配和继承的原理。框架表示法用于对事物进行描述，而且对其中某些细节做进一步描述时，可将其扩充为另外一些框架。框架表示法的具体步骤如下。

1）分析代表的知识对象及其属性，对框架中的槽进行合理设置。在槽及侧面的设置上要考虑如下两方面的因素。

① 要符合系统的设计目标，凡是系统目标中所要求的属性或是问题求解过程中可能用到的属性都要设置相应的槽。

② 不能盲目地把所有的甚至无用的属性都用槽表示出来。

2）对各对象间的各种联系进行考察。使用一些常用的或根据具体需要定义的一些表达联系的槽名，以描述上下层框架间的联系。在框架系统中，对象间的联系是通过各槽的槽名来表述的。通常在框架系统中定义一些公用、常用且标准的槽名，并把这些槽名称为系统预定义槽名，更易于理解。常见的槽如下。

① ISA 槽，用于指出对象间抽象概念上的类属关系。其直观意义是"是一个""是一种""是一只"。在一般情况下，用 ISA 槽指出的联系都具有继承性。

② AKO 槽，用于具体地指出对象间的类属关系。其直观意义是"是一种"。当用它作为某下层框架的槽时，就明确地指出了该下层框架所描述的事物是其上层框架所描述事物中的一种，下层框架可继承上层框架中的值或属性。

③ Instance 槽，用来表示 AKO 槽的逆关系。当用它作为某上层框架的槽时，可在该槽中指出它所联系的下层框架。用 Instance 槽指出的联系都具有继承性，即下层框架可继承上层框架中所描述的属性或值。

④ Part-of 槽，用于指出部分和全体的关系。当用其作为某框架的一个槽时，槽中所填

的值称为该框架的上层框架名，该框架所描述的对象只是其上层框架所描述对象的一部分。

3）对各层对象的槽及侧面进行合理的组织和安排。避免信息描述的重复。在框架的表示中，ISA、AKO 和 Instance 槽等所联系的上下框架间具有继承性，这就要求把同一层中不同框架间所具有的相同的槽名作为这些框架所表示的对象的共同属性抽取出来，放入它们的上层框架中。

【例 2-23】 关于一所大学的师生情况，可用如下框架表示。

1）师生框架。

```
Frame<Teachers-Students>
       Name: unit(Last-name, First-name)
       Sex: area(male, female)
       Default: male
       Telephone: Home unit(Number)
                  Mobile unit(Number)
```

2）教师框架。

```
Frame<Teachers>
       AKO<Teachers-Students>
       Major: unit(Major-Name)
       Lectures: unit(Course-Name)
       Field: unit(Field-Name)
       Project: area(National, Provincial, Other)
       Default: Provincial
       Paper: area(SCI, EI, Core, General)
       Default: Core
```

3）学生框架。

```
Frame<Students>
       AKO<Teachers-Students>
       Major: unit(Major-Name)
       Classes: unit(Classes-Name)
       Degree: area(Doctor, Master, Bachelor)
       Default: Bachelor
```

在框架表示的知识库中，主要有两种活动：一是填槽，即框架中未知内容的槽需要填写；二是匹配，根据已知事件寻找合适的框架，并将该内容填入槽中。上述两种操作均将引起推理，其主要推理形式如下。

1）默认推理，在框架网络中，各框架之间通过 ISA 槽构成半序的继承关系。在填槽过程中，如果没有特别的说明，子框架的槽值将继承父框架相应的槽值，称为默认推理。

2）匹配，由框架所构成的知识库，当利用它进行推理、形成概念和做出决策、判断时，其过程往往是根据已知的信息，通过与知识库中预先存储的框架进行匹配，找出一个或几个与该信息所提供的情况最适合的预选框架，形成初步假设，即由输入信息激活相应的框架。然后在该假设框架的引导下，收集进一步的信息。按某种评价原则，对预选的框架进行评价，以决定最后接受或放弃预选的框架，即在框架引导下的推理。这个过程可以用来模拟人类利用已有的经验进行思考、决策，以及形成概念、假设的过程。

框架表示法的特点如下。

1）结构性：框架表示法是一种结构化的知识表示方法，便于表达结构性知识，能够将知识的内部结构关系以及知识间的联系表示出来，是一种表达能力很强的知识表示方法。

2）继承性：框架网络中，下层框架可以继承上层框架的槽值，也可以进行补充和修改。这样一些相同的信息可以不必重复存储，减少冗余信息节省了存储空间。

3）自然性：在人类思维和理解活动中分析和解释遇到的情况时，就从记忆中选择一个类似事物的框架，通过对其细节进行修改或补充，形成对新事物的认识，框架表示法与人在观察事物时的思维活动是一致的。

框架表示法的主要不足之处在于它不善于表达过程性知识，因此它经常与产生式表示法结合起来使用，以取得互补效果。

2.6　本章小结

知识表示是研究用机器表示知识的可行性、有效性的一般方法，是一种数据结构与控制结构的统一体。本章讨论的知识表示法是面向符号的知识表示方法。在这些表示方法中，谓词逻辑、产生式表示法属于非结构化的知识表示范畴，语义网络、框架表示法属于结构化的知识表示范畴。这些表示方法各有其长处，分别适用于不同的情况。目前的知识表示一般都是从具体应用中提出的，后来虽然不断发展变化，但是仍然偏重于实际应用，缺乏系统的知识表示理论。而且由于这些知识表示方法都是面向领域知识的，对于常识性知识的表示仍没有取得大的进展，这是一个亟待解决的问题。

2.7　思考与练习

（1）用一阶谓词逻辑表示下面的句子。

1）数学考试中有一名同学不及格。

2）只有一名同学数学和生物考试都不及格。

3）数学考试的最高分比生物考试的最高分要高。

4）星期日，所有的同学或者去郊游，或者去工作，但是没有两者都去的。

（2）产生式系统由哪几部分组成，它们的作用是什么？

（3）用产生式表示法描述三枚硬币问题。

设有三枚硬币，其排列为"正、正、反"状态，现在允许每次可翻动其中任意一枚硬币，问只允许操作三次的情况下，如何翻动硬币使其变成"正、正、正"或"反、反、反"状态。

（4）试用框架和语义网络两种知识表示法来表示以下几句话。

导弹是一种自动飞行的、攻击敌方目标的武器。导弹分为战略导弹和战术导弹。战略导弹中85%是陆基发射的，15%是潜艇发射的；战术导弹可以由陆基发射、飞机发射和军舰发射。

第3章　搜索策略

在通过人工智能求解一个问题时，一般会涉及两个方面：一方面是该问题的表示方法，如果一个问题找不到一个合适的表示方法，就谈不上对它进行求解；另一方面则是选择一种相对合适的求解方法。由于绝大多数需要人工智能方法求解的问题都缺乏直接求解的方法，因此，搜索便成了一种求解问题的一般方法。本章主要介绍问题求解过程的形式表示、状态空间图的盲目搜索策略、状态空间的启发式搜索策略、与或树的搜索策略等内容。

3.1　概述

搜索是人工智能的一个基本问题，是推理不可分割的一部分。一个问题的求解过程其实就是搜索过程，所以搜索实际上就是求解问题的一种方法。美国斯坦福大学教授尼尔森（Nilsson）认为搜索是人工智能的四个核心问题之一。在人工智能研究中即使对于结构性能较好、理论上有算法可依的问题，由于问题本身的复杂性以及计算机时间、空间上的局限性，往往也需要通过搜索来求解。搜索就是根据问题的实际情况，按照一定的策略或规则，从知识库中寻找可利用的知识，从而构造出一条使问题获得解决的推理路线的过程。在问题的求解这一过程中，有些问题解法简单，但问题的状态空间巨大，无法进行直接计算。例如，用公理系统证明一个定理时，要从定理的前提出发，运用一系列公理，最后达到所求结论，寻找这一系列公理的过程也是搜索过程；面对一盘象棋残局，要找出一系列的步骤来夺取胜利，这又是一个搜索过程。搜索的主要过程如下。

1）从初始或目的状态出发，并将它作为当前状态。

2）扫描操作算子集，将适用当前状态的一些操作算子作用于当前状态而得到新的状态，并建立指向其父结点的指针。

3）检查所生成的新状态是否满足结束状态，如果满足，则得到问题的一个解，并可沿着有关指针从结束状态反向到达开始状态，给出一个解答路径；否则，将新状态作为当前状态，返回上述第二步再进行搜索。

在选择搜索算法时应注意以下问题。

1）有限搜索还是无限搜索。如果搜索的空间是有限的，则理论上任何一种穷举算法最后都可完成任务，但对于无限空间则可能找不到解。

2）搜索空间是静态的还是动态的。静态的空间，如一张名称表、一组数或一个数据库，在其上进行的搜索往往称为查找，人工智能的搜索对象则常在搜索过程中动态生成，如定理证明的中间结果、对弈中的中间棋局等。

3）已知目标还是未知目标。如定理证明是已知目标，而对弈等则是未知目标；判断是只需要搜索的结果，还是也需要搜索的过程（即本文所提到的路径），路径在此处是指解题过程中运用的操作序列。

4）状态空间搜索还是问题空间搜索。如果在搜索过程中只是一个状态变换为另一个状态，如一个函数变为另一个函数、一盘棋局变为另一盘棋局，称为状态空间搜索；如果搜索的对象是问题，则搜索是把一个复杂的问题变为一组比较简单的子问题，称为问题空间搜索。

5）有约束还是无约束。问题空间搜索时，如果子问题间互相无约束关系，则求解比较简单，否则，一般需要回溯，即放弃当前已解决的子问题，走回头路，寻找新的解法。

6）数据驱动还是目标驱动，从已有的状态或已知能解决的问题出发，一步步向前搜索，直到目标状态或所要求解的问题，称为数据驱动，反之，称为目标驱动，也分别称为向前搜索和向后搜索。

7）单向搜索还是双向搜索。数据驱动的搜索和目标驱动的搜索都是单向搜索，如果两种搜索同时进行，让两个搜索序列在中间相遇，则称为双向搜索，双向搜索效率较高，但无法保证能找到解，即两种方法不一定能相遇。

一般搜索可以根据是否使用启发式信息，分为盲目搜索和启发式搜索。盲目搜索一般是指从当前的状态到目标状态需要走多少步或者每条路径的花费并不知道，所能做的只是可以区分出哪个是目标状态。因此它一般按事先规定好的路线进行搜索，不使用与问题有关的启发性信息。启发式搜索是在搜索过程中使用与问题有关的启发性信息，并以启发性信息指导搜索过程，可以高效地求解结构复杂的问题。显然盲目搜索不如启发式搜索效率高，但是由于启发式搜索需要和问题本身特性有关的信息，而对于很多问题来说，这些信息很少，或者根本就没有，或者很难抽取，所以盲目搜索仍然是很重要的搜索策略。

3.2　问题求解过程的形式表示

搜索根据问题的表示方式分为状态空间搜索和与或树搜索。状态空间搜索是指用状态空间法来求解问题所进行的搜索。与或树搜索是指用问题归约方法来求解问题所进行的搜索。状态空间法和问题归约法是人工智能中基本的两种问题求解方法，状态空间表示法和与或树表示法则是人工智能中基本的两种问题表示方法。本节将对状态空间表示法以及与或树表示法进行详细的介绍。

3.2.1　状态空间表示法

许多问题求解的方法是采用试探性搜索方法的，即这些方法是通过在某个可能的解空间内寻找一个解来求解问题的。这种基于解空间的问题表示和求解方法就是状态空间表示法，它以状态（State）和操作（Operator）为基础来表示与求解问题。状态是为描述某类不同事物间的差别而引入的一组最少变量的有序集合，表示为 $Q=[q_0,q_1,\cdots,q_n]$，式中每个元素 q_i 称为状态变量，给定每个分量的一组值就能够得到一个具体的状态。操作也称算符，对应过程型知识，即状态转换规则，是把问题从一个状态变为另一种状态的手段。它可以是一个机械步骤、一个运算、一条规则或一个过程。操作可理解为状态集合上的一个函数，它描述了状态之间的关系，通常表示为 $F=\{f_1,f_2,\cdots,f_m\}$。

问题的状态空间是一个表示该问题的全部可能状态及其关系的集合，包含问题初始状态集合 Q_s、操作符集合 F 及目标状态集合 Q_g，因此状态空间可用三元组表示为 $\{Q_s,F,Q_g\}$。状态空间也可以用一个赋值的有向图来表示，该有向图称为状态空间图。在状态空间图中包含了操作和状态之间的转换关系,节点表示问题的状态,有向边(弧)表示操作。如果某条弧从节点 n_i 指向 n_j,那么节点 n_j 就为 n_i 的后继或后裔,n_i 为 n_j 的父辈或祖先,如图 3-1 所示。某个节点序列 $(n_{i,1},n_{i,2},\cdots,n_{i,k})$,当 $j=2,3,\cdots,k$ 时,如果每一个 $n_{i,j-1}$ 都有一个后继节点 $n_{i,j}$ 存在,那么就把这个节点序列称作从节点 $n_{i,1}$ 到 $n_{i,k}$ 的长度为 k 的路径,如图 3-2 所示。如果从节点 n_i 到节点 n_j 存在有一条路径,那么就称节点 n_j 是从节点 n_i 可达到的节点,或者称节点 n_j 为节点 n_i 的后裔。

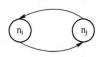

图 3-1 有向图

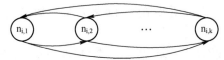

图 3-2 从节点 $n_{i,1}$ 到 $n_{i,k}$ 的长度为 k 的路径示意图

状态空间表示法是从某个初始状态开始,每次加一个操作符,递增地建立起操作符的试验序列,直到目标状态为止。寻找状态空间的全部过程包括从旧的状态描述产生新的状态描述,以及此后检验这些新的状态描述,看其是否描述了该目标状态。对于某些最优化问题,仅仅找到到达目标的任一路径是不够的,还必须找到按某个状态实现最优化的路径。

【例 3-1】 15-数码问题。

在一个 4×4 的 16 宫格棋盘上,摆放有 15 个将牌,每一个分别刻有 1～15 中的某一个数。棋盘中留有一个空格,允许其周围的某一个将牌向空格移动,这样通过移动将牌就可以不断改变将牌的布局。所要求解的问题是:给定一种初始布局(初始状态)和一个目标布局(目标状态),问如何移动将牌实现从初始状态到目标状态的转变,如图 3-3、图 3-4 所示。

图 3-3 4×4 的 16 宫格棋盘

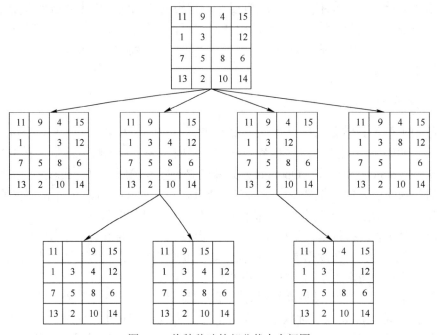

图 3-4 将牌移动的部分状态空间图

由图 3-4 可以看出，从初始布局到下一步一共有 4 种可能，分别是移动 3、4、12 和 8。当移动的是 4 时，下一步存在 2 种可能，分别是 9 和 15，以此类推，形成将牌移动的状态空间图。

【例 3-2】 最短路径问题。

一名推销员要去若干个城市推销商品，图 3-5 所示为城市间的关系。该推销员从某个城市出发，经过所有城市后，回到出发地。问题：应如何选择行进路线，使总的行程最短。

推销员从 A 出发，可能到达 B、C、D 或者 E。到达 C 后，又可能到达 D 或 E，以此类推，图 3-6 所示为推销员的状态空间图。

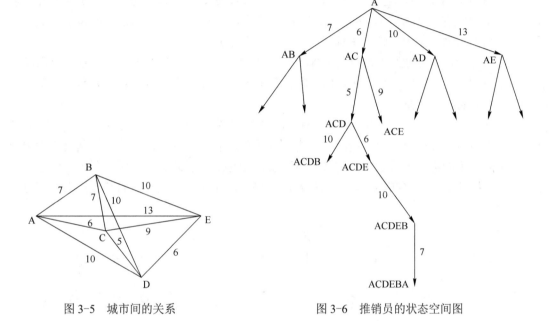

图 3-5　城市间的关系　　　　图 3-6　推销员的状态空间图

由图 3-6 可知，推销员应选择的最短路径为 ACDEBA。

状态空间搜索时一般需要两个数据结构，即 OPEN 表和 CLOSE 表。OPEN 表用于存放刚生成的节点，这些节点也是带扩展的，对于不同的搜索策略，OPEN 表中节点的排放顺序也是不同的。CLOSE 表则是用来存储将要扩展或已经扩展的节点，图 3-7 所示为 OPEN 表和 CLOSE 表的示例图。

OPEN表		CLOSE表		
节点	父节点编号	编号	节点	父节点编号

图 3-7　OPEN 表和 CLOSE 表的示例图

3.2.2　与或树表示法

与或树是用于表示问题及其求解过程的又一种形式化方法，通常用于表示比较复杂问题的求解过程。在求解过程中先要定义问题的描述方法以及分解或变换问题的操作，然后就可用它们通过搜索生成与或树，从而求得原始问题的解。其中分解是把一个复杂问题分解为若干个较为简单的子问题，每个子问题又可能继续分解为若干个更为简单的子问题，重复此过程，直到不需要再分解或者不能再分解为止。然后对每个子问题分别进行求解，最后把各子问题的解组合起来，就得到了原问题的解，问题的分解过程可用一个图表示，称为"与"树。等价变换则是将复杂问题变换为若干个较容易求解的新问题，若新问题中有一个可求解，则就得到了原问题的解。问题的等价变换过程也可用一个图表示出来，称为"或"树。

【例 3-3】 分解实例。

如图 3-8 所示，将问题 P 分解为三个子问题 P_1、P_2、P_3，只有当这三个子问题都可解时，问题 P 才可解。其中 P_1、P_2、P_3 之间存在与关系，节点 P 为与节点，P 和 P_1、P_2、P_3 所构成的图为与树。图中的弧用来标明某个节点是与节点。

如图 3-9 所示，问题 P 被等价变换为新问题 P_1、P_2、P_3。P_1、P_2、P_3 中任一个问题可解，则原问题 P 就可解。其中 P_1、P_2、P_3 之间存在或关系，节点 P 为或节点，P 和 P_1、P_2、P_3 所构成的图为或树。

把上述的分解和变换过程结合起来使用，得到的图 3-10 称为与或树，其中既有与节点，也有或节点，其中将一个问题经分解得到的子问题和经过变换得到的子问题统称为子问题。若子问题不能再分解或变换，并且直接可解，则称这个子问题为本原问题。将问题求解归约为与或树搜索时，将初始节点表示初始问题描述，对应于本原问题的节点称为叶节点。

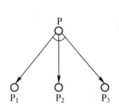

图 3-8　与树图

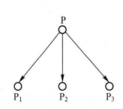

图 3-9　或树图

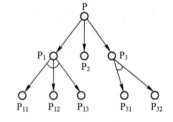

图 3-10　与或树图

在与或树上执行搜索过程，其目的在于表明初始节点是有解的，与或树中一个可解节点可递归地定义如下。

1）叶节点是可解节点。

2）如果某节点为或子节点，那么当且仅当至少有一个子节点为可解节点时，该节点可解。

3）如果某节点为与子节点，那么当且仅当所有子节点均为可解节点时，该节点可解。

不可解节点可递归地定义如下。

1）没有子节点的非叶节点是不可解节点。

2）或节点是不可解节点，当且仅当它的所有子节点都是不可解节点。

3）与节点是不可解节点，当且仅当它的子节点中至少有一个是不可解节点。

由可解节点所构成，并且由这些可解节点可推出初始节点（它对应于原始问题）为可解节点的子树称为解树，如图 3-11 所示，图 3-11b 为图 3-11a 的解树，图中节点 P 为初始节点，t 为叶节点。

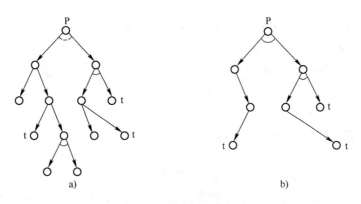

图 3-11　与或树及其解树

a) 与或树　b) 与或树解对

【例 3-4】　三阶汉诺塔问题。

假设有 1、2、3 三个柱子和 A、B、C 三个盘子，将三个盘子从第 1 个柱子移动到第 3 个柱子上。每次只能移动一个盘子，并且任何时刻大盘子都要在小盘子的下面，如图 3-12 所示。

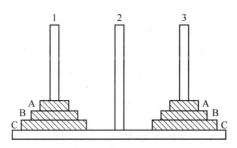

图 3-12　三阶汉诺塔图示

设节点（a,b,c）表示把 b 柱子上的 a 个盘子移到 c 柱子上去，则该问题的求解过程如图 3-13 所示。

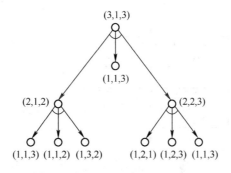

图 3-13　三阶汉诺塔求解过程图

为了把三个盘子全部移到 3 号柱子上，必须先把盘子 C 移到 3 号柱子上。为了移动盘子 C，必须先把盘子 A 及 B 移到 2 号柱子上。当把盘子 C 移到 3 号柱子上后，就可把 A、B 从 2 号柱子移到 3 号柱子上，这样就可完成问题的求解。因此原问题的三个子问题为：将盘子 A 和 B 移到 2 号柱子（2,1,2）；将盘子 C 移到 3 号柱子（1,1,3）；将盘子 A 和 B 移动到 3 号柱子（2,2,3）。但是由于每次只能移动一个盘子，因此移动盘子 A 和 B 的问题应分别再分解为三个子问题。最终得到移动盘子的次序为(1,1,3)→(1,1,2)→(1,3,2)→(1,1,3)→(1,2,1)→(1,2,3)→(1,1,3)。

3.3 状态空间图的盲目搜索策略

盲目搜索又称为无信息搜索，在搜索过程中只按照预先规定的搜索控制策略进行搜索，没有任何中间信息来改变这些控制策略。问题自身特性对搜索控制策略没有任何影响，使搜索带有盲目性、效率不高、不便于复杂问题的求解，但是具有通用性，适用于状态空间图是树状的一类问题。本节将对状态空间图的盲目搜索策略中的广度优先搜索策略（Breadth First Search）和深度优先搜索策略（Depth Firth Search）进行介绍。

3.3.1 广度优先搜索策略

广度优先搜索也称宽度优先搜索，它是沿着树的宽度遍历树的节点的，其基本思想为：从初始节点开始，逐层地对节点进行扩展并考察它是否为目标节点，在第 n 层的节点没有全部扩展并考察之前，不对第 n+1 层的节点进行扩展，直到最深的层次。广度优先搜索可以很容易地用队列实现，OPEN 表中的节点总是按进入的先后顺序排列，先进入的节点排在前面，后进入的排在后面，图 3-14 所示是广度优先搜索过程的流程图。

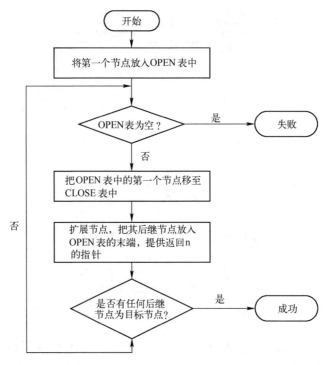

图 3-14　广度优先搜索过程的流程图

广度优先搜索策略算法如下。

STEP 1　G: =G_0(G_0=s), OPEN: =(s), CLOSED: = (NULL);

STEP 2　LOOP: IF OPEN= (NULL) THEN EXIT (FAIL);

STEP 3　n: =FIRST(OPEN);

STEP 4　IF GOAL(n) THEN EXIT (SUCCESS);

STEP 5　REMOVE(n,OPEN),ADD(n,CLOSED);

STEP 6　EXPAND(n)→ {m_i},G:=ADD (m_i,G);

STEP 7　IF 目标在{m_i}中 THEN EXIT(SUCCESS);

STEP 8　ADD(OPEN,m_j), 并标记 m_j 到 n 的指针;

STEP 9　GO LOOP。

【例 3-5】 8-数码问题的广度优先搜索策略。

如图 3-15 所示为 8-数码问题的广度优先搜索策略,初始状态下 8、2、3 存在移动的可能性,于是从图中可以看出搜索过程为②、③、④标识所示。以此类推进行遍历,如⑤、⑥、⑦、⑧等标识所示。以此得到最终目标。

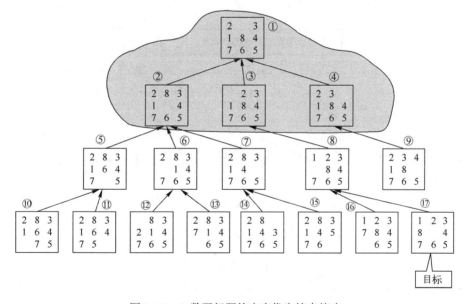

图 3-15　8-数码问题的广度优先搜索策略

假设一棵树每个节点的分支系数都为 b,最大深度为 d。则树的根节点在第一层会产生 b 个节点,第二层就会有 b^2 个节点,第 d 层就会有 b^d 个节点。对于 d 层,目标节点可能是第一个状态,也可能是最后一个状态,故而平均需要访问的 d 层节点数目为($1+b^d$)/2。因此广度优先搜索的时间复杂度和搜索的节点数目是成正比的。因为树所有的叶节点都需要同时存储起来,所以广度优先搜索的空间复杂度也较高。根节点扩展后,队列中有 b 个节点。第一层的最左边节点扩展后,队列中有 2^{b-1} 个节点。而当 d 层最左边的节点正在检查是否为目标节点时,在队列中的节点数目最多为 b^d。该算法的空间复杂度和队列长度有关,在最坏的情况下约为指数级 $O(b^d)$。

广度优先搜索策略的特点为：目标节点如果存在，用广度优先搜索算法总可以找到该目标节点，而且是 d 最小（即最短路径）的节点。但是，由于广度优先搜索具有盲目性，时间复杂度和空间复杂度都比较高，当目标节点距离初始节点较远时（即 d 较大时）会产生许多无用的节点，搜索效率较低。

3.3.2 深度优先搜索策略

1. 深度优先搜索策略

深度优先搜索首先扩展最新产生的（即最深的）某个节点。其基本思想为：从初始节点开始，在其子节点中选择一个节点进行考察。若不是目标节点，则在该子节点的子节点中选择一个节点进行考察，一直如此向下搜索。只有当本次访问的节点不是目标节点，而且没有其他节点可以生成的时候，才转到本次访问节点的父节点。转移到父节点后，该算法会搜索父节点的其他子节点，因此深度优先搜索也称为回溯搜索。上述原理对树中每一节点都是递归实现的，实现该递归过程比较简单的一种方法是采用栈，因此深度优先搜索是把节点 n 的子节点放入 OPEN 表的前端，图 3-16 所示是深度优先搜索流程图。

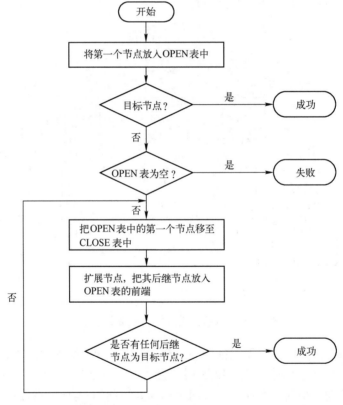

图 3-16 深度优先搜索流程图

深度优先搜索策略算法如下。

STEP 1　G:=G_0(G_0=s),OPEN:=(s),CLOSED:=(NULL);

STEP 2　LOOP: IF OPEN=(NULL) THEN EXIT (FAIL);

STEP 3 n:=FIRST(OPEN);

STEP 4 IF GOAL(n) THEN EXIT (SUCCESS);

STEP 5 REMOVE(n,OPEN), ADD(n,CLOSED);

STEP 6 EXPAND(n)→{m_i},G:=ADD(mi,G);

STEP 7 IF 目标在{m_i}中 THEN EXIT(SUCCESS);

STEP 8 ADD(m_j,OPEN),并标记 m_j 到 n 的指针;

STEP 9 GO LOOP。

【例 3-6】 8-数码问题的深度优先搜索策略。

如图 3-17 所示为 8-数码问题的深度优先搜索策略,初始状态下 8 存在移动的可能性,移动后,继续移动的可能性为 6,以此类推,于是从图中可以看出搜索过程为②、③、④标识所示。当遍历失败后,返回上一次的可能性,继续进行遍历,如⑤标识所示。以此类推进行遍历,如⑥、⑦、⑧等标识所示,从而得到最终目标。

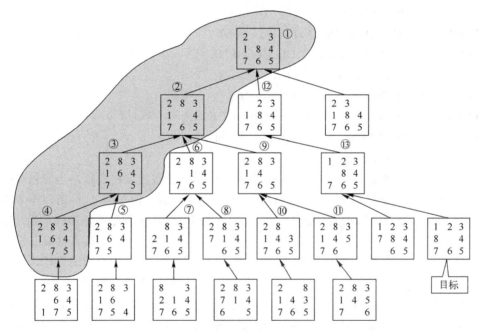

图 3-17 8-数码问题的深度优先搜索策略

假设一棵树如果搜索在 d 层最左边的位置找到了目标,则检查的节点数为 d+1。另外,如果只是搜索到 d 层,而在 d 层的最右边找到了目标,则检查的节点包括了树中所有的节点。深度优先搜索对空间内存的需求是比较适中的,它只需要保存从根到叶的单条路径,包括在这条路径上每个节点的未扩展的兄弟节点。当搜索过程到达最大深度时,需要的内存最大。保存在内存中节点的数量包括到达深度 d 时所有未扩展的节点以及正在被考虑的节点。因此,在每个层次上都有 b-1 个未扩展的节点,总的搜索空间内存需要量为 d(b-1)+1。因此,深度优先搜索的空间复杂度为 O(bd)。

深度优先搜索策略算法的优点是比广度优先搜索策略算法需要更少的空间,该算法只需保存搜索树的一部分,它由当前正在搜索的路径和该路径上还没有完全展开的节点所组成。但是很多问题可能具有很深甚至是无限的搜索树，如果不幸选择了一个错误的路径，则深度优先搜索会一直搜索下去，而不会回到正确的路径上。最坏情况时，深度优先搜索要么陷入无限的循环而不能给出一个答案，要么搜索空间等同于穷举，得到一个路径很长而且不是最优的答案。

2. 有界深度优先搜索策略

对于许多问题，其状态空间搜索深度可能为无限深或者可能要比某个可接受的解序列的已知深度上限还要深。为了避免搜索过程沿着无穷的路径搜索下去，往往会给出一个节点扩展的最大深度限制 d_m。任何节点如果达到了深度 d_m 时，就把它作为没有后继节点进行处理，即开始对另一个分支进行搜索，这就是有界深度优先搜索策略。

有界深度优先搜索策略算法如下。

STEP 1　G:=G₀(G₀=s),OPEN:=(s),CLOSED:=(NULL);

STEP 2　LOOP:IF OPEN=(NULL) THEN EXIT (FAIL);

STEP 3　n:=FIRST(OPEN);

STEP 4　IF GOAL(n) THEN EXIT (SUCCESS);

STEP 5　REMOVE(n,OPEN), ADD(n,CLOSED);

STEP 6　IF DEPTH(n)≥d_m GO LOOP;

STEP 7　EXPAND(n)→{m_i},G:=ADD(m_i,G);

STEP 8　IF 目标在{m_i}中 THEN EXIT(SUCCESS);

STEP 9　ADD(m_j,OPEN)，并标记 m_j 到 n 的指针;

STEP 10　GO LOOP。

在有界深度优先搜索策略算法中，深度限制 d_m 是一个很重要的参数。当问题有解，且解的路径长度小于或等于 d_m 时，则搜索过程一定能够找到解。但是当 d_m 的值取得太小，解的路径长度大于 d_m 时，则搜索过程就找不到解，即这时搜索过程是不完备的；当 d_m 太大时，搜索过程会产生过多的无用节点，既浪费了计算机资源，又降低了搜索效率。所以，有界深度搜索的主要问题是深度限制值 d_m 的选取。该值也被称为状态空间的直径，如果该值设置得比较合适，则会得到比较有效的有界深度搜索。但是对于很多问题，并不知道该值到底为多少，直到该问题求解完成了，才可以确定出深度限制 d_m。为了解决上述问题，可采用如下的改进方法：先任意给定一个较小的数作为 d_m，然后按有界深度算法搜索，若在此深度限制内找到了解，则算法结束；若在此限制内没有找到问题的解，则增大深度限制 d_m 继续搜索。

3.4　状态空间图的启发式搜索策略

理论上，如果计算机可以使用的时间和空间是无限的，则仅有盲目搜索策略就已经够用了，但是实际上并非如此。如果能够利用搜索过程所得到的问题自身的一些特征信息来指导搜索过程，则可以缩小搜索范围、提高搜索效率、降低问题复杂度。像这样利用问题自身特征信息来引导搜索过程的方法称为启发式搜索策略（Heuristically Search）。把这种可以用于指导搜索过程，并且与具体问题求解有关的信息叫作启发式信息。

3.4.1 估价函数与择优搜索

1．估价函数

估价函数是对当前的搜索状态进行估价，找出一个最有希望的节点来进行扩展，其一般形式为：f(n)=g(n)+h(n)。其中 f(n)为估价函数，g(n)为从初始节点到节点 n 已经付出的代价，h(n)为启发函数，表示从节点 n 到目标节点的最优路径的估计代价，它体现了问题的启发式信息，其形式要根据问题的特性确定。如可以是节点n到目标节点的距离，也可以是节点 n 处于最优路径的概率等，如图 3-18 所示为估价函数示意图。

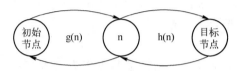

图 3-18　估价函数示意图

估价函数 f(n)表示从初始节点开始经过节点 n 到达目标节点的最优路径的代价的估计值。它的作用是评价 OPEN 表中各节点的重要程度，以决定它们在 OPEN 表中的次序。其中 g(n)指出了搜索的横向趋势，它有利于搜索的完备性，但会影响搜索的效率。如果只关心到达目标节点的路径，并且希望有较高的搜索效率，则 g(n)可以忽略，但是此时会影响搜索的完备性，因此要综合考虑，使 g(n)、h(n)各占适当的比例。

【例 3-7】　移动将牌游戏。

假设有如下结构的移动将牌游戏，其中 B 代表黑色的将牌、W 代表白色的将牌、E 代表该位置为空。玩法是：当一个将牌移入相邻的空位置时，费用（代价）为一个单位；一个将牌最多可跳过两个将牌进入空位置，其费用等于跳过的将牌数加 1；要求把所有 B 移至所有 W 的右边，并求解估价函数中的 h(n)。

B	B	B	W	W	W	E

根据要求可知，W 左边的 B 越少，则越接近目标，因此可以用 W 左边的 B 的个数作为 h(n)，即 h(n)=3×（每个 W 左边 B 的个数的总和），乘以 3 是为了扩大 h(n)在 f(n)中的比例，如对于如下的初始状态：

B	E	B	W	W	B	W

则有 h(n)=3*(2+2+3)=21。

2．择优搜索

择优搜索又称最好优先搜索（Best-First search），搜索是从最有希望的节点开始，并且生成其所有的子节点。然后计算每个节点的性能（合适性），基于该性能选择最有希望的节点扩展。注意，这里是对所有的节点进行检测，然后选择最有希望的节点进行扩展，而不是仅仅从当前节点所生成的子节点中进行选择。择优搜索一般情况下分为局部择优搜索和全局择优搜索。

局部择优搜索是对深度优先搜索方法的一种改进，它的基本思想是：当初始节点 S 被扩展后，按 f(n)对每一个子节点计算估价值，并选择最小者作为下一个要考查的节点，由于每次都只在子节点范围内选择下一个要考察的节点，范围比较窄，所以称为局部择优。

局部择优搜索算法如下。

STEP 1　把初始节点 S 放入 OPEN 表，计算 f(S)；

STEP 2　LOOP:IF EMPTY(OPEN) THEN EXIT(FAIL)；

STEP 3　n:=FIRST(OPEN);REMOVE(n,OPEN),ADD(n,CLOSED)；

STEP 4　IF GOAL(n) THEN EXIT(SUCCESS)；

STEP 5　若 n 不可扩展，GO LOOP；

STEP 6　EXPAND(n)，计算每个子节点的 f(n)，将子节点按 f(n)由小到大的顺序加入 OPEN 表的首部，将每个子节点指向 n；

STEP 7　GO LOOP。

深度优先搜索及局部择优搜索均已将子节点作为考查范围，但选择子节点的标准不同。深度优先搜索以子节点深度为标准，后生成的子节点先考虑；局部择优搜索以估价函数的值为选择标准，哪一个子节点的 f(n)值最小就优先选择。在局部择优搜索中，若 f(n)=d(n)（d(n)表示节点 x 的深度），则为深度优先搜索，所以深度优先搜索是局部择优搜索的特例。

全局择优搜索是对广度优先搜索方法的一种改进，其基本思想是：当初始节点 S 被扩展后，按 f(n)对每一个子节点计算估价值，并选择最小者作为下一个要考查的节点。但是与局部择优搜索不同的是，每次都是从 OPEN 表的全体节点中选择一个估价值最小的节点。

全局择优搜索算法如下。

STEP 1　把初始节点 S 放入 OPEN 表，计算 f(S)；

STEP 2　LOOP:IF EMPTY(OPEN) THEN EXIT(FAIL)；

STEP 3　n:=FIRST(OPEN);REMOVE(n,OPEN),ADD(n,CLOSED)；

STEP 4　IF GOAL(n) THEN EXIT(SUCCESS)；

STEP 5　若 n 不可扩展，GO LOOP；

STEP 6　EXPAND(n)，计算每个子节点的 f(n)，使每个子节点指向 n，将每个子节点加入 OPEN 表中，对 OPEN 表中的全部节点按估价值由小到大的顺序进行排序；

STEP 7　GO LOOP。

全局择优搜索与局部择优搜索的区别仅在于选择节点的过程。在全局择优搜索中，如果 f(n)=d(n)（d(n)表示节点 n 的深度），则为广度优先搜索，所以广度优先搜索是全局择优搜索的特例。

择优搜索算法是一个通用的算法，但是，该算法并没有显式地给出如何定义启发式函数，并且不能保证当存在从初始节点到目标节点的最短路径时，一定能够找到它。为此需要对启发式函数等进行限制，后面要介绍的 A*算法就是对启发式函数等问题加上限制后得到的一种启发式搜索算法。

3.4.2　启发式搜索 A 算法

在搜索算法中，如果能在搜索的每一步都利用估价函数 f(n)=g(n)+h(n)对 OPEN 表中的节点进行排序，则称该搜索算法为 A 算法。由于估价函数中带有问题自身的启发式信息，因此，A 算法又称为启发式搜索算法。

A 算法如下。

STEP 1　OPEN:=(s),CLOSE:=(NULL),f(n):=g(n)+h(n);

STEP 2　LOOP IF OPEN=() THEN EXIT(FAIL);

STEP 3　n:=FIRST(OPEN);

STEP 4　IF GOAL(n) THEN EXIT(SUCCESS);

STEP 5　REMOVE(n,OPEN),ADD(n,CLOSED);

STEP 6　EXPAND(n)→{m$_i$},计算 f(n,m$_i$):=g(n,m$_i$)+h(m$_i$)

　　　　ADD(m$_j$,OPEN),标记 m$_j$ 到 n 的指针

　　　　IF f(n,m$_k$)<f(m$_k$) THEN f(m$_k$):=f(n,m$_k$),标记 m$_k$ 到 n 的指针

　　　　IF f(n,m$_l$)<f(m$_l$) THEN f(m$_l$):=f(n,m$_l$),标记 m$_l$ 到 n 的指针,ADD(m$_l$,OPEN);

STEP 7　OPEN 中的节点按 f 值由小到大排序；

STEP 8　GO LOOP。

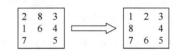

【例 3-8】 8-数码问题的启发式搜索 A 算法。图 3-19 所示为 8-数码问题的初始状态和目标状态。

图 3-19　8-数码问题的初始状态和目标状态

定义估价函数：

$$f(n)=g(n)+h(n)$$

其中，g(n)为从初始节点到当前节点的代价，h(n)为当前节点"不在位"的将牌数。8-数码问题的求解过程如图 3-20 所示。

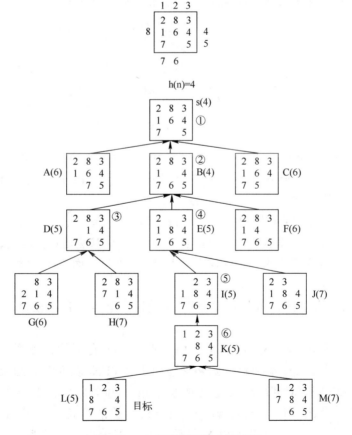

图 3-20　8-数码问题的求解过程

53

如移动 7，则 h(n)=5、g(n)=1，则 f(n)=6，记为 A(6)；如移动 6，则 h(n)=3、g(n)=1，则 f(n)=4，记为 B(4)；如移动 5，则 h(n)=5、g(n)=1，则 f(n)=6，记为 C(6)；因此选择 f(n)=4 的路径。接下来，如移动 8，则 h(n)=3、g(n)=2，则 f(n)=5，记为 D(5)；如移动 1，则 h(n)=3、g(n)=2，则 f(n)=5，记为 E(5)；如移动 4，则 h(n)=4、g(n)=2，则 f(n)=6，记为 F(6)；因此选择 f(n)=5 的路径。以此类推，直到得到最终目标。

3.4.3　A*算法

1．定义

定义评估函数为 f*(n)=g*(n)+h*(n)。其中，g*(n)是从初始节点 S_0 到节点 n 的最短路径的代价值，h*(n)是从节点 n 到目标节点的最短路径的代价值，f*(n)是从初始节点到目标节点的最短路径的代价值。若在择优搜索算法中，g(n)为对 g*(n)的估计值，且 g(n)>0；h(n)是 h*(n)的下界，即满足条件 h(n)≤h*(n)，则称这样得到的算法为 A*算法。其中 h(n)≤h*(n)是十分重要的，它可保证 A*算法能找到最优解。

在 A*算法中，g(n)比较容易求得，它实际上就是从初始节点 S_0 到节点 n 的路径代价，恒有 g(n)≥g*(n)，而且在算法执行过程中，随着更多搜索信息的获得，g(n)的值呈下降的趋势。h(n)的确定依赖于具体问题领域的启发式信息。

【**例 3-9**】　求解从 S_0 到 x_2 的最短路径，示意图如图 3-21 所示。

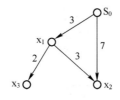

图 3-21　示意图

如图 3-21 所示，从节点 S_0 开始扩展得到 x_1 和 x_2，且 g(x_1)=3、g(x_2)=7；对 x_1 扩展后得到 x_2 与 x_3，此时 g(x_2)=6、g(x_3)=5，显然，后来计算出的 g(x_2)比先前计算出的小。

2．A*算法的可采纳性

如果目标状态存在，并且从初始状态到目标状态有一条通路，则该算法一定在有限步内终止并找到一个最优解（即代价为最低的解），则称这个算法是具备可采纳性的。A*算法是可采纳的，即它能在有限步内终止并找到最优解。可通过下面 3 个定理，对 A*算法的可采纳性进行证明。

【**定理 1**】　对于有限图，若从初始节点 S_0 到目标节点 t 有路径存在，则算法 A*成功结束。

证明：①首先证明算法必定会结束。由于搜索图为有限图，如果算法能找到解，则会成功结束；如果算法找不到解，则必然会由于 OPEN 表变空而结束。因此，A*算法必然会结束。②然后证明算法一定会成功结束。由于至少存在一条由初始节点到目标节点的路径，设此路径 $S_0=x_0$, x_1, …, $x_k=S_g$。算法开始时，节点 n_0 在 OPEN 表中，而且路径中任一节点 n_i 离开 OPEN 表后，其后继节点 n_{i+1} 必然进入 OPEN 表，这样，在 OPEN 表变为空之前，目标节点必然出现在 OPEN 表中。因此，算法必定会成功结束。

【**定理 2**】 对于无限图，若从初始节点 S_0 到目标节点 t 有路径存在，则算法 A*成功结束。

证明：①先证明在 A*算法结束之前，OPEN 表中总存在节点 x′，它是最优路径上的一个节点，且满足 $f(x′) \leq f^*(S_0)$。

假设最优路径是 S_0、x_1、x_2、…、x_m、S_{g^*}，由于 A*算法中的 h(x)满足 $h(x) \leq h^*(x)$，所以 $f(S_0)$、$f(x_1)$、$f(x_2)$、…、$f(x_m)$ 均不大于 $f(S_{g^*}) = f^*(S_0)$。又因为 A*算法是全局择优的，所以在它结束之前，OPEN 表中一定含有 S_0、x_1、x_2、…、x_m、S_{g^*} 中的一些节点，设 x′是其中最前面的一个，则它必然满足 $f(x′) \leq f^*(S_0)$，证明结束。

② 再用反证法。假设 A*算法不终止，并假设 e 是图中各条边的最小代价，$d^*(x_n)$ 是从 S_0 到节点 x_n 的最短路径长度，则显然有 $g^*(x_n) \geq d^*(x_n)x_e$。又因为 $g(x_n) \geq g^*(x_n)$，所以有 $g(x_n) \geq d^*(x_n)x_e$。因为 $h(x_n) \geq 0$，$f(x_n) \geq g(x_n)$，所以 $f(x_n) \geq d^*(x_n)x_e$。由于 A*算法不终止，随着搜索的进行，$d^*(x_n)$ 会无限增大，从而使 $f(x_n)$ 也无限增大。这就与第一步证明得出的结论矛盾，因为对于可解的状态空间来说，$f^*(S_0)$ 一定是有限值。所以，只要从初始节点到目标节点有路径存在，即使对于无限图，A*算法也一定会终止。

【**定理 3**】 A*是可采纳的，若存在初始节点 S_0 到目标节点 t 的路径，则 A*必能找到最优解结束。

证明：使用反证法证明。假设 A*算法不是在最优路径上终止，而是在某个目标节点 t 处终止，即 A*算法未能找到一条最优路径，则 $f(t) = g(t) > f^*(S_0)$。但由定理 2 的证明可知，在 A*算法结束之前，OPEN 表中存在节点 x′，它在最优路径上，且满足 $f(x′) \leq f^*(S_0)$，此时 A*算法一定会选择 x′来扩展而不会选择 t，这就与假设矛盾，所以，A*算法一定会终止在最优路径上。根据可采纳性的定义及以上证明可知 A*算法是可采纳的。同时由上面的证明还可得知，A*算法选择扩展的任何一个节点 x 都满足性质：$f(x) \leq f^*(S_0)$。

3. A*算法的最优性

A*算法的效率在很大程度上取决于 h(x)，在满足 $h(x) \leq h^*(x)$ 的前提下，h(x)的值越大越好。h(x)的值越大，表明它携带的启发式信息越多、搜索时扩展节点数越少、搜索的效率越高。可通过如下定理对 A*算法的最优性进行描述。

【**定理 4**】 假设对同一个问题定义了两个 A*算法 A_1 和 A_2，若 A_2 比 A_1 有更多的启发式信息，即对所有非目标节点有 $h_2(n) > h_1(n)$，则在具有一条从 s 到 t 的路径的隐含图上，搜索结束时，由 A_2 所扩展的每一个节点，也必定由 A_1 所扩展，即 A_1 扩展的节点数至少和 A_2 一样多。简写：如果 $h_2(n) > h_1(n)$，则 A_1 扩展的节点数 $\geq A_2$ 扩展的节点数。

证明：用归纳法证明。

假设 K 表示搜索树的深度，当 K=0 时，结论显然成立。因为若初始状态就是目标状态，则 A_1 与 A_2 都无须扩展任何节点；若初始状态不是目标状态，它们都要对初始节点进行扩展。此时，A_1 与 A_2 扩展的节点是相同的。

假设当 K-1 时结论成立，即凡 A_2 扩展了的前 K-1 代节点，A_1 也都扩展了。此时，只

要证明 A_2 扩展的第 K 代的任一个节点 x_k，也被 A_1 扩展就可以了。

由假设可知，A_2 扩展的前 K-1 代节点 A_1 也都扩展了，因此在 A_1 搜索树中有一条从初始节点 S_0 到 x_k 的路径，其费用不会比 A_2 搜索树中从 S_0 到 x_k 的费用高，即

$$g_1(x_k) \leq g_2(x_k)$$

假设 A_1 不扩展 x_k，这表示 A_1 能找到另一个具有更小估价值的节点进行扩展并找到最优解，此时有 $f_1(x_k) \geq f^*(S_0)$，即 $g_1(x_k)+h_1(x_k) \geq f^*(S_0)$。应用关系式 $g_1(x_k) \leq g_2(x_k)$，得 $h_1(x_k) \geq f^*(S_0)-g_2(x_k)$。由于 $h_2(x_k)=f^*(S_0)-g_2(x_k)$，所以有 $h_1(x_k) \geq h_2(x_k)$ 与最初的假设 $h_1(n)<h_2(n)$ 相矛盾，所以原定理成立。即启发函数携带的信息越多，则搜索时扩展的节点数越少，效率越高。

4. A*算法的复杂性

一般来说，A*的算法的复杂性是指数型的，可以证明，当且仅当以下条件成立时：

$$abs(h(n)-h^*(n)) \leq O(\log(h^*(n)))$$

A*的算法复杂性才是非指数型的，但是通常情况下，h 与 h*的差别至少是和离目标的距离成正比的。

5. h(n)的单调性限制

在 A*算法中，每当要扩展一个节点时都要先检查其子节点是否已在 OPEN 表或 CLOSED 表中，有时还需要调整指向父节点的指针，这就增加了搜索的代价。如果对启发函数 h*(n)加上单调性限制，就可以减少检查及调整的工作量，从而减少搜索的代价。

单调性限制是指 h(n)满足以下两个条件。

1）$h(S_g)=0$，其中 S_g 是目标节点。

2）对于任意节点 x_i 及其任意子节点 x_j，都有 $0 \leq h(x_i)-h(x_j) \leq c(x_i,x_j)$，其中 $c(x_i,x_j)$ 是节点 x_i 到其子节点 x_j 的边的代价。

若把上式写为 $h(x_i) \leq h(x_j)+c(x_i,x_j)$，就可以看出节点 x_i 到目标节点 S_g 最优费用的估计不会超过从 x_i 到其子节点 x_j 的边的代价加上从 x_j 到目标节点 S_g 最优费用的估计。

当 A*算法的启发函数 h*(n)满足单调性限制时，可得如下两个结论。

1）若 A*算法选择节点 x_n 进行扩展，则 $g(x_n)=g^*(x_n)$。

2）由 A*算法所扩展的节点序列其 f(n)值是非递减的。

【例 3-10】 m-c 传教士和野人问题的 A*算法求解。

三个传教士与三个野人来到河边，打算乘船从左岸到右岸，有一条船可供一个或两个人乘渡，要求任何情况下，河的任一岸上野人的人数不得超过传教士的人数。问：如何用这条船渡河。

解： 用 m 表示左岸的传教士人数，c 表示左岸的野人人数，b 表示左岸的船数，用三元组(m,c,b)表示问题的状态。对于 A*算法，首先需要确定估价函数。

分析：分两种情况考虑此问题。首先考虑船在左岸的情况。如果不考虑限制条件，也就是说，船一次可以将三人从左岸运到右岸，然后再由一个人将船送回来。这样，船一个来回可以运过河两人，而船仍然在左岸。最后剩下的三个人，则可以依次将它们全部从左岸运到右岸。所以，在不考虑限制条件的情况下，也至少需要摆渡[(m+c-3)/2]×2+1 次。再考虑

船在右岸的情况，同样不考虑限制条件。船在右岸，需要一个人将船运到左岸。因此对于状态(m,c,0)来说，其所需要的最少摆渡数相当于船在左岸是状态(m+1,c,1)或(m,c+1,1)所需要的最少摆渡数，再加上第一次将船从右岸送到左岸的一次摆渡数。因此所需要的最少摆渡数为m+c。综上所述，需要的最少摆渡次数为m+c-2b。

因此，假设 g(n)=d(n)、h(n)=m+c-2b，则有 f(n)=g(n)+h(n)=d(n)+m+c-2b，其中，d(n)为节点的深度。通过分析可知 h(n)≤h*(n)，满足 A*算法的限制条件。因此 M-C 问题的搜索过程如图 3-22 所示。

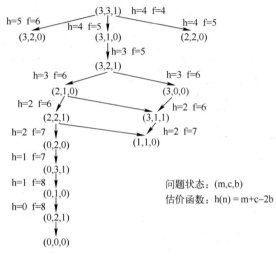

图 3-22　M-C 问题的搜索过程

3.5　与或树的搜索策略

与或树的搜索策略就是确定节点是可解节点或不可解节点的过程。一般情况下会循环用到两个过程，即可解标示过程和不可解标示过程，两个过程都是自下向上进行的，由子节点的可解性确定父节点、祖父节点等的可解性。本节将对与或树的盲目搜索策略、与或树的启发式搜索策略以及博弈树的启发式搜索策略进行介绍。

3.5.1　与或树的盲目搜索策略

与或树的盲目搜索包括广度优先搜索和深度优先搜索。搜索从初始节点开始，先自上而下地进行搜索，寻找终止节点及端节点，然后再自下而上地进行标示，一旦初始节点被标示为可解节点或不可解节点，搜索就不再继续进行。这两种搜索策略都是按确定路线进行的，当要选择一个节点进行扩展时，由于只考虑了节点在与或树中所处的位置，而没有考虑要付出的代价，因而求得的解树不一定是代价最小的解树，即不一定是最优解树。

1．与或树的广度优先搜索策略

与或树的广度优先搜索策略与状态空间的广度优先搜索策略类似，按照"先产生的节点先扩展"的原则进行搜索，在整个搜索过程中多次调用可解标示过程和不可解标示过程。假设要对初始节点 S_0 进行搜索，则与或树的广度优先搜索策略流程图如图 3-23 所示。

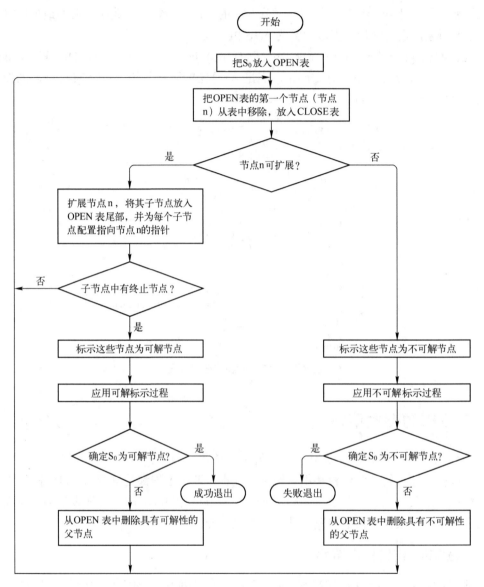

图 3-23　与或树的广度优先搜索策略流程图

2. 与或树的深度优先搜索

与或树的深度优先搜索过程和与/或树的广度优先搜索过程基本相同，只是将扩展节点的子节点放入 OPEN 表的首部，并为每个子节点配置指向父节点的指针。并且与状态空间的有界深度搜索类似，与或树的深度优先搜索也可以规定一个深度界限，使其在规定范围内进行搜索。假设要对初始节点 S_0 进行搜索，则与或树的有界深度优先搜索策略流程图如图 3-24 所示。

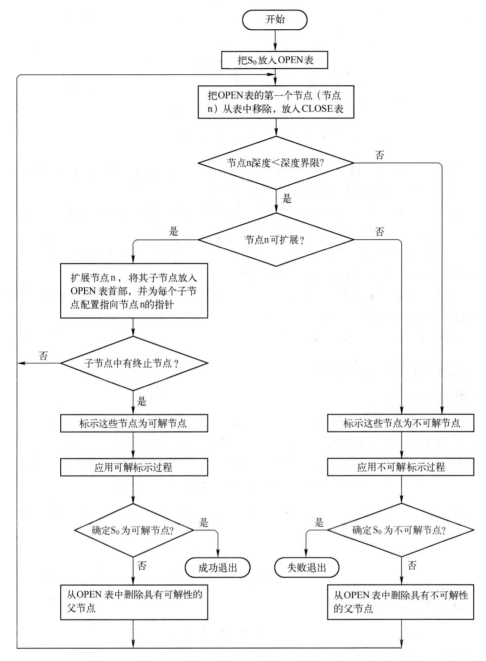

图 3-24 与或树的有界深度优先搜索策略流程图

【例 3-11】 利用广度优先搜索策略进行搜索实例。

假设有与或树如图 3-25 所示，其中 1 号节点为初始节点，t_1、t_2、t_3、t_4 均为终止节点，A 和 B 是不可解的节点。采用广度优先搜索策略，搜索过程如下。

解: ① 扩展 1 号节点，得 2 号和 3 号节点，依次放入 OPEN 表尾部。由于这两个节点都非终止节点，所以接着扩展 2 号节点。此时 OPEN 表中只有 3 号节点。

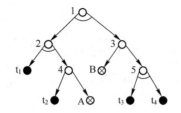

图 3-25　例 3-12 的与或树

② 2 号节点扩展后，得 4 号节点和 t_1 节点。t_1 是终止节点，标记为可解节点，放入 CLOSED 表中。此时 OPEN 表中依次有 3 号和 4 号节点。

③ 扩展 3 号节点，得 B 节点和 5 号节点。两者均非终止节点，因此将其放入 OPEN 表的尾部。此时 OPEN 表中依次有 4 号节点、B 节点和 5 号节点。

④ 继续扩展 4 号节点，得节点 A 和 t_2 节点。t_2 是终止节点，标记为可解节点，放入 CLOSED 表。因此节点 4、节点 2 均为可解节点。

⑤ 扩展 5 号节点，得 t_3 节点和 t_4 节点。由于 t_3 和 t_4 都为终止节点（放入 CLOSED 表中），故可推得节点 5、节点 3 均为可解节点。

综上所述，1 为可解节点，搜索成功结束。

3.5.2　与或树的启发式搜索策略

1. 解树的代价

假设用 c(x,y) 表示节点 x 到其子节点 y 的代价，则计算节点 x 代价的方法如下。

1）如果 x 是终止节点，则定义节点 x 的代价 h(x)=0。

2）如果 x 是或节点，$y_1,y_2,\cdots,y_n$ 是它的子节点，则节点 x 的代价由下式计算得到

$$h(x) = \min_{1 \leqslant i \leqslant n}\{c(x, y_i) + h(y_i)\}$$

3）如果 x 是与节点，则节点 x 的代价有两种计算方法：和代价法及最大代价法，若按和代价法计算有

$$h(x) = \sum_{i=1}^{n}(c(x, y_i) + h(y_i))$$

若按最大代价法计算则有

$$h(x) = \max_{1 \leqslant i \leqslant n}\{c(x, y_i) + h(y_i)\}$$

4）如果 x 不可扩展，且又不是终止节点，则定义 h(x)=∞

$$h(x) = \min_{1 \leqslant i \leqslant n}\{c(x, y_i) + h(y_i)\}$$

由上述计算节点的代价可以看出，如果问题是可解的，则由子节点的代价就可推算出父节点的代价，这样逐层上推，最终就可求出初始节点的代价，S_0 的代价就是解树的代价。

【例 3-12】　求解与或树解树的代价。

已知与或树解树图如图 3-26 所示，可以看出它由两棵解树构成，一棵解树由 S_0、A、

t_1、t_2组成；另一棵解树由 S_0、B、D、G、t_4、t_5组成。其中 t_1、t_2、t_3、t_4、t_5 为终止节点；E，F 为不可解节点，其代价均为∞。边上的数字为该边的代价。

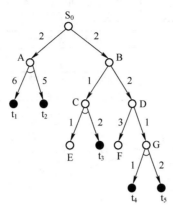

图 3-26　与或树解树图

解：左边解树：

若按和代价计算：$h(A)=c(A,t_1)+c(A,t_2)=6+5=11$；$h(S_0)=c(S_0,A)+h(A)=2+11=13$。

若按最大代价计算：$h(A)=c(A,t_1)=6$；$h(S_0)=c(S_0,A)+h(A)=6+2=8$。

右边解树：

若按和代价计算：

$h(G)=c(G,t_4)+c(G,t_5)=1+2=3$；$h(D)=c(D,G)+h(G)=1+3=4$；$h(B)=c(B,D)+h(D)=2+4=6$；

$h(S_0)=c(S_0,B)+h(B)=2+6=8$。

若按最大代价计算：

$h(G)=c(G,t_5)=2$；$h(D)=c(D,G)+h(G)=1+2=3$；$h(B)=c(B,D)+h(D)=2+3=5$；

$h(S_0)=c(S_0,B)+h(B)=2+5=7$。

2．与或树的有序搜索算法

有序搜索的目的是求得最优解树，这就要求在搜索中任一时刻求出的部分解树都是最小代价的。每次挑选欲扩展的节点时，都应该挑选最优希望成为最优解树一部分的节点进行扩展，由这些节点及其先辈节点所构成的与或树称为希望树。一般情况下，假设初始节点 S_0 在希望树 T 中，并且节点 x 在希望树 T 中，则一定有：

$$\min_{1\leqslant i\leqslant n}\{c(x,y_i)+h(y_i)\}$$

1）如果 x 是具有子节点 $y_1,y_2,\cdots,y_n$ 的或节点，则具有最小值的那个子节点也在希望树中。

2）如果 x 是与节点，则它的全部子节点都应在希望树中。

在搜索的过程中，随着新节点的不断生成，节点的代价值是不断变化的，因此希望树也是不断变化的。但无论怎么变化，希望树都必须包含初始节点 S_0。与或树的有序搜索算法的流程图如图 3-27 所示。

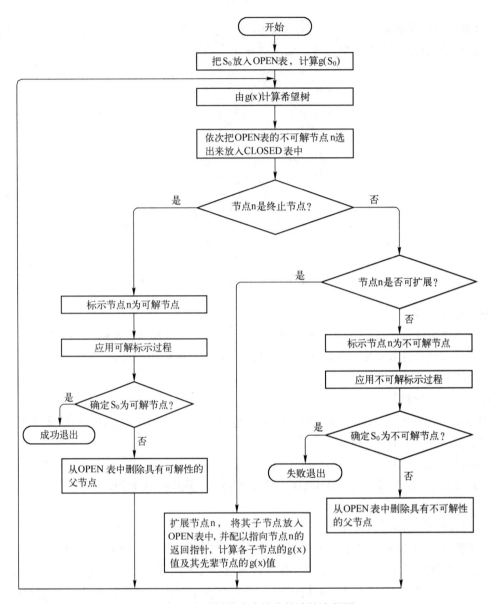

图 3-27　与或树的有序搜索算法的流程图

【例 3-13】　求解最优解树实例。

假设初始节点为 S_0，与或树每次扩展两层，并且一层是与节点，一层是或节点。S_0 经扩展后得到图 3-28 所示的与或树，其中子节点 B、C、E、F 用启发函数估算出的 h 值分别为：$h(B)=3$、$h(C)=3$、$h(E)=3$、$h(F)=2$，每条边的代价均按 1 计算。

若按和代价法计算，则有 $h(A)=8$、$h(D)=7$、$h(S_0)=8$，此时 S_0 的右子树是希望树，因此对希望树的端节点进行扩展。

假设节点 E 扩展后的与或树如图 3-29 所示。按和代价法计算得到 $h(G)=7$、$h(H)=6$、$h(E)=7$、$h(D)=11$。此时 S_0 的右子树算出 $h(S_0)=12$，但由于此时左子树算出的 $h(S_0)=9$，相比之下左子树代价更小，所以改取左子树作为当前希望树，并对节点 B 进行扩展。

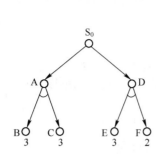

图 3-28 有待扩展的与或树

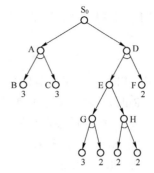

图 3-29 对 E 扩展两层后的与或树

假设节点 B 扩展两层后的与或树如图 3-30 所示。因为节点 L 的两个子节点是终止节点，则按和代价法计算得到 h(L)=2、h(M)=6、h(B)=3、h(A)=8。由于 L 的两个子节点都是可解节点，所以 L、B 都是可解节点，但 C 不能确定为可解节点，所以 A 和 S_0 也不能确定为可解节点，所以对 C 进行扩展。

假设对节点 C 扩展两层后得到的与或树如图 3-31 所示。因为节点 N 的两个子节点是终止节点，则按和代价法计算得到 h(N)=2、h(P)=7、h(C)=3、h(A)=8。由此推算 h(S_0)=9，最优解树由 S_0、A、B、C、L、N 等构成。

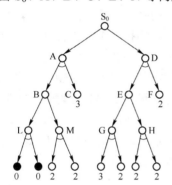

图 3-30 对 B 扩展两层后的与或树

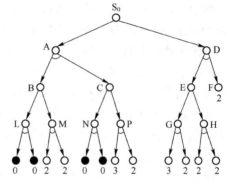

图 3-31 对 C 扩展两层后的与或树

3.5.3 博弈树的启发式搜索策略

1．博弈树

如果参加搜索的不止一个主体，而是对抗的两方（如下棋、打牌、战争等），则搜索的进程取决于双方的应对策略，由此而产生的搜索树称为博弈树。比如在下棋比赛中，当轮到我方走棋时，只需从若干个可以走的棋中，选择一个棋走就可以了，相当于若干个可以走的棋是或的关系。而轮到对方走棋时，对于我方来说，必须能够应付对手的每一种走棋，这就相当于或的关系。因此，博弈树可以看成是一种特殊的与或树。

最简单的一种博弈树称为"二人零和、全信息、非偶然"，对垒的 A、B 双方轮流采取行动，博弈的结果只有 3 种情况：A 胜、B 败；B 胜、A 败；双方平局。在对垒过程中，任何一方都了解当前的格局及过去的历史，任何一方在采取行动前都要根据当前的实际情况，进行得失分析，选取对自己最为有利而对对方最为不利的对策，不存在碰运气的偶然因素，即双方都很理智地决定自己的行动。博弈树的评价原则是在最坏的可能中选择最好的，这个原则是假定对手不会犯错误，因而己方不能采取任何冒险行动，又称为极小极大原则，即在极小中取极大之意。

博弈中的 4 个要素如下。

1）参与者（Player）：参与者的标志是他是否是博弈的利害关系者。

2）规则（Rule）：对博弈做出具体规定的集合，如参与者行动的顺序、行动时知道的信息、可选择的行动、行动后会得到的结果。

3）结果（Outcome）：所有参与者每一个可能行动的结果。

4）收益（Payoff）：在每一个可能的结果上参与者的得失。

博弈树具有以下特点。

1）博弈的初始格局是初始节点。

2）在博弈树中，或节点和与节点是交替出现的，本方扩展的是或节点，对方扩展的是与节点。

3）所有使本方获胜的终局都是本原问题，相应的节点是可解节点，所有使对方获胜的终局是不可解节点。

2．博弈树搜索方法——极小极大过程

极大极小过程是考虑双方对弈若干步之后，从可能的走法中选一步相对好的走法来走，即在有限的搜索深度范围内进行求解。极小极大过程的基本思想为：假设博弈双方一方为 A、一方为 B，极小极大分析法是为其中一方（如 A）来寻找一个最优行动方案的方法；为了找到当前的最优行动方案，需要对各个方案可能产生的后果进行比较，考虑每个方案实施后对手可能采取的行动，并计算可能的得分；为了计算得分，需根据问题的特性信息定义一个估价函数，用来估算当前博弈树端节点的得分，此时计算出的得分称为静态估值；当端节点估值计算出后，再推算父节点的得分，称为倒推值。推算方法是：对于或节点，选其子节点中最大的得分作为父节点得分；对与节点，选其子节点中最小的得分作为父节点得分；如果一个行动方案能获得较大的倒推值，它就是当前最好的行动方案。

【例 3-14】 用极小极大过程法计算倒推值的实例。

如图 3-32 所示，在节点 3 和 2 中，由于两者是与的关系，于是其父节点获得倒推值取最小值为 2；在节点 1 和-1 中，其父节点倒推值取最小值为-1，以此类推。而在节点 2、-1和 2 中，由于三者为或的关系，因此其父节点获得倒推值取最大值为 2；节点-2 和 3 中，其父节点获得倒推值取最大值为 3，同理可得到最终的倒推值为 3。

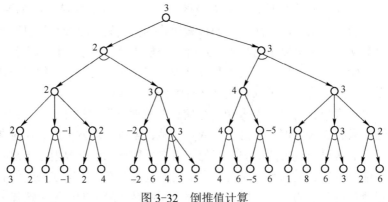

图 3-32 倒推值计算

【例 3-15】 用极小极大过程解决一字棋问题。

在九个空格中，由 A、B 两人对弈，轮到谁走就在空格上放一子，谁先使自己的三个棋子构成一线谁就取得了胜利，图 3-33 展示了棋子在不同位置可能存在的连线方式，假设 A 的棋子用 a 表示，B 的棋子用 b 表示，估值函数定义如下。

假设棋局为 P，估计函数为 f(P)。

若 P 是 A 必胜的棋局，f(P)=+∞。

若 P 是 B 必胜的棋局，f(P)=-∞。

若 P 是胜负未定的棋局，f(P)=f(+P)-f(-P)，其中 f(+P)表示在棋局上有可能使 A 成为三子一线的行、列、斜线数目；f(-P)表示在棋局上有可能使 B 成为三子一线的行、列、斜线数目。

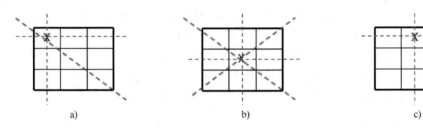

图 3-33　一字棋规则图

a) 连线方式 1　b) 连线方式 2　c) 连线方式 3

若双方如图 3-34 所示摆放棋子，此时 a 能成为三子一线的数目为 3，b 能成为三子一线的数目为 1，因此估计函数 f(P)=3-1=2。

假设只进行两层且每方只走一步如图 3-35 所示。如果 a 放置在如 S1 的位置，按照 b 的位置，计算得到的 f(P)分别为 1、0、1、0 和 -1，那么对于 S1 来说，f(P)=-1。如果 a 放置在如 S2 的位置，则得到的 f(P)分别为-1、0、-1、0 和-2，那么对于 S2 来说，f(P)=-2。如果 a 放置在如 S3 的位置，则得到的 f(P)分别为 1 和 2，那么对于 S3 来说，f(P)=1。

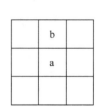

图 3-34　一字棋示例

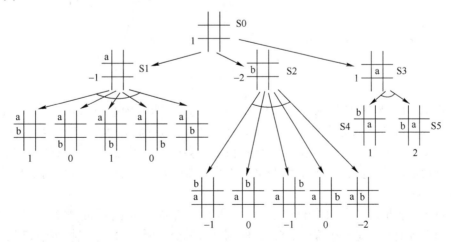

图 3-35　一字棋步骤图

显然 S3 有较大的倒推值。因此，对于 A 来说，最好的选择是将棋子放在中间，当 A 如 S3 放置棋子后，B 的最优选择是 S4，因为 S4 有较小的静态估值，对 A 不利。

3．博弈树搜索方法——α-β 剪枝

在极小极大过程中，总是先生成一定深度的博弈树，然后对端节点进行估值，再计算上层节点的倒推值，由于两个过程完全分离，因此效率较低。博弈树具有与节点和或节点逐层交替出现的特点，如果能同时生成节点和计算估值及倒推值，就可能删去一些不必要的节点，从而减少不必要的工作量，以此来提高算法效率，这就是 α-β 剪枝。

对于与节点，取当前子节点中最小倒推值作为倒推值的上界，称为 β 值，β 值永不增加；对于或节点，取当前子节点中最大倒推值作为倒推值的下界，称为 α 值，α 值永不减少。任何或节点的 α 值如果不能降低其父节点的 β 值，则对节点以下的分枝可停止搜索，并使该节点的倒推值为 α，这种剪枝称为 β 剪枝；任何与节点的 β 值如果不能升高其父节点的 α 值，则对该节点以下的分枝可停止搜索，并使该节点的倒推值为 β，这种剪枝称为 α 剪枝。可以简记为：后辈节点的 α 值≥祖先节点的 β 值时，β 剪枝；后辈节点的 β 值≤祖先节点的 α 值时，α 剪枝。如图 3-36 所示，由 S3 与 S4 的估值计算的 S1 的倒推值为 3，这表示 S0 的倒推值最小为 3；另外由 S5 的估值得到 S2 的倒推值最大为 2，因此 S0 的倒推值为 3，此时 S6 的值对上层的计算没有影响，可以从博弈树中剪去。

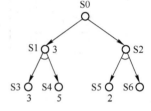

图 3-36　博弈树

【例 3-16】　用 α-β 剪枝法计算倒推值的实例。

如图 3-37 所示，最下面一层端节点旁边的数字是假设的估值。

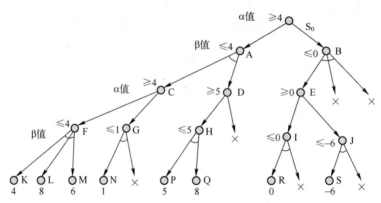

图 3-37　例 3-16 的示意图

由节点 K、L、M 的估值推出节点 F 的倒推值为 4，即 F 的 β 值为 4，由此可推出节点 C 的 α 值为 4。由节点 N 的估值推出节点 G 的 β 值为 1，因为 C 的下界为 4，所以无论 G 的其他子节点的估值是多少，节点 G 的倒推值都不会增大。因此对 G 的其他分支不必再搜索，相当于把这些分枝剪去，并且可以确定 C 的倒推值为 4。再由节点 C 可推出节点 A 的 β 值为 4。

由节点 P、Q 推出节点 H 的倒推值为 5，因此节点 D 的 α 值为 5。此时，节点 D 的其他子节点的倒推值无论是多少都不能使 D 的倒推值减少，所以 D 的其他分枝被剪去，并且

可以确定 A 的倒推值为 4。以此类推，最终推出 S0 的倒推值为 4。

3.6 本章小结

本章首先介绍了人工智能中基本的两种问题表示方法，即状态空间表示法和与或树表示法。接着介绍了多种搜索策略，盲目搜索策略包括广度优先搜索策略、深度优先搜索策略等。启发式搜索策略包括择优搜索、A 算法以及 A*算法。在与或树的启发式搜索策略中，介绍了博弈树的搜索方法极小极大过程和 α-β 剪枝。虽然盲目搜索的效率不高，不便于复杂问题的求解，但是由于启发式搜索需要和问题自身特性有关的信息，而对于很多问题这些信息很少，或者根本就没有，或者很难抽取，所以盲目搜索仍然是很重要的搜索策略。

3.7 思考与练习

（1）一名农夫带着一只狼，一只羊和一筐菜，欲从河的左岸坐船到右岸，由于船太小，农夫每次只能带一样东西过河，并且，没有农夫看管的话，狼会吃羊，羊会吃菜。试设计一个方案使农夫可以无损失地渡过河，并画出相应的状态图。

（2）用与或图表示"猴子和香蕉"问题。

一只猴子位于水平位置 a 处，香蕉挂在水平位置 c 处的上方，猴子想吃香蕉，但高度不够，够不着。恰好在 b 处有可移动的台子，若猴子站在台子上，就可以够到香蕉。问题是判定猴子的行动计划，使它能够到香蕉。

（3）深度优先搜索和广度优先搜索有什么区别？

（4）如何证明一个算法是 A*算法？A*算法的可采纳性如何证明？

（5）一棵博弈树如图 3-38 所示，其中最下面一层的数字是假设的估值，回答如下问题。

1）计算各节点的倒推估值。

2）利用 α-β 剪枝法剪去不必要的分支。

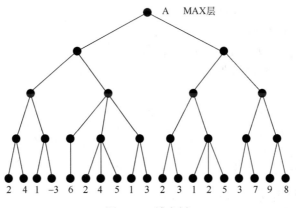

图 3-38　博弈树

第4章 确定性推理

前文介绍了利用一些知识表示法可以把知识表示出来存储到计算机中去，还介绍了从问题表示到问题解决的求解过程，即搜索过程。但是，为使计算机具有智能，还必须使它具有思维能力。因此，推理方法成为人工智能的一个重要研究课题，推理过程就是把人类的思维形式化、符号化，使其能在计算机上实现。本章主要介绍推理方法中的确定性推理，其中包括自然演绎推理、归结演绎推理和与或型的演绎推理。

4.1 自然演绎推理

自然演绎推理是从一组已知为真的事实出发，运用经典逻辑的推理规则推出结论的过程。其中基本的推理规则有 P 规则、T 规则、假言推理和拒取式推理。

1）P 规则是指在推理的任何步骤上都可以引入前提，继续进行推理。

2）T 规则是指在推理时，如果前面步骤中有一个或多个公式永真蕴含 S，则可以把 S 引入到推理过程中。

3）假言推理的一般形式为：P，P→Q⇒Q。表示由 P 和 P→Q 为真，可以推出 Q 为真。例如，由"香蕉是水果"和"如果 a 是水果，则 a 能吃"可以推出"香蕉能吃"。

4）拒取式推理的一般形式为：¬Q，P→Q⇒¬P。表示由 Q 为假和 P→Q 为真，可以推出 P 为假。例如，由"现在河面没结冰"和"如果是冬天，则河面会结冰"可以推出"现在不是冬天"。

【例 4-1】 已知事实如下。

1）所有容易的课程小李（Li）都喜欢。

2）D 班的课程都是容易的。

3）计算机（Computer）是 D 班的一门课程。

求证：小李喜欢计算机这门课程。

证明：

定义谓词。

EASY(x)：x 是容易的。

LIKE(x,y)：x 喜欢 y。

D(x)：x 是 D 班的一门课程。

已知事实和结论用谓词公式表示。

$(\forall x)(EASY(x) \to LIKE(Li,x))$。

$(\forall x)(D(x) \to EASY(x))$。

D(Computer)。

LIKE(Li,Computer)。

用推理规则进行推理。

EASY(z)→LIKE(Li,z)。

D(y)→EASY(y)。

D(Computer),D(y)→EASY(y)⇒EASY(Computer)。　　　　　P 规则及假言推理

EASY(Computer),EASY(z)→LIKE(Li,z)⇒LIKE(Li,Computer)。　　T 规则及假言推理

应用假言推理和拒取式推理时应该注意避免两种错误，一是 P→Q 为真时，通过 Q 为真来推出 P 为真。例如由"地上湿了"和"如果下雨了，则地上会湿"推出"天下雨了"，但是地上湿不一定是下雨造成的。二是 P→Q 为真时，通过 P 为假推出 Q 为假。例如由"闹钟没响"和"如果闹钟响了，则我会起床"推出"我不会起床"，这显然是违背逻辑规则的。

自然演绎推理的优点是表达定理证明过程自然、易理解；拥有丰富的推理规则，推理过程灵活；便于嵌入领域启发式知识。其缺点是得到的中间结论一般呈指数形式递增，这不利于对复杂问题进行推理，甚至是不能实现的。

4.2　归结演绎推理

归结演绎推理是由普遍性前提推出特殊性结论的推理，它本质上是一种反证法。如要证明一个命题 P 是恒真的，其实只要证明其反命题 ¬P 恒假即可。本节将介绍子句集、海伯伦定理、鲁滨逊归结原理以及归结反演。

4.2.1　子句集

1．子句与子句集

归结演绎推理规则所应用的对象是命题或者谓词合式公式的一种特殊形式，称为子句。因此在使用归结演绎推理规则进行归结之前，需要把合式公式化为子句式，和子句相关的定义如下。

定义 1　对于一个不能再分解的命题，称为原子谓词公式。

定义 2　原子谓词公式本身或者其否定，称为文字。如 P(x)、Q(x)、¬P(x)、¬Q(x)等都是文字。

定义 3　任何文字本身或者其析取式，称为子句。不含任何文字的子句称为空子句。由子句和空子句组成的集合称为子句集。

2．子句集的化简

在谓词逻辑中，任何一个谓词公式都可以通过应用等价关系及推理规则化简成相应的子句集。其化简步骤如下。

1）消去连接词"→"和"↔"。

通过使用"P→Q⇒¬P∨Q"或者"P↔Q⇒¬(¬P∧¬Q)"公式来消去谓词公式中的连接词"→"和"↔"。

2）较少否定符号的辖域。

反复使用双否定定律、摩尔根定律和量词转换定律，将每个否定符号"¬"移到紧靠谓词的位置，使得每个否定符号最多只作用于一个谓词上。

3）对变元标准化。

在一个量词的辖域内，把谓词公式中受该量词约束的变元全部用另外一个没有出现过的任意变元代替，使不同量词约束的变元有不同的名字。

4）化为前束范式。

把所有量词都移到公式的左边，并且在移动时不能改变其相对顺序。

5）消去存在量词。

消去存在量词时，需要区分以下两种情况。

① 若存在量词不出现在全称量词的辖域内（即它的左边没有全称量词），只要用一个新的个体常量替换受该存在量词约束的变元，就可消去该存在量词。

② 若存在量词位于一个或多个全称量词的辖域内，则需要使用 Skolem 函数$(x_1,x_2,\cdots,x_n)$替换受该存在量词约束的变元，然后再消去存在量词。

6）化为 Skolem 标准形。

Skolem 标准形一般形式为：$(\forall x_1)\cdots(\forall x_n)\ M(x_1,x_2,\cdots,x_n)$。其中，$M(x_1,x_2,\cdots,x_n)$是一个合取范式，称为 Skolem 标准形的母式。

7）消去全称量词。

由于母式中的全部变元均受全称量词的约束，并且全称量词的次序已无关紧要，因此可以省掉全称量词。但剩下的母式，仍假设其变元是被全称量词量化的。

8）消去合取词。

在母式中消去所有合取词，把母式用子句集的形式表示出来。其中，子句集中的每一个元素都是一个子句。

9）更换变量名称。

对子句集中的某些变量重新命名，使任意两个子句中不出现相同的变量名，更换变量名不会影响公式的真值。

【例 4-2】 将公式$(\forall x)((\forall y)P(x,y) \rightarrow \neg(Ay)(Q(x,y) \rightarrow R(x,y)))$化为子句集。

1）消去连接词：$(\forall x)(\neg(\forall y)P(x,y) \vee \neg(\forall y)(\neg Q(x,y) \vee R(x,y)))$。

2）较少否定符号的辖域：$(\forall x)((\exists y)\neg P(x,y) \vee (\exists z)(Q(x,z) \wedge \neg R(x,z)))$。

3）变元标准化：$(\forall x)((\exists y)\neg P(x,y) \vee (\exists y)(Q(x,y) \wedge \neg R(x,z)))$。

4）化为前束范式：$(\forall x)(\exists y)(\exists z)(\neg P(x,y) \vee (Q(x,z) \wedge \neg R(x,z)))$。

5）消去存在量词：$(\forall x)(\neg P(x,f(x)) \vee (Q(x,g(x)) \wedge \neg R(x,g(x))))$，其中假设替换 y 和 z 的 Skolem 函数是 f(x)和 g(x)。

6）化为 Skolem 标准形：$(\forall x)((\neg P(x,f(x)) \vee (Q(x,g(x))) \wedge (\neg P(x,f(x)) \vee \neg R(x,g(x))))$。

7）消去全称量词：$(\neg P(x,f(x)) \vee (Q(x,g(x))) \wedge (\neg P(x,f(x)) \vee \neg R(x,g(x)))$。

8）消去合取词：$\neg P(x,f(x)) \vee (Q(x,g(x)), \neg P(x,f(x)) \vee \neg R(x,g(x))$。

9）对变元更名：$\neg P(x,f(x)) \vee (Q(x,g(x)), \neg P(x,f(y)) \vee \neg R(y,g(y))$。

3. 子句集化简过程的唯一性及其对不可满足性的影响

由于子句集化简过程在消去存在量词时所用的 Skolem 函数可以不同，因此所得到的标准子句集不唯一。当原谓词公式为永真时，它与其标准子句集不一定等价。但当原谓词公式为永假时，其标准子句集则一定是永假的，即 Skolem 化并不影响原谓词公式的永假性。这个结论很重要，是归结原理的主要依据，可用定理的形式来描述。

定理 假设有谓词公式 F，其标准子句集为 S，则 F 为永假的充要条件是 S 为永假。

为证明此定理，先做如下说明。

为方便讨论问题，假设给定的谓词公式 F 已为前束范式 $(Q_1x_1)\cdots(Q_rx_r)\cdots(Q_nx_n)$ $M(x_1,x_2,\cdots,x_n)$，其中，$M(x_1,x_2,\cdots,x_n)$ 已化为合取范式。由于将 F 化为这种前束形是一种很容易实现的等价运算，因此这种假设是可以的。

又假设 (Q_rx_r) 是第一个出现的存在量词 $(\exists x_r)$，即 $F=(\forall x_1)\cdots(\forall x_{r-1})(\exists x_r)(Q_{r+1}x_{r+1})\cdots$ $(Q_nx_n)M(x_1,\cdots,x_{r-1},x_r,x_{r+1}\cdots,x_n)$。为把 F 化为 Skolem 标准形，需要先消去这个 $(\exists x_r)$，并引入 Skolem 函数，得到 $F_1=(\forall x_1)\cdots(\forall x_{r-1})(Q_{r+1}x_{r+1})\cdots(Q_nx_n)M(x_1,\cdots,x_{r-1},f(x_1,\cdots x_{r-1}),x_{r+1}\cdots,x_n)$。

若能证明 F 永假$\Leftrightarrow F_1$ 永假，则同理可证 F_1 永假$\Leftrightarrow F_2$ 永假。重复这一过程，直到证明了 F_{m-1} 永假$\Leftrightarrow F_m$ 永假为止。此时，F_m 已为 F 的 Skolem 标准形。而 S 只不过是 F_m 的一种集合表示形式，因此有 F_m 永假$\Leftrightarrow$S 永假。

利用反证法证明，先证明 F 永假$\Leftrightarrow F_1$ 永假。

证明：已知 F 永假，假设 F_1 是永真的，则存在一个解释 I，使 F_1 在解释 I 下为真。即对任意 $x_1,\cdots,x_{r-1}$ 在 I 的设定下有 $(Q_{r+1}x_{r+1})\cdots(Q_nx_n)M(x_1,\cdots,x_{r-1},f(x_1,\cdots,x_{r-1}),x_{r+1},\cdots,x_n)$ 为真。亦即对任意的 $x_1,\cdots,x_{r-1}$ 都有一个 $f(x_1,\cdots,x_{r-1})$ 使 $(Q_{r+1}x_{r+1})\cdots(Q_nx_n)M(x_1,\cdots,x_{r-1},f(x_1,\cdots,x_{r-1}),x_{r+1},\cdots,x_n)$ 为真。即在 I 下有 $(\forall x_1)\cdots(\forall x_{r-1})(\exists x_r)(Q_{r+1}x_{r+1})\cdots(Q_nx_n)M(x_1,\cdots,x_{r-1},x_r,x_{r+1},\cdots,x_n)$ 为真，F 在 I 下为真。但这与前提 F 是永假的相矛盾，即假设 F_1 为永真是错误的。从而可以得出"若 F 永假，则必有 F_1 永假"。

已知 F_1 永假，假设 F 是永真的。于是便有某个解释 I 使 F 在 I 下为真。即对任意的 $x_1,\cdots,x_{r-1}$ 在 I 的设定下都可找到一个 x_r，使 $(Q_{r+1}x_{r+1})\cdots(Q_nx_n)M(x_1,\cdots,x_{r-1},x_r,x_{r+1},\cdots,x_n)$ 为真。若扩充 I，使它包含一个函数 $f(x_1,\cdots,x_{r-1})$，且有 $x_r=f(x_1,\cdots,x_{r-1})$。这样，就可以把所有的 $f(x_1,\cdots,x_{r-1})$ 映射到 x_r，从而得到一个新的解释 I'，并且在此解释下对任意的 $x_1,\cdots,x_{r-1}$ 都有 $(Q_{r+1}x_{r+1})\cdots(Q_nx_n)M(x_1,\cdots,x_{r-1},f(x_1,\cdots x_{r-1}),x_{r+1},\cdots,x_n)$ 为真。即在 I'下有 $(\forall x_1)\cdots(\forall x_{r-1})(Q_{r+1}x_{r+1})\cdots$ $(Q_nx_n)M(x_1,\cdots,x_{r-1},f(x_1,\cdots x_{r-1}),x_{r+1},\cdots,x_n)$ 为真。它说明 F_1 在解释 I'下为真。但这与前提 F_1 是永假的相矛盾，即假设 F 为永真是错误的。从而可以得出"若 F_1 永假，则必有 F 永假"，于是，定理得证。

由此定理可知，要证明一个谓词公式是永假的，只要证明其相应的标准子句集是永假的就可以了。至于如何证明一个子句集的永假性，由海伯伦（Herbrand）定理和鲁滨逊归结原理来解决。

4.2.2 海伯伦定理

海伯伦定理是归结推理的理论基础，归结推理是通过海伯伦定理证明的，同时又是海伯伦定理的具体实现。海伯伦定理的基本思想是简化论域，建立一个比较简单、特殊的域，使得只要在这个论域上永假，那么就可以保证公式的永假性。利用反证法，要证明一个公式是永假的，就要寻找一个已给出的公式是真的解释。

1. H 域

由于量词是任意的，所讨论的论域 D 也是任意的，所以解释的个数是无限、不可数的。简化讨论域，建立一个比较简单、特殊的域，使得只要在这个论域上，该公式是永假的，此域可称为 H 域。假设 S 为子句集，D 为 S 的某个论域，则 H 域的构造方法如下。

1）令 H_0 是 S 中所有个体常量的集合，若 S 中不包含个体常量，则令 $H_0=\{a\}$，其中 a 为任意指定的一个个体常量。

2）令 $H_{i+1}=H_i\cup\{$S 中的函数在 H_i 上所有的实例$\}$，其中 $i=0,1,2,\cdots,n$。形如 $f(x_1,x_2,\cdots,x_n)$ 的函数的实例通过令 $x_j=k_j\in H_i$ 来形成$(j=1,2,\cdots,n)$。

由此看出 H_i 可以扩展到 H_∞。H_∞ 就被称为海伯伦域，简称 H 域。

【例 4-3】 求解下列子句的 H 域。

1）$S=\{P(x)\vee Q(x),R(f(y))\}$。

2）$S=\{P(a),Q(b),R(g(x))\}$。

3）$S=\{P(a)\vee Q(b),R(f(z,y))\}$。

4）$S=\{P(a),Q(f(x)),R(g(y))\}$。

5）$S=\{P(x),Q(y)\vee R(y)\}$。

解：1）在此例中无个体常量，根据 H 域的定义可以任意指定一个常量 a 作为个体常量。

$H_0=\{a\}$。

$H_1=H_0\cup\{f(a)\}=\{a,f(a)\}$。

$H_2=H_1\cup\{f(a),f(f(a))\}=\{a,f(a),f(f(a))\}$。

$H_3=H_2\cup\{f(a),f(f(a)),f(f(f(a)))\}=\{a,f(a),f(f(a)),f(f(f(a)))\}$。

......

$H_\infty=\{a,f(a),f(f(a)),f(f(f(a))),\cdots\}$。

2）$H_0=\{a,b\}$。

$H_1=H_0\cup\{g(a),g(b)\}=\{a,b,g(a),g(b)\}$。

$H_2=H_1\cup\{g(a),g(b),g(g(a)),g(g(b))\}=\{a,b,g(a),g(b),g(g(a)),g(g(b))\}$。

......

$H_\infty=\{a,b,g(a),g(b),g(g(a)),g(g(b)),g(g(g(a))),g(g(g(b))),\cdots\}$。

3）$H_0=\{a,b\}$。

$H_1=H_0\cup\{f(a,a),f(a,b),f(b,a),f(b,b)\}=\{a,b,f(a,a),f(a,b),f(b,a),f(b,b)\}$。

$H_2=H_1\cup\{f(a,a),f(a,b),f(b,a),f(b,b),f(a,f(a,a)),f(a,f(a,b)),f(a,f(b,a)),f(a,f(b,b)),f(b,f(a,a)),f(b,f(a,b)),$
$\qquad f(b,f(b,a)),f(b,f(b,b)),\cdots\}$。

......

4）$H_0=\{a\}$。

$H_1=H_0\cup\{f(a),g(a)\}=\{a,f(a),g(a)\}$。

$H_2=H_1\cup\{f(a),g(a),f(f(a)),f(g(a)),g(f(a)),g(g(a))\}$
$\quad=\{a,f(a),g(a),f(f(a)),f(g(a)),g(f(a)),g(g(a))\}$。

......

$H_\infty=\{a,f(a),g(a),f(f(a)),f(g(a)),g(f(a)),g(g(a)),f(f(f(a))),f(f(g(a))),g(f(f(a))),g(f(g(a))),\cdots\}$。

5）由于该子句集中既无个体常量，又无函数，所以可任意指定一个常量 a 作为个体常量，从而得到 $H_0=H_1=H_2=\cdots=H_\infty=\{a\}$。

2．H 域解释

在 H 域中元素替换子句中的变元后所得的子句称为基子句或基原子。子句中所有基子句构成的集合称为原子集。对于子句集中出现的常量、函数以及谓词取值，一次取值就是一个解释。子句集 S 在 H 域上的一个解释 I 通常满足下列条件。

1）在解释 I 下，常量映射到自身。

2）S 中的任一个 n 元函数都是 $H_n \to H$ 的映射。即假设 $h_1,h_2,\cdots,h_n \in H$，则 $f(h_1,h_2,\cdots,h_n) \in H$。

3）S 中的任一个 n 元谓词都是 $H_n \to \{T,F\}$ 的映射。谓词的真值可以是 T，也可以是 F。

【例 4-4】 求解子句 $S=\{P(x) \lor Q(x), R(f(y))\}$ 的 H 域解释。

解：由例 4-3 可知，该子句的 H 域为 $\{a,f(a),f(f(a)),\cdots\}$。

所以 S 的原子集为：$\{P(a),Q(a),R(a),P(f(a)),Q(f(a)),R(f(a)),\cdots\}$。

则 S 的解释为：$I_1=\{P(a),Q(a),R(a),P(f(a)),Q(f(a)),R(f(a)),\cdots\}$

$\qquad\qquad I_2=\{\neg P(a), \neg Q(a), \neg R(a), \neg P(f(a)),Q(f(a)),R(f(a)),\cdots\}$,

$\qquad\qquad \cdots\cdots$

一般来说，一个子句集的基子句有无限多个，因此它在 H 域上的解释也有无限多个。为了保证归结法的正确性，定义如下 3 个定理。

定理 1 假设 I 是子句集 S 在论域 D 上的解释，存在对应于 I 的 H 解释 I*，使得若有 $S|_I=T$，必有 $S|_{I*}=T$。

定理 2 子句集 S 是永假的，当且仅当 S 的所有 H 解释为假。

定理 3 子句集 S 是永假的，当且仅当对每一个解释 I 下，至少有 S 的某个基子句为假。

3．海伯伦定理的内容

海伯伦定理的内容是：子句集永假的充要条件是存在一个有限的永假的基子句集 S'。定理的意义是将证明问题转化成了命题逻辑问题。由此定理保证，可以放心地用机器来实现归结推理。但是值得注意的是，海伯伦定理给出的一阶逻辑的半可判定算法，仅当被证明定理是成立时，使用该算法可以在有限步得证。而当被证定理并不成立时，使用该算法得不出任何结论。

【例 4-5】 证明海伯伦定理。

证明：

充分性。假设子句集 S 有一个永假的基子句集 S'，因为它是永假的，所以一定存在一个解释 I 使 S' 为假，根据 H 域上的解释与 D 域上的解释的对应关系，可知在 D 域上一定存在一个解释使 S 永假，即子句集 S 是永假的。

必要性。假设子句集 S 永假，由前一定理可知，S 对 H 域上的一切解释都为假，这样必然存在一个基子句集 S'，且它是永假的。综上，定理得证。

海伯伦定理从理论上给出了证明子句集永假的可行性及方法，但要在计算机上实现其证明过程却是困难的。仍存在的问题为基子句集序列元素的数目随基子句的元素数目成指数增加。因此，海伯伦定理早在 20 世纪 30 年代就提出了，但始终没有显著的成绩。

4.2.3 鲁滨逊归结原理

1965 年提出的鲁滨逊（Robinson）归结原理又称消解原理（Resolution Principle），是一种通过证明子句集的永假性而实现定理证明的理论方法。它的出现被认为是自动推理，特别是机器定理证明领域的一项重大突破。鲁滨逊归结原理的基本思想为：首先把欲证明问题的结论否定，并加入子句集，得到一个扩充的子句集 S'。然后设法检验子句集 S' 是否含有空子句，若含有空子句，则表明 S'是永假的；若不含有空子句，则继续使用归结法，在子句集中选择合适的子句进行归结，直至导出空子句或不能继续归结为止。鲁滨逊归结原理主要包括命题逻辑归结原理和谓词逻辑归结原理。

1．命题逻辑归结原理

假设 C_1 和 C_2 是子句集中的任意两个子句，如果 C_1 中的文字 L_1 与 C_2 中的文字 L_2 互补，那么可从 C_1 和 C_2 中分别消去 L_1 和 L_2，并将 C_1 和 C_2 中余下的部分按析取关系构成一个新的子句 C_{12}，这一过程称为归结，称 C_{12} 为 C_1 和 C_2 的归结式，称 C_1 和 C_2 为 C_{12} 的亲本子句。其中文字互补是指 L_2 是 L_1 的否定形式（如 P 是原子谓词公式，称 P 与 ¬P 为互补文字）。

【例 4-6】 假设 C_1=P∨Q、C_2=¬Q∨R、C_3=¬P。求 C_1、C_2、C_3 的归结式 C_{123}。

解： 先将 C_1、C_2 归结得：C_{12}=P∨R。

再将 C_{12}、C_3 归结得：C_{123}=R。

定理归结式 C_{12} 是其亲本子句 C_1 与 C_2 的逻辑结论。即如果 C_1 与 C_2 为真，则 C_{12} 为真。

推论 1 假设 C_1 与 C_2 是子句集 S 中的两个子句，C_{12} 是它们的归结式，若用 C_{12} 代替 C_1 与 C_2 后得到新子句集 S_1，则由 S_1 的永假性可推出原子句集 S 的永假性，即 S_1 永假性⇒S 永假性。

推论 2 假设 C_1 与 C_2 是子句集 S 中的两个子句，C_{12} 是它们的归结式，若将 C_{12} 加入原子句集 S，得到新子句集 S_2，则 S 与 S_2 在永假的意义上是等价的，即 S_2 永假性⇔S 永假性。

2．谓词逻辑归结原理

谓词逻辑中的归结原理是基于知识进行推理时，经过模式匹配从知识库中选出当前适用的知识，本部分内容只涉及精确匹配，不精确匹配则将在不确定推理中介绍。在谓词逻辑中，由于子句中含有变元，所以不像命题逻辑那样可以直接消去互补文字，而需要先用置换和合一对变元进行代换，然后才能进行归结。

（1）置换

置换（Substitution）就是用置换项取代公式中的变量，置换项可以是变量、常量或函数，是形如 $\{t_1/x_1,t_2/x_2,\cdots,t_n/x_n\}$ 的有限集合，其中 $t_1,t_2,\cdots,t_n$ 是项；$x_1,x_2,\cdots,x_n$ 是互不相同的变元；t_i/x_i 表示用 t_i 替换公式中的 x_i，不允许 t_i 与 x_i 相同，也不允许变元 x_i 循环地出现在另一个 t_j 中。不含任何元素的置换称为空置换 ε。如 {a/x,f(b)/y,w/z} 就是一个置换，而 {g(y)/x,f(x)/y} 不是一个置换，因为出现了循环的情况，既没有消去 x，也没有消去 y。

置换可作用于某个谓词公式上，也可作用于某个项上，若现有置换 $\theta=\{t_1/x_1,t_2/x_2,\cdots,t_n/x_n\}$，当 θ 作用于一个谓词公式 P 时，就是将 P 中变量用 t_i 代入，以 P_θ 表示，称为 P 的一个特例。当 θ 作用于一个项 u 时，就是将 u 中的变量以 t_i 代入，结果以 u_θ 表示。

【例 4-7】 假设有置换 θ={c/x,f(d)/y,t/z}，求解对谓词公式 P=Q(x,y,z)和项 u=g(x,y)的置换结果。

解： P_θ=Q(c,f(d),t)。

u_θ=g(c,f(d))。

（2）合一

假设有公式集 $F=\{F_1,F_2,\cdots,F_n\}$，若存在一个置换 λ 使得 $F_1\lambda=F_2\lambda=\cdots=F_n\lambda$，则称 λ 为公式集 F 的一个合一（Unification），称 $F_1,F_2,\cdots,F_n$ 是可合一的。子句集的合一一般是不唯一的。

【例 4-8】 假设有公式集 F={P(x,y,f(y)),P(a,g(x),z)}，置换 λ={a/x,g(a)/y,f(g(a))/z}，求解

子句集的合一结果。

解：$F_1\lambda=P(a,g(a),f(g(a)))$。

$F_2\lambda=P(a,g(a),f(g(a)))$。

（3）置换与合一

假设 σ 是公式集 F 的一个合一，如果对 F 任一个合一 θ 都存在一个代换 λ，使得 $\theta=\sigma\lambda$，则称 σ 是一个最一般合一。最一般合一不是唯一的，如 $F_1=Q(y)$、$F_2=Q(z)$，则 $\sigma=\{y/z\}$ 和 $\sigma=\{z/y\}$ 都是 F_1 和 F_2 的最一般合一。若用最一般合一去替换那些可合一的谓词公式，可使它们变成完全一致的谓词公式。

假设 C_1 与 C_2 是两个没有相同变元的子句，L_1 和 L_2 分别是 C_1 和 C_2 中的文字，若 σ 是 L_1 和 L_2 的最一般合一，则称 $C_{12}=(\{C_1\sigma\}-\{L_1\sigma\})\vee(\{C_2\sigma\}-\{L_2\sigma\})$ 为 C_1 和 C_2 的二元归结式。

【例 4-9】 根据下列子句，求解其二元归结式 C_{12}。

1）$C_1=P(a)\vee Q(x),C_2=\neg P(y)\vee R(b)$。

2）$C_1=P(x)\vee P(g(a))\vee Q(x),C_2=\neg P(y)\vee R(b)$。

解：1）取 $L_1=P(a)$、$L_2=\neg P(y)$，则 L_1 和 L_2 的最一般合一为 $\sigma=\{a/y\}$。

$C_{12}=(\{C_1\sigma\}-\{L_1\sigma\})\vee(\{C_2\sigma\}-\{L_2\sigma\})=(\{P(a),Q(x)\}-\{P(a)\})\vee(\{\neg P(a),R(b)\}-\{\neg P(a)\})$
$=(\{Q(x)\})\vee(\{R(b)\})=\{Q(x),R(b)\}=Q(x)\vee R(b)$。

2）由于 C_1 中有可合一的文字 $P(a)$ 和 $P(g(a))$，它们的最一般合一为 $\sigma=\{g(a)/a\}$，则 $C_1\sigma=P(g(a))\vee Q(g(a))$。再对 $C_1\sigma$ 和 C_2 进行归结，取 $L_1=P(g(a))$、$L_2=\neg P(y)$，则 L_1 和 L_2 的最一般合一为 $\sigma=\{g(a)/y\}$。

$C_{12}=(\{C_1\sigma\}-\{L_1\sigma\})\vee(\{C_2\sigma\}-\{L_2\sigma\})=(\{P(g(a)),Q(g(a)\}-\{P(g(a))\})\vee(\{\neg P(g(a)),R(b)\}-$
$\{\neg P(g(a))\})=(\{Q(g(a))\})\vee(\{R(b)\})=Q(g(a))\vee R(b)$。

4.2.4 归结反演

应用归结原理证明定理的过程称为归结反演。其基本思想是要从作为事实的公式集 F 证明目标公式 Q 为真，可以先将 Q 取反，加入公式集 F，标准化 F 为子句集 S，再通过归结演绎证明 S 不可满足，并由此得出 Q 为真的结论。归结反演的一般过程如下。

1）根据已知前提，写出谓词关系公式 F。

2）将待证明的结论表示为谓词公式 Q，并将其否定得到 $\neg Q$。

3）把谓词公式集 $\{F, \neg Q\}$ 化为子句集 S。

4）应用归结原理对子句集 S 中的子句进行归结，并把每次归结得到的归结式都并入到 S 中。如此反复进行，若出现了空子句，则停止归结，此时就证明了 Q 为真。

【例 4-10】 某同学从 A、B、C 三门课程中选择选修课，已知三门课程需至少选择一门；如果选择课程 A 不选择课程 B，则一定选择课程 C；如果选择课程 B 则一定选择课程 C。求证该同学一定会选择课程 C。

证明：

1）假设 $P(x)$ 表示选择课程 x，则前提和结论用谓词关系式表示如下。

前提：$P(A)\vee P(B)\vee P(C)$。

$P(A)\wedge\neg P(B)\rightarrow P(C)$。

$P(B)\rightarrow P(C)$。

结论：P(C)。否定形式¬P(C)。

2）将公式化为子句如下。

$C_1=P(A)\lor P(B)\lor P(C)$。

$C_2=\lnot P(A)\lor P(B)\lor P(C)$。

$C_3=\lnot P(B)\lor P(C)$。

$C_4=\lnot P(C)$。

3）归结过程如下。

C_1、C_2 归结得：$C_{12}=P(B)\lor P(C)$。

C_{12}、C_3 归结得：$C_{123}=P(C)$。

C_{13}、C_4 归结得：$C_{1234}=NIL$。

因为出现空子句（NIL），所以停止归结，此时就证明了 P(C)为真。

【例 4-11】 设已知的公式集为$\{P, (P\land Q)\to R, (S\lor T)\to Q, T\}$，求证结论 R。

解：假设结论 R 为假，将¬R 加入公式集，并化为子句的形式如下。

$C_1=P$。

$C_2=\lnot P\lor\lnot Q\lor R$。

$C_3=\lnot S\lor Q$。

$C_4=\lnot T\lor Q$。

$C_5=T$。

$C_6=\lnot R$。

归结过程如下。

C_2、C_6 归结得：$C_{26}=\lnot P\lor\lnot Q$。

C_{26}、C_1 归结得：$C_{126}=\lnot Q$。

C_{126}、C_4 归结得：$C_{1246}=\lnot T$。

C_{1246}、C_5 归结得：$C_{12456}=NIL$。

因为出现空子句，所以停止归结，此时就证明了 R 为真。

4.3 与或型的演绎推理

针对归结演绎中存在的问题，人们提出了多种非子句集定理证明的方法，其中尼尔逊提出的与或型的演绎推理就是其中的一种。它不再把有关知识转化成子句型，而是把领域知识及已知事实分别用蕴含式及与或型表示出来，然后通过运用蕴含式进行演绎推理，从而证明某个目标公式。本节将介绍与或型的正向演绎推理、反向演绎推理和双向演绎推理。

4.3.1 与或型的正向演绎推理

与或型的正向演绎推理是从某个已知事实出发，正向地使用蕴含式（F 规则）进行演绎推理，直到目标公式的某个终止条件为止。因此正向演绎推理将问题求解的描述分为 3 个部分：事实、规则集和目标。

1. 事实表达式的与或型变换

与或型表达式是由∧和∨连接一些文字的子表达式组成的。将事实表达式化为与或型的过程与化为子句的过程类似，具体过程如下。

1）利用"P→Q⇒¬P∨Q""P↔Q⇒¬（¬P∧¬Q）"消去连接词"→""↔"。

2）利用双否定定律、摩尔根定律和量词转换定律，将否定符号"¬"移到命题变元（谓词变元）的前端。

3）对所有表达式进行 Skolem 替换，并变为前束范式。

4）消去存在量词、全称量词并进行变量名称更换。在消去全称量词时，应使主要合取式中的变量不重名。

由上述步骤产生的表达式呈与或型，而非子句型，由于未进一步化简为子句集，此与或型更接近于表达式的原始形式。

【例 4-12】 化公式(∃u)(∀v)(Q(v,u)∧¬((R(v)∨P(v))∧S(u,v)))为与或型。

解：原式= (∀v)Q(v,a)∧((¬R(v)∧¬P(v))∨¬S(a,v))　　　消去存在量词

$\qquad$ =Q(b,a)∧((¬R(v)∧¬P(v))∨¬S(a,v))　　　　　消去全称量词

在此与或型表达式中，要求同一变量不出现在事实表达式的不同的主要合取式中。

2. 事实表达式的与或图表示

与或型的事实表达式可用与或图表示，表示方法规定如下。

1）某个事实表达式(E₁∨E₂∨…∨Eₖ)是子表达式的析取关系，其子表达式 E₁,E₂,…,Eₖ 用后继节点表示，并用带弧线的节点表示它们的父辈节点。

2）某个事实表达式(E₁∧E₂∧…∧Eₖ)是子表达式的合取关系，其子表达式 E₁,E₂,…,Eₖ 也用后继节点表示，但是用不带弧线的节点表示它们的父辈节点。

3）与或图中的叶节点一定是文字，整个事实表达式的节点对应根节点。

4）一个公式通过变换后得到的每个子句的解图中，各叶节点之间是析取关系。

【例 4-13】 将例 4-12 的结果表达式用与或图表示，如图 4-1 所示。

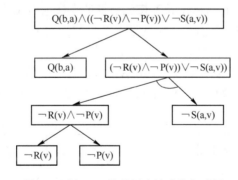

图 4-1　例 4-12 的结果表达式的与或图

由变换该表达式得到的子句集可作为此与或图的解图的集合读出，即所得到的每个子句是作为解图的各叶节点上文字的析取，其对应的子句如下。

Q(b,a)；¬R(v)∨¬S(a,v)；¬P(v)∨¬S(a,v)

从上述的与或图可看出：

1）¬R(v)为假或¬P(v)为假，则¬R(v)∧¬P(v)为假。

2）¬R(v)∧¬P(v)为假且¬S(a,v)为假，则(¬R(v)∧¬P(v))∨¬S(a,v)为假。

3）Q(b,a)为假或(¬R(v)∧¬P(v))∨¬S(a,v)为假，则 Q(b,a)∧((¬R(v)∧¬P(v))∨¬S(a,v))为假。

即：条件为真→目标为真⇔目标为假→条件为假。

我们常常将事实表达式的与或图表示倒过来画，即将根节点画在最下面，而把其后继节点往上画，此时，初始问题在最下面，而目标问题在最上面。

3．与或图的 F 规则变换

与或型的正向演绎推理中 F 规则形如 L→W，其中 L 为单文字，W 为与或型，→为蕴含关系，如规则 P→(Q∧S)∨R。因为 F 规则作用于表示事实的与或图，而该与或图的叶节点都是单文字，所以要保证 F 规则的左部为单文字，这样才能进行简单匹配（合一）。在规则 L→W 中的相关规定如下。

1）规则中的任何变量都是全称量词量化的。

2）对任何一条规则，都可采用 Skolem 法将其量词全部去掉。

3）若有规则$(L_1 \lor L_2)$→W，则可化为两个 F 规则，即L_1→W、L_2→W。

4）对于$(L_1 \land L_2)$→W 这样的规则是不允许出现的，应该将其化为L_1→$\neg L_2 \lor$W 或 L_2→$\neg L_1 \lor$W。

【例 4-14】 将原规则$(\forall x)((\exists y)(\forall z)P(x,y,z) \to (\forall u)Q(x,u))$化为 L→W 的形式。

解： $(\forall x)((\exists y)(\forall z)P(x,y,z) \to (\forall u)Q(x,u))$

$= (\forall x)(\neg(\exists y)(\forall z)P(x,y,z) \lor (\forall u)Q(x,u))$

$= (\forall x)((\forall y)(\exists z) \neg P(x,y,z) \lor (\forall u)Q(x,u))$

$= (\forall x)(\forall y)(\exists z)(\forall u)(\neg P(x,y,z) \lor Q(x,u))$

$= \neg P(x,y,f(x,y)) \lor Q(x,u)$

$= P(x,y,f(x,y)) \to Q(x,u)$

在与或图中，若将规则应用于该与或图，则可得到一个新的与或图。如将 L→W 规则应用到一个具有叶节点 n 并由文字 L 标记的与或图上，可得到一个新的与或图，在新的与或图上，节点 n 由一个连接符（匹配符）接到后继节点（也由 L 标记），它表示为 W 的一个与或图结构的根节点。图中标有单文字的任一节点称为文字节点。一个与或图表示的子句集就是对应于该图中以文字节点终止的解图集。

【例 4-15】 假设现在有与或型$[(P \lor Q) \land R] \lor [S \land (T \lor U)]$，规则 S→(X∧Y)∨Z。将此规则应用到原与或图中标有 S 的叶节点上，画出新的与或图，并写出其相对应的子句集。

解： 原与或图如图 4-2 所示。

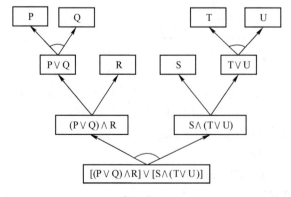

图 4-2 原与或图

由原与或图可求出其对应的子句为：P∨Q∨S、P∨Q∨T∨U、R∨S、R∨T∨U。

将规则代入图 4-2 中的 S 节点后，新的与或图如图 4-3 所示。

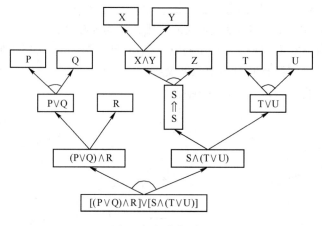

图 4-3　新的与或图

由新与或图可求出其对应的子句为：P∨Q∨X∨Z、P∨Q∨Y∨Z、R∨X∨Z、R∨Y∨Z、R∨T∨U、P∨Q∨T∨U。

4. 推理过程

应用 F 规则的目的在于从某个事实公式和某个规则集出发来证明某个目标公式。在正向推理系统中，这种目标表达式只限于可证明的表达式，尤其是可证明的文字析取形的目标公式表达式。假设用文字集表示此公式，且该集中各元都为析取关系，此时目标文字和规则可用来对与或图添加后继节点。当一个目标文字与该图中文字节点 n 上的一个文字相匹配时，则对该图添加这个节点 n 的新后裔，并标记为匹配的目标文字。这个后裔叫作目标节点，目标节点用匹配弧分别接到它们的父辈节点上。当正向演绎系统产生一个含有以目标节点作为终止的解图时，此系统成功终止。与或图的正向演绎推理过程如下。

1）首先用与或图把已知事实表示出来。

2）用 F 规则的左部和与或图的叶节点进行匹配，并将匹配成功的 F 规则加入到与或图中。

3）重复第 2）步，直到产生一个含有目标节点作为终止节点的解图为止。

【例 4-16】　假设有事实表达式：A∨B；规则：A→C∧D、B→E∧G；目标表达式：C∨G。求证由事实表达式及规则可以证明目标表达式。

证明：利用正向推理，将规则的左部 A 和 B 以及与或图的叶节点 A 和 B 进行匹配，此时出现了含有目标节点的节点 C 和 G，因此推理结束，具体实现如图 4-4 所示。

当把一条规则 L→W 应用到与或图时，如果这个与或图含有的某个文字节点 L′ 与 L 具有最一般合一，则这条规则可应用，此时，假设其最一般合一者为 σ，则这条规则的应用可扩展这个图，此时建立一个有向的匹配弧，从与或图中标有 L′ 的节点出发到达一个新的标有 L 的后继节点，这个后继节点是 Wσ 的与或图表示的根节点，此时用 σ 来标记。存在最一般合一时，解图是一致的。

【例 4-17】　假设有事实表达式：A(c)∨B(c)；规则：A(x)→C(x)∧D(x)、B(y)→E(y)∧G(y)；

目标表达式：C(c)∨G(c)。求证由事实表达式及规则可以证明目标表达式。

证明：

取 L1=A(c)、L2=A(x)，则 L1 和 L2 的最一般合一为 σ={x/c}。

取 L3=B(c)、L4=B(y)，则 L3 和 L4 的最一般合一为 σ={y/c}。

则根据规则 A(x)→C(x)∧D(x)、B(y)→E(y)∧G(y)可以对与或图进行扩展。

再利用最一般合一得到含有目标节点的文字。

最终满足终止条件的与或图如图 4-5 所示。

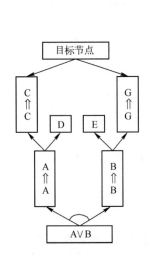

图 4-4 正向推理与或图

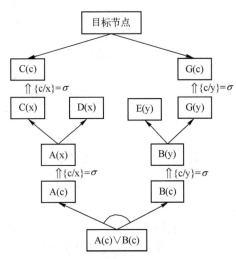

图 4-5 最终满足终止条件的与或图

4.3.2 与或型的逆向演绎推理

与或型的逆向演绎推理是从待证明的问题（目标）出发，通过逆向使用蕴含式（B 规则）进行演绎推理，直到得到包含已知事实的终止条件为止。同正向演绎推理一样，逆向演绎推理对目标、已知事实和 B 规则也有一定要求。

1. 目标表达式的与或型

与或型逆向演绎推理的目标函数转换过程与正向演绎推理相似，唯一的不同点是，消去存在量词的规则变成消去全称量词的规则即可。将目标表达式转换成与或型完全同事实表达式的转换。

【例 4-18】 假设有表达式：$(\exists y)(\forall x)\{P(x)\rightarrow(Q(x,y)\wedge\neg(R(x)\wedge S(y)))\}$。求解它的与或型表示。

解： 原式$=(\exists y)(\forall x)\{\neg P(x)\vee(Q(x,y)\wedge\neg(R(x)\wedge S(y)))\}$

$\qquad=(\exists y)\neg P(f(y))\vee(Q(f(y),y)\wedge(\neg R(f(y))\vee\neg S(y)))$　　消去全称量词

$\qquad=\neg P(f(z))\vee(Q(f(y),y)\wedge(\neg R(f(y))\vee\neg S(y)))$　　消去存在量词

2. 目标表达式的与或图描述

目标表达式的与或图和正向推理形式的事实与或图略有不同，在目标表达式的与或图中，带弧的表示与节点，不带弧的表示或节点。

【例 4-19】 将例 4-18 的结果表达式用与或图表示，如图 4-6 所示。

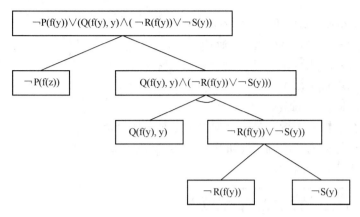

图 4-6　与或型的与或图

在目标表达式的与或图中，根节点的任一个后裔叫作子目标节点，而标在这些后裔节点中的表达式叫作子目标。这个目标表达式的子句型表示中的子句集可以从终止在叶节点上的解图集中读出。

$$\neg P(f(z))；\ Q(f(y),y)\wedge \neg R(f(y))；\ Q(f(y),y)\wedge \neg S(y))；$$

此时，目标子句是文字的合取，而这些子句的析取是目标表达式的子句型。

3．与或图的 B 规则变换

与或型的逆向演绎推理中 B 规则形如 W→L，其中 L 为单文字，W 为与或型，→为蕴含关系，如规则 $(Q\wedge S)\vee R\rightarrow P$。在规则 L→W 中，若有规则 $W\rightarrow (L_1\wedge L_2)$，则可化为两个 B 规则，即 $W\rightarrow L_1$、$W\rightarrow L_2$。

4．推理过程

假设用文字集表示事实公式，且该集中各元都为合取关系，此时目标文字和规则可用来对与或图添加后继节点。当一个目标文字与该图中文字节点 n 上的一个文字相匹配时，则对该图添加这个节点 n 的新后裔。这个事实节点通过标有最一般合一的匹配弧与匹配的子目标文字节点连接起来，同一事实文字可以多次重复使用（每次用不同的变量），以便建立多重事实节点。逆向系统成功终止的条件是与或图包含有某个终止在事实节点的一致解图。一致解图是指在推理过程中所用的代换是一致的推理过程如下：

1）首先用与或图把目标表达式表示出来。

2）用 B 规则的右部和与或图的叶节点进行匹配，并将匹配成功的 B 规则加入到与或图中。

3）重复第 2）步，直到产生某个终止在事实节点的一致解图为止。

【例 4-20】　假设有事实和规则如下。

事实：

F_1：Boss(A)。

F_2：$\neg$Angry(A)。

F_3：Smile(A)。

F_4：Work-hard(B)。

规则：

R_1：Smile(x_1)∧Boss(x_1)⇒Friendly(x_1)。

R_2：Friendly(x_2)∧¬Angry(x_2)⇒Closer(y_2,x_2)。

R_3：Boss(x_3)⇒People(x_3)。

R_4：Staff(x_4)⇒People(x_4)。

R_5：Work-hard(x_5)⇒Staff(x_5)。

问：是否存在这样的老板和员工，使得员工对老板很亲近？

解：将问题符号化为：(∃x)(∃y)(Staff(x)∧Boss(y)∧Closer(x,y))。

其一致解图如图 4-7 所示。

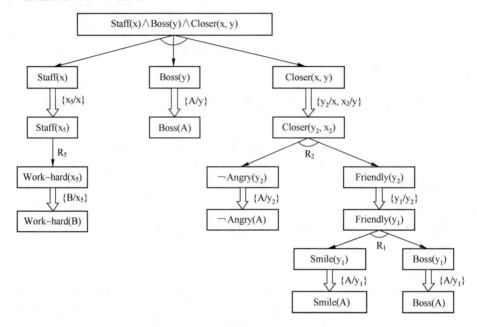

图 4-7 逆向演绎推理的一致解图

图 4-7 中⇓代表匹配弧，每条匹配弧上有一个置换，终止在事实节点前的置换为：{B/x}、{A/y}，将其应用到目标表达式，获得该问题的一个解答语句如下。

$$Staff(x)∧Boss(y)∧Closer(x,y)$$

4.3.3 与或型的双向演绎推理

正向演绎推理中事实表达式为文字的析取，逆向演绎推理中事实表达式为文字的合取。基于与或型的正向演绎推理和逆向演绎推理的特点和局限性，提出了双向演绎推理。在双向演绎推理系统中主要由总数据库和规则组成，总数据库由表示目标和事实的两个与或图构成，这些与或图最初用来表示最初的事实和目标的某些表达式集合，现在这些表达式的形式不受约束。此外，必须用 F 规则、B 规则来修正事实、目标的与或图结构，同时，限制 F 规则为单文字前项、B 规则为单文字后项。双向演绎推理的终止条件涉及两个图结构之间的交接处，这些结构可由标有合一文字的节点上的匹配棱线来连接。

【例 4-21】 已知事实表达式：¬P(f(y)∨(Qf(y),y)∧(¬R(f(y)∨¬S(y))))；目标表达式：Q(v,A)∧(¬R(v)∨¬S(A))。利用双向演绎进行推理。

推理结果如图 4-8 所示。

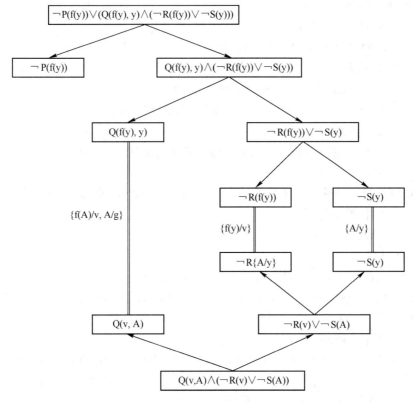

图 4-8　与或型的双向演绎推理与或图

4.4　本章小结

确定性推理是人工智能的核心研究问题，是专家系统、程序推导和智能机器人领域的重要基础。本章主要介绍了自然演绎推理、归结演绎推理和与或型的演绎推理。其中自然演绎推理和归结演绎推理是确定性推理中常用的方法。自然演绎推理是从一组已知为真的事实出发，运用经典逻辑的推理规则推出结论的过程。归结演绎推理是通过运用经典逻辑规则，从已知事实中演绎出逻辑上蕴含的结论的过程。归结演绎推理过程实际上是一种反证法，它的理论基础是海伯伦定理和鲁滨逊归结原理。

4.5　思考与练习

（1）用自然演绎推理解题。

已知事实：1）只要是需要编程序的课程，王程都喜欢。

2）所有的程序设计语言课都需要编程序。

3）C 语言是一门程序语言课。

求证：王程喜欢 C 语言这门课。

（2）将下列谓词公式转化成子句集。

1）$(\forall x)(\forall y)(P(x,y) \wedge Q(x,y))$。

2）$(\forall x)(\forall y)(P(x,y) \rightarrow Q(x,y))$。

3）$(\forall x)(\exists y)(P(x,y) \vee (Q(x,y) \rightarrow R(x,y)))$。

4）$(\forall x)(\forall y)(\exists z)(P(x,y) \rightarrow Q(x,y) \vee R(x,z))$。

（3）假设$\alpha = \{f(y)/x, z/y\}$、$\beta = \{a/x, b/y, y/z\}$，求$\alpha\beta$。

（4）已知$E_1 = P(a,v,f(g(y)))$、$E_2 = P(z,f(a),f(u))$，求E_1和E_2的最一般合一。

（5）假设已知下列事实。

1）如果x是y的父亲、y是z的父亲，则x是z的祖父。

2）每个人都有一个父亲。

使用归结演绎推理证明：对于某人u，一定存在一个人v，并且v是u的祖父。

（6）假设已知下列事实。

1）能阅读的人是识字的。

2）海豚不识字。

使用归结演绎推理证明：有些很聪明的人并不识字。

（7）已知：$F_1: (\forall x)(C(x) \rightarrow (W(x) \wedge R(x)))$；$F_2: (\exists x)(C(x) \wedge Q(x))$；$G: (\exists x)(Q(x) \wedge R(x))$。

求证：$F_1 \rightarrow G, F_2 \rightarrow G$。

（8）假设有如下一段知识。

张、王和李都属于高山协会；该协会的每个成员不是滑雪运动员就是登山运动员，其中不喜欢雨的运动员是登山运动员，不喜欢雪的运动员不是滑雪运动员；王不喜欢张所喜欢的一切东西，而喜欢张所不喜欢的一切东西；张喜欢雨和雪。

试用谓词公式集合表示这段知识，这些谓词公式要适合一个与或型逆向演绎系统。试推导结论：高山协会中没有一个成员是登山运动员但不是滑雪运动员。

第5章　不确定性推理

上一章介绍了确定性推理，本章将介绍不确定性推理，讨论处理数据的不精确和知识的不确定所需要的一些工具和方法。近年来，由于客观世界的复杂性和人类对客观世界认知的不完备性，不确定性存在于世界的各个领域，成为人类生活中不可回避的问题。因此不确定性推理技术引起了人们的重视，对不确定性信息的分析技术已成为人工智能的一个重要分支，并随着科技进步得到了快速发展。本章将介绍不确定性推理的基础知识，以及不确定性推理的一些方法，如主观贝叶斯方法、证据理论、模糊推理和粗糙集理论等。

5.1　不确定性推理概述

不确定性是智能问题的本质特征，无论是人类智能还是人工智能，都离不开不确定性的处理。可以说，智能主要反映在求解不确定性问题的能力上。现实世界中由于客观存在的随机性、模糊性，反映到知识以及由观察所得到的证据上来，就分别形成了不确定性的知识及不确定性的证据，因而还必须对不确定性知识的表示及推理进行研究。

5.1.1　不确定性及其类型

以牛顿、拉普拉斯和爱因斯坦等科学家为代表的确定性论者认为世界是确定的，产生不确定性的原因是对初始条件的测量误差，或者人类自身认知的局限性和知识的不完备，而并非事物的本来面貌。而麦克斯韦、玻尔兹曼等科学家通过研究证明了不确定性在客观世界中是真实存在的，与人类是否知识匮乏没有关系。后来人们普遍认为，确定性与不确定性既有本质区别，又有内在联系，两者之间的关系是辩证统一的。自 20 世纪统计力学的发展，不确定性理论随之出现，并得到了科学家们的重视。

在日常生活中，人们通常所遇到的是信息不够完善、不够精确的情况，即所掌握的知识具有不确定性。人们就是运用这种不确定性的知识进行思维、推理，进而求解问题，所以，为了解决实际问题，必须对不确定性知识的表示、推理过程等进行研究，这就是不确定性推理方法。根据不确定性产生的原因及表现形式，可以将不确定性分为以下 5 种类型。

1）随机不确定性。具有随机性的事件是不确定的，随机性使得我们的生活充满未知。通常情况下，随机事件可以在基本相同的条件下重复进行，并且以多种方式表现出来，在此之前不能确定它以什么方式发生。

2）模糊不确定性。具有模糊性的事件也是不确定的，模糊性使我们的生活简单而有效。它能够用较少的代价，传送足够的信息，并能对复杂事物做出高效的判断和处理。也就是说，模糊性有助于提高效率。

3）不完备性。知识的不完备性包括知识内容的不完整、知识结构的不完备等。内容的不完整，可能来源于获取知识时观测不充分、设备不精确，只获取了局部信息。知识结构的不完备，可能因为人的认识能力、获取手段的限制等，造成对解决某个特定问题的背景和结构认识不全，忽略了一些重要因素。

4）不协调性。知识的不协调性是指知识内在的矛盾，不协调的程度可以依次为冗余、干扰和冲突等。不协调性是知识不确定性的重要体现，人们不可能也没必要在一切场合下都试图消除知识的不协调性，要把不协调看作是知识的一种常态。

5）不一致性。不一致性是指知识随时间的变化而变化。人类对各种事物的认识都是一个由未知到已知、由不深刻到深刻的不断更新的过程。人类的知识是无限发展的，永远不可能停留在某个水平上。

所谓推理就是从已知事实出发，运用相关的知识或规则逐步推出结论或者证明某个假设成立或不成立的思维过程。其中，已知事实和知识规则是构成推理的两个基本要素。已知事实是推理过程的出发点及推理中使用的知识，把它称为证据；而知识或规则则是推理得以向前推进，并逐步达到最终目标的根据。不确定性推理就是从不确定性初始证据出发，通过运用不确定性的知识，最终推出具有一定程度的不确定性，但却是合理或者近乎合理的结论的思维过程。曾经较长一段时间认为概率论为处理不确定性信息的唯一方法和理论的思想，随着研究的深入和对不确定性信息认知的深化，概率论在很多方面表现出对不确定信息的不可描述性和局限性。最近几十年，处理不确定性信息的方法得到了较大发展，国内外研究者先后提出了定性分析、灰色理论、概率理论、模糊集、粗糙集、非单调函数、云模型、分形网络、混沌等针对不确定性问题的研究方法。

5.1.2　不确定性推理要解决的基本问题

在不确定性推理中，知识和证据都具有某种程度的不确定性，这就使推理机的设计和实现的复杂度和难度增大了。它除了必须解决推理方向、推理方法以及控制策略等问题外，一般还要解决证据及知识的不确定性的度量及表示问题、不确定性的推理计算问题以及不确定性表示和计算的语义解释问题。

1. 不确定性的度量

在知识的表示和推理过程中，由于不同知识和证据的不确定性的程度一般是不同的，推理所得结论的不确定性也会随之变化。因此需要用不同的数值对它们的不确定性程度进行表示，同时还需对它的取值范围进行规定，只有这样每个数值才会有确切的含义。不确定性的度量就是指用一定的数值来表示知识、证据和结论的不确定程度时，这种数值的取值方法和取值范围。在确定一种度量方法及其范围时，应注意以下几点。

1）度量要能充分表达相应知识及证据的不确定性程度。

2）度量范围的指定应便于领域专家及用户对证据或知识不确定性的估计。

3）度量要便于不确定性的推理计算，而且所得到的结论的不确定性值应落在不确定性度量所规定的范围之内。

4）度量的确定应当是直观的，同时应当有相应的理论依据。

2. 不确定性的表示

不确定性的表示是指用什么方法描述不确定性，这是不确定性推理中关键的一步。不确定性主要包括两个方面：一是证据的不确定性，二是知识的不确定性。因而，不确定性的表示问题就包括证据表示和知识表示。

1）证据不确定性的表示。在推理过程中，证据的来源一般有两个：一个来源是由用户给出的初始证据；另一个来源则是在推理过程中，利用前面推理出的结论作为当前新的推理证据。证据不确定性的表示通常为一个数值，用以表示相应证据的不确定性程度。对于初始证据，其值一般由用户或专家给出，而对于用前面推理所得结论作为当前推理的证据，其值则是由推理中的不确定性传递算法得到。

2）知识不确定性的表示。在表示具有不确定性的知识时，要考虑两个方面的因素：一个是要将领域问题的特征比较准确地描述出来，满足问题求解的需要；另一个是要便于推理过程中对不确定性的推理计算。通常，专家系统中的知识的不确定性要由领域专家给出，也是以一个数值表示，该数值表示了相应知识的不确定性程度。

3．推理计算

不确定性的推理计算过程主要包括不确定性的传递和更新，也就是新信息的获取过程。假设以 $CF(E)$ 表示证据 E 的不确定性程度，而以 $CF(H，E)$ 表示知识规则 $E \rightarrow H$ 的不确定性程度，则要解决的问题如下。

1）不确定性传递问题。也就是推理中如何将证据 E 的不确定性和规则 $E \rightarrow H$ 的不确定性传递到结论 H 上。

2）证据不确定性的合成问题。如果支持结论的证据不止一个，而是几个，这几个证据间可能是"与"或"或"的关系，即如何由 $CF(E_1)$ 和 $CF(E_2)$ 来计算 $CF(E_1 \wedge E_2)$ 和 $CF(E_1 \vee E_2)$。

3）结论不确定性的合成问题。推理中有时会出现不同的知识推理出相同的结论，但是不确定性的程度却不同的情况。即已知 $E_1 \rightarrow H$、$CF(E_1)$、$CF(H，E_1)$；$E_2 \rightarrow H$、$CF(E_2)$、$CF(H，E_2)$；如何计算 $CF(H)$。

4．语义解释问题

语义解释问题是指对上述表示和计算的含义进行解释。如对 $C(H,E)$ 可理解为当前提 E 为真时，对结论 H 为真的一种影响程度；$C(E)$ 可理解为 E 为真的程度。目前，在人工智能中，处理不确定性问题的主要数学工具有概率论和模糊数学，它们所研究和处理的是两种不同的不确定性。概率论针对的是具有随机性的不确定事件，事件本身有明确的含义，只是由于条件不充分，使得在条件和事件之间不能出现决定性的因果关系。模糊数学针对的是具有模糊性的不确定事件，即一个对象是否符合某个概念是难以确定的。

5.1.3 不确定性推理方法分类

有关不确定性知识的表示及推理方法目前有很多种，目前，不确定性推理方法分为两大类：一类称为模型方法，另一类称为控制方法。模型方法的特点是把不确定性的证据和不确定性的知识分别与某种度量标准对应起来，并给出更新结论不确定性的合适算法，从而构成相应的不确定性推理模型。不同的结论不确定性更换算法就对应不同的模型。控制方法的特点是通过识别领域中引起不确定性的某些特征及相应的控制策略来限制或减少不确定性系统产生的影响，这类方法没有处理不确定性的统一模型，其效果极大依赖于控制策略，控制策略的选择和研究是这类不确定性推理方法的关键。启发式搜索、相关性制导回溯等是目前常见的几种控制方法。

模型方法又分为数值方法和非数值方法两大类。数值方法是对不确定性的一种定量表示和处理方法，目前对它的研究及应用都比较多，形成了多种应用模型。它又可以按其所依据的理论不同，分为基于概率的方法和模糊推理方法。基于概率的方法所依据的理论是概率论，主要包括可信度方法、证据理论和主观贝叶斯方法等。而模糊推理方法所依据的理论则是模糊理论。非数值方法是指除数值方法外其他各种处理不确定性的方法。逻辑法就是一种非数值方法，它采用多值逻辑、非单调逻辑来处理不确定性。

在以上各类不确定性推理方法中，由于概率论有着完善的理论，同时还为不确定性的合成与传递提供了现成的公式，因而适于用来表示和处理知识的不确定性。但是它存在的问题是没有把事物自身所具有的模糊性反映出来，也不能对其客观存在的模糊性进行有效的推理。因此概率论处理的是由随机性引起的不确定性，模糊理论处理的是由模糊性引起的不确定性。

5.2 主观贝叶斯方法

1976 年，美国杜达（Duda R. O.）等人在贝叶斯公式的基础上经过适当的修正，提出了主观贝叶斯方法又称主观概率论，概率论被广泛用于处理随机性事件，因此用概率论方法来表示和处理事件的不确定性程度是可行的。主观贝叶斯方法已成功地应用在地矿勘探专家系统 PROSPECTOR 中。本节将对不确定性的概率基础、不确定性的表示和不确定性的传递算法进行介绍。

5.2.1 不确定性推理的概率基础

在概率论中，一个事件的概率是在大量统计数据的基础上计算出来的，因此在使用概率进行不确定推理时，需要收集大量的样本事件进行统计，以便获得事件发生的概率来表示事件的不确定性程度。概率推理中起关键作用的就是贝叶斯公式，它也是主观贝叶斯方法的基础。下面介绍几种基础的概率公式。

定义 1　条件概率：假设 A、B 是两个随机事件，P(B)>0，则有

$$P(A \mid B) = \frac{P(AB)}{P(B)}$$

表示在 B 事件已经发生的条件下，A 事件发生的概率。其中 P(B)为边缘概率，表示 B 事件发生的概率，与其他事件无关；P(AB)为事件 A 与 B 的联合概率，表示事件 A 和 B 共同发生的概率。因此可知乘法定理 P(AB)=P(B|A)P(B)。

定义 2　全概率公式：假设有事件 $A_1, A_2, \cdots, A_n$ 满足如下条件。

1）任意两个事件互不相容，即当 i≠j 时，有 $A_i \cap A_j = \varnothing$。

2）$P(A_i) > 0 (i=1,2,3,\cdots,n)$。

3）样本空间 D 是各 $A_i(i=1,2,3,\cdots,n)$的集合。

则对任何事件 B 有下式成立

$$P(B) = P(A_1)P(B \mid A_1) + P(A_2)P(B \mid A_2) + \cdots + P(A_n)P(B \mid A_n)$$

定义 3　贝叶斯公式：假设有事件 $A_1, A_2, \cdots, A_n$ 满足如下条件。

1）任意两个事件互不相容，即当 i≠j 时，有 $A_i \cap A_j = \varnothing$。

2）$P(A_i) > 0 (i=1,2,3,\cdots,n)$。

3）样本空间 D 是各 A_i(i=1,2,3,$\cdots$,n)的集合。

则对任何事件 B 有下式成立

$$P(A_i|B) = \frac{P(A_i)P(B|A_i)}{P(B)}$$

再根据全概率公式得

$$P(A_i|B) = \frac{P(A_i)P(B|A_i)}{\sum\limits_{j=1}^{n} P(A_j)P(B|A_j)}$$

根据产生式规则 IF E THEN H，其中 E 为前提条件（证据），H 为结论，则条件概率 P(H|E)表示 E 发生时 H 的概率，可用其作为前提 E 出现时结论 H 的不确定性程度。在某些情况下，有多个证据 $E_1,E_2,\cdots,E_n$ 和多个结论 $H_1,H_2,\cdots,H_n$，并且每个证据在一定程度支持结论，则上述公式可扩展为

$$P(H|E_1,E_2,\cdots,E_n) = \frac{P(H_i)P(E_1|H_i)P(E_2|H_i)\cdots P(E_n|H_i)}{\sum\limits_{j=1}^{n} P(H_j)P(E_1|H_j)P(E_2|H_j)\cdots P(E_n|H_j)}$$

此时，只要知道 H_i 的先验概率 $P(H_i)$ 以及 H_i 成立时前提 $E_1,E_2,\cdots,E_n$ 出现的条件概率 P(E1|H_i),P(E2|H_i)$\cdots$P(En|H_i)，就可以求得在 $E_1,E_2,\cdots,E_n$ 出现情况下 H_i 的条件概率 P(H_i|$E_1,E_2,\cdots,E_n$)。

贝叶斯推理的优点是具有较强的理论背景和良好的数字特性，贝叶斯推理以概率论为基础，而概率论是建立在完整的公理体系之上的，因此，贝叶斯推理是严密的。贝叶斯推理的这种理论严密性也正是其被广泛应用的根本原因。虽然贝叶斯推理计算的复杂度比较低。但是它也存在一些问题，因为贝叶斯公式的应用条件是很严格的，它要求各事件互相独立，若证据间存在依赖关系，就不能直接使用此方法。

5.2.2　不确定性的表示

在主观贝叶斯方法中，引入了两个数值(LS,LN)表示知识规则强度，其产生式规则的具体表示形式为：IF E THEN (LS,LN)H。LS 为规则成立的充分性，体现了证据 E 的成立对结论 H 的支持度；LN 为规则成立的必要性，体现了证据 E 的不成立对结论 H 的支持度。LS 和 LN 的具体定义如下

$$LS = \frac{P(E|H)}{P(E|\neg H)} , \quad LN = \frac{P(\neg E|H)}{P(\neg E|\neg H)}$$

为了方便后面的叙述，在这里引入几率函数 O(x)，它和概率 P(x)的关系如下

$$O(x) = \frac{P(x)}{1-P(x)} \tag{1}$$

该函数体现的是 x 出现的概率与不出现的概率之比。显然 O(x)与 P(x)单调性一致，若 P(x_1)>P(x_2)，则 O(x_1)>O(x_2)。因为 P(x)的值域为[0,1]，由此可知 O(x)的值域为[0,+∞)，根据 LS、LN 的定义，以及 O(x)和 P(x)的关系可以推出

$$O(H|E)=LS \cdot O(H) \tag{2}$$

$$O(H|\neg E)=LN \cdot O(H) \tag{3}$$

其中 $O(H)$ 和 $O(H|E)$、$O(H|\neg E)$ 分别表示 H 的先验几率和后验几率。在式（2）中，当证据 E 肯定为真时，将 H 的先验几率 $O(H)$ 更新为其后验几率 $O(H|E)$；在式（3）中，当证据 E 肯定为假时，将 H 的先验几率 $O(H)$ 更新为其后验几率 $O(H|\neg E)$。因为在实际应用中，LS 和 LN 的值均由领域专家根据经验给出，所以进行不确定性推理时，只需知道 $P(H_i)$ 的值，就可以求得 $P(H_i|E)$，从而绕开对 $P(E|H_i)$ 的求解。

领域专家可依据 LS 和 LN 的性质对 LS 和 LN 进行赋值，其相关性质如下。

（1）LS 的性质

1）当 LS>1 时，$O(H|E)>O(H)$，说明证据 E 支持结论 H。

2）当 LS=1 时，$O(H|E)=O(H)$，说明证据 E 不影响结论 H。

3）当 LS<1 时，$O(H|E)=O(H)$，说明证据 E 不支持结论 H。

4）当 LS=0 时，$O(H|E)=0$，说明证据 E 的存在使 H 为假。

（2）LN 的性质

1）当 LN>1 时，$O(H|\neg E)>O(H)$，说明证据 $\neg E$ 支持结论 H。

2）当 LN=1 时，$O(H|\neg E)=O(H)$，说明证据 $\neg E$ 不影响结论 H。

3）当 LN<1 时，$O(H|\neg E)=O(H)$，说明证据 $\neg E$ 不支持结论 H。

4）当 LN=0 时，$O(H|\neg E)=0$，说明 $\neg E$ 的存在（即 E 的不存在）使结论 H 为假。

【例 5-1】 对于规则 E→H，已知 $P(H)=0.06$，$LS=100$，$LN=0.5$，求 $P(H|E)$ 和 $P(H|\neg E)$。

解： $O(H) = \dfrac{P(H)}{1-P(H)} = \dfrac{0.06}{1-0.06} = 0.064$

$$O(H|\neg E) = LN \times O(H) = 0.5 \times 0.064 = 0.032$$

$$P(H|\neg E) = \frac{O(H|\neg E)}{1+O(H|\neg E)} = \frac{0.032}{1+0.032} = 0.031$$

一般情况下，证据可以分为全证据和部分证据。全证据是指所有可能的证据和假设组成的证据 E。部分证据 S 是指证据 E 的一部分。在主观贝叶斯方法中，全证据的可信度依赖于部分证据，表示为 $P(E|S)$，指的是证据 E 的后验概率。一般原始证据的不确定性由用户指定，作为中间结果的证据可以由下文的不确定性的传递算法确定。

5.2.3 不确定性的传递算法

主观贝叶斯推理的任务就是根据 E 的概率 $P(E)$ 以及 LS、LN 值，把 H 的先验概率或先验几率更新为后验概率或者后验几率，因为证据存在可能为真和可能为假的情况，所以下面分别讨论不同的情况。

1）证据肯定为真时，$P(E) = P(E|S) = 1$，根据式（2）可知，如果把 H 的先验概率更换为后验概率，则根据几率和概率的对应关系得公式如下

$$P(H|E) = \frac{LS \times P(H)}{(LS-1) \times P(H)+1}$$

2）证据肯定为假时，$P(E) = P(E|S) = 0$，$P(\neg E) = 1$。根据式（3）可知，如果把 H 的

先验概率更换为后验概率，则根据几率和概率的对应关系得公式如下

$$P(H \mid \neg E) = \frac{LN \times P(H)}{(LN - 1) \times P(H) + 1}$$

3）当证据可能为真也可能为假时，结论 H 依赖于证据 E，而 E 又依赖于部分证据 S。因此可表示为 P(H|S)，具体计算公式如下

$$P(H \mid S) = P(H \mid E)P(E \mid S) + P(H \mid \neg E)P(\neg E \mid S)$$

【例 5-2】 假设有如下知识。

$$r_1 : IF \quad E_1 \quad THEN \quad (10,1) \quad H_1 ;$$
$$r_2 : IF \quad E_2 \quad THEN \quad (20,1) \quad H_2 ;$$
$$r_3 : IF \quad E_3 \quad THEN \quad (1, 0.002) \quad H_3 ;$$

已知 $P(H_1)=0.03$，$P(H_2)=0.05$，$P(H_3)=0.3$。

求：当证据 E_1、E_2 肯定为真，E_3 肯定为假时，H 的后验概率 $P(H_i|E_i)$ 及 $P(H_i|\neg E_i)$ 的值各是多少？

解：证据 E_1、E_2 肯定为真时：

$$
\begin{aligned}
P(H_1 \mid E_1) &= \frac{LS_1 \times P(H_1)}{(LS_1 - 1) \times P(H_1) + 1} \\
&= \frac{10 \times 0.03}{(10 - 1) \times 0.03 + 1} \\
&= 0.24
\end{aligned}
$$

$$
\begin{aligned}
P(H_2 \mid E_2) &= \frac{LS_2 \times P(H_2)}{(LS_2 - 1) \times P(H_2) + 1} \\
&= \frac{20 \times 0.05}{(20 - 1) \times 0.05 + 1} \\
&= 0.51
\end{aligned}
$$

E_3 肯定为假时：

$$
\begin{aligned}
P(H_3 \mid \neg E_3) &= \frac{LN_3 \times P(H_3)}{(LN_3 - 1) \times P(H_3) + 1} \\
&= \frac{0.002 \times 0.3}{(0.002 - 1) \times 0.3 + 1} \\
&= 0.00086
\end{aligned}
$$

5.3 证据理论

证据理论又称 D-S 理论，最早由哈佛大学统计系教授德姆斯特提出，后来经过美国数学家和统计学家谢弗的进一步拓展，成为用于处理不确定性、不精准信息的证据推理。D-S 理论作为一种不确定性推理方法，为决策级不确定信息的表征与融合提供了强有力的工具，在信息融合、模式识别和决策分析等领域得到了广泛应用。本节将介绍 D-S 理论的具体内容以及基于 D-S 理论的不确定性推理过程。

5.3.1 D-S 理论

D-S 理论具有直接表达"不确定"和"不知道"的能力，它可以从不同角度（如信任函数、似然函数和类概率函数）来刻画命题的不确定性。

1. 基本概念

假设 Θ 为变量 x 的所有可能取值的有限集合，也可以称为样本空间，则由 Θ 的所有子集构成的幂集记为 2^{Θ}。若下式成立

$$m(\varnothing) = 0, \sum_{A \subseteq \Theta} m(A) = 1$$

则称 m：$2^{\Theta} \to [0，1]$ 为 Θ 上的基本概率分配（Basic Probability Assignment，BPA），也称为 mass 函数。其中 m(A) 称为 A 的基本概率数，并且 m(A)>0。它的意思是在当前环境下对假设集合 A 的信任程度。

信任函数（Belief Function，Bel）和似然函数（Plausibility Function，Pl）的表现形式如下

$$Bel(A) = \sum_{B \subseteq A} m(B), \quad \forall A \subseteq \Theta$$

$$Pl(A) = 1 - Bel(\neg A), \quad \text{其中} \neg A = \Theta - A$$

其中 Bel(A) 表示当前环境下，对假设集合 A 的信任程度，其值为 A 的所有子集的基本概率之和，表示对 A 的总信任程度。因为 Bel(A) 表示对 A 为真的信任程度，那么 Bel(¬A) 则表示对 A 为假的信任程度，因此 Pl(A) 表示对 A 为非假的信任程度。

对于样本空间 Θ 中的命题（或事件）A，可构成信度区间 [Bel(A)，Pl(A)] 用于描述命题 A 发生可能性的取值范围，即证据理论是利用信度区间来描述命题的不确定性。证据理论中的 m(Θ)∈[0，1] 表示全集的 mass 赋值，用于描述未知性。需要注意的是依据概率公理，全集的总概率为 P(Θ)=1。

【例 5-3】 给定样本空间 Θ={红球,黑球,白球}，假设 2^{Θ} 上的基本函数 m=({∅},{红球},{黑球},{白球}，{红球,黑球}，{红球,白球}，{黑球,白球}，{红球,黑球,白球})={0,0.2,0,0.3,0.1,0.1,0.2,0.1}。求：A_1={红球},A_2={黑球,白球} 时的信度区间。

解： 当 A_1={红球}时，¬A_1={黑球,白球}，m(A_1)=0.2；A_1 的子集包括{红球}；¬A_1 的子集包括({黑球},{白球},{黑球,白球})。

因此 Bel(A_1)=0.2；Pl(A_1)=1-P(¬A_1)=1-0-0.3-0.2=0.5。

所以 A_1={红球}的信度区间为(0.2,0.5)。

当 A_2={黑球,白球}时，¬A_2={红球}，m(A_2)=0.2；A_2 的子集包括({黑球},{白球},{黑球,白球})；¬A_2 的子集包括{红球}。

因此 Bel(A_2)=0+0.3+0.2=0.5；Pl(A_2)=1-P(¬A_2)=1-0.2=0.8。

所以 A_1={红球}的信度区间为(0.5,0.8)。

2. 证据合成规则

证据合成规则也称 Dempster 合成规则，基于 Dempster 规则可获取概率分配函数 m_1，m_2 的正交和 $m = m_1 \oplus m_2$，其满足下列条件

$$m(A) = \begin{cases} 0, & A = \phi \\ \dfrac{\sum\limits_{A_i \cap B_j = A} m_1(A_i)m_2(B_j)}{1 - K}, & A \neq \phi \end{cases}$$

其中，$K = 1 - \sum\limits_{A_i \cap B_j = \phi} m_1(A_i)m_2(B_j) = \sum\limits_{A_i \cap B_j = \phi} m_1(A_i)m_2(B_j)$，为归一化常数。

当 K=0 时，则不存在正交和 m，称为 m_1 和 m_2 矛盾。当 K≠0 时，则正交和 m 也是一个概率分配函数。

【例 5-4】 给定样本空间 Θ={x,y}，其概率分配函数分别为：

$m_1(\{\phi\},\{x\},\{y\},\{x,y\}) = (0,0.2,0.5,0.3)$；　　$m_2(\{\phi\},\{x\},\{y\},\{x,y\}) = (0,0.7,0.1,0.2)$；

求正交和 $m = m_1 \oplus m_2$。

解：首先求 K 值：

$$\begin{aligned} K &= 1 - \sum_{x \cap y = \phi} m_1(x)m_2(y) \\ &= 1 - (m_1(x)m_2(y) + m_1(y)m_2(x)) \\ &= 1 - (0.2 \times 0.1 + 0.5 \times 0.7) \\ &= 0.63 \end{aligned}$$

再求 $m(\{\phi\},\{x\},\{y\},\{x,y\})$：

$$\begin{aligned} m(\{x\}) &= \frac{1}{0.63} \sum_{x \cap y = x} m_1(x)m_2(y) \\ &= \frac{1}{0.63}(m_1(\{x\})m_2(\{x\}) + m_1(\{x\})m_2(\{x,y\}) + m_1(\{x,y\})m_2(\{x\})) \\ &= \frac{1}{0.63}(0.2 \times 0.7 + 0.2 \times 0.2 + 0.3 \times 0.1) \\ &= 0.33 \end{aligned}$$

同理求得 m({y})=0.29；m({x,y})=0.95。

因此，$m_1(\{\phi\},\{x\},\{y\},\{x,y\})$=(0,0.33,0.29,0.95)。

5.3.2　基于证据理论的不确定性推理

基于 D-S 理论的不确定性推理步骤一般如下。

1）建立问题的有限集合 Θ。

2）给幂集 2^Θ 定义基本概率分配函数。

3）计算所关心的子集 $A \in 2^\Theta$（即 Θ 的子集）的信任函数值 Bel(A)、似然函数值 Pl(A)。

4）由 Bel(A) 和 Pl(A) 得出结论。

【例 5-5】 假设有规则：

1）如果咳嗽，则可能是感冒但非支气管炎(0.8)或支气管炎但非感冒(0.2)。

R1：咳嗽→感冒但非支气管炎(0.8)。

R2：咳嗽→支气管炎但非感冒(0.2)。

2）如果发烧，则可能是感冒但非支气管炎(0.9)或支气管炎但非感冒(0.1)。

R3：发烧→感冒但非支气管炎(0.9)。

R4：发烧→支气管炎但非感冒(0.1)。

括号中的数字表示规则前提对结论的支持程度，又有前提证据如下。

1）小李咳嗽(0.9)。

2）小李发烧(0.5)。

括号中的数字表示事实的可信程度。

问小李患的什么病?

解： ①确定有限集合 Θ={h_1,h_2,h_3}，其中 h_1 表示感冒但非支气管炎，h_2 表示支气管炎但非感冒，h_3 表示两者都有。

② 计算基本概率分配函数如下。

m_1({h_1})=0.9×0.8=0.72。

m_1({h_2})=0.9×0.2=0.18。

m_1({h_1,h_2,h_3})=1-0.72-0.18=0.1。

m_2({h_1})=0.5×0.9=0.45。

m_2({h_2})=0.5×0.1=0.05。

m_2({h_1,h_2,h_3})=1-0.45-0.05=0.5。

将两个概率分配函数合并：

K=1-(0.72×0.05+0.18×0.45)=1-0.117=0.88。

m({h_1})=(0.72×0.45+0.72×0.5+0.1×0.45)÷0.88=0.83。

m({h_2})=(0.18×0.05+0.18×0.5+0.05×0.1)÷0.88=0.12。

m({h_1,h_2,h_3})=1-0.83-0.12=0.05。

③ 求信任函数值 Bel(A)和似然函数值 Pl(A)。

Bel({h_1})=0.83。

Bel({h_2})=0.12。

Pl({h_1})=1-Bel({h_2，h_3})=1-0.12=0.88。

Pl({h_2})=1-Bel({h_1，h_3})=1-0.83=0.17。

因此，感冒但非支气管炎的信度区间为(0.83,0.88)。支气管炎但非感冒的信度区间为(0.12,0.17)。所以可以推断小李是感冒了。

证据理论与概率论的区别如图 5-1 所示。

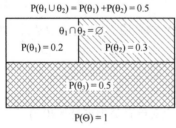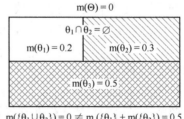

图 5-1　证据理论与概率论的区别

a) 概率论　b) 证据理论

可以看出，证据理论不等于概率论，但证据理论从思想方法上可以看作是一种基于不精确概率进行推理的理论与方法。所谓不精确概率是指对所关注命题的概率以区间形式描述（上、下概率构成区间），可类比于证据理论中的信度区间[Bel(A),Pl(A)]。相较于证据理论，不精确概率理论与方法所涵盖的内容更广，相关的数学约束更为严格。将证据理论与不精确概率进行结合以更好地处理不确定性信息是当前研究的热点之一。

证据理论的优点在于能够满足比概率论更弱的公理系统，可以区分不知道和不确定的情况，可以依赖证据的积累，不断缩小假设的集合。但是证据理论也有一些不足之处，比如证据的独立性不易得到保证；基本概率分配函数要求给的值太多，计算传递关系复杂；随着诊断问题可能答案的增加，证据理论的计算量呈指数增长且传递关系复杂，比较难以实现等。

综上，概率论与证据理论是两套不同的理论框架。可以认为证据理论实际上是对概率论的不严谨或不成功的拓展，特别是在统计信息完备或者可精确获取时，基于证据理论的推理结果往往与概率统计的结果不一致。

5.4 模糊推理

针对不确定性的两种产生原因，处理随机性不确定性的依据是概率论，处理模糊性不确定性的依据是模糊理论。美国加州大学伯克利分校电气工程系控制论学者 L. A. Zadeh 教授于 1965 年创立了模糊集合理论。模糊理论是在模糊集合理论的数学基础上发展起来的。模糊推理是指根据模糊输入和模糊规则，按照确定好的推理方法进行推理，得到模糊输出量，其本质就是将一个给定输入空间通过模糊逻辑的方法映射到一个特定的输出空间的计算过程。

5.4.1 模糊理论

1．模糊集合的定义和表示

对于普通的集合，如整数集合、负数集合等，这些集合中的元素是否属于这个集合都是明确的，元素对于普通集合只有属于和不属于两种情况。但是现实世界中，事物通常不是非此即彼的，如西瓜可以分为"大西瓜"和"小西瓜"，但这两个概念之间的分界线是模糊的。因此对于这样一类集合，其中的元素以某种程度隶属于这个集合，则称这类集合为模糊集合，每个元素属于这个集合的程度称为隶属度。模糊集合中被讨论的对象称为论域，被讨论对象的取值称为论域元素。

假设论域 $U=\{u_1,u_2,\cdots,u_n\}$，其中 $u_1,u_2,\cdots,u_n$ 为论域元素，A 为模糊集合，$A(u_n)$表示论域元素 u_n 隶属于模糊集合 A 的程度。当论域元素为离散值时，常见的有以下 3 种模糊集合的表示方法。

1）Zadeh 表示法：具体表示形式如下（需要注意的是，其中的"/"和"+"并不代表数学意义上的相除或相加，仅仅是一种表达形式）

$$A=A(u_1)/u_1+A(u_2)/u_2+\cdots+A(u_n)/u_n$$

2）序偶表示法：将论域 U 中的元素 u_i 与其对应的隶属度 $A(u_i)$ 组成序偶，表示形式如下

$$A=\{(u_1,A(u_1)),(u_2,A(u_2)),\cdots,(u_n,A(u_n))\}$$

3）向量表示法：单独地将论域 U 中所对应的元素 u_i 隶属度值 $A(u_i)$，由按顺序写成的向量形式来表示模糊子集 A，表示形式如下

$$A=(A(u_1),A(u_2),\cdots,A(u_n))$$

用此表示法时应该注意，若隶属度为 0 时，也必须依次写出来，不可以省略。

【例 5-6】 假设 $U=\{x_1,x_2,x_3,x_4,x_5\}$，$x_i$ 表示员工，对每位员工的工作努力程度在[0, 1]间打分，记模糊集合 A= "工作努力"。若假定每个员工的努力程度如下。

$A(x_1)=0.2,A(x_2)=0.5,A(x_3)=0.8,A(x_4)=0.3,A(x_5)=0.9$。

请用 3 种表示方法来表示模糊集合 A。

解：

1）Zadeh 表示法：$A=\dfrac{0.2}{x_1}+\dfrac{0.5}{x_2}+\dfrac{0.8}{x_3}+\dfrac{0.3}{x_4}+\dfrac{0.9}{x_5}$。

2）序偶表示法：$A=\{(x_1,0.2),(x_2,0.5),(x_3,0.8),(x_4,0.3),(x_5,0.9)\}$。

3）向量表示法：$A=(0.2,0.5,0.8,0.3,0.9)$。

2．模糊集合的基本运算

与普通集合一样，模糊集合也可以进行各种逻辑运算。下面对模糊集合的相关逻辑运算进行介绍。

1）空集：模糊集合的空集 $\varnothing$ 为普通集，它的隶属度为 0，即 $A=\varnothing \Leftrightarrow \mu_A(u)=0$。

2）全集：模糊集合的全集 E 为普通集，它的隶属度为 1，即 $A=E \Leftrightarrow \mu_A(u)=1$。

3）等集：假设有两个模糊集合 A 和 B，它们的论域元素全部相同，即对所有元素 u，它们的隶属函数相等，则 A 和 B 也相等。即 $A=B \Leftrightarrow \mu_A(u)=\mu_B(u)$。

4）子集：假设有两个模糊集合 A 和 B，若 B 为 A 的子集，则 $B\subseteq A \Leftrightarrow \mu_B(u)\leqslant \mu_A(u)$。

5）补集：$\overline{A}$ 为 A 的补集，则 $\overline{A} \Leftrightarrow \mu_{\overline{A}}(u)=1-\mu_A(u)$。

6）并集：假设有两个模糊集合 A、B 和 C，它们的论域元素全部相同。若 C 为 A 和 B 的并集，即 $C=A\cup B$，则有

$$A\cup B \Leftrightarrow \mu_{A\cup B}(u)=\max(\mu_A(u),\mu_B(u))=\mu_A(u)\vee\mu_B(u)$$

7）交集：假设有两个模糊集合 A、B 和 C，它们的论域元素全部相同。若 C 为 A 和 B 的交集，即 $C=A\cap B$，则有

$$A\cap B \Leftrightarrow \mu_{A\cap B}(u)=\min(\mu_A(u),\mu_B(u))=\mu_A(u)\wedge\mu_B(u)$$

【例 5-7】 假设 $x=\{1,2,3\}$ 上有两个模糊子集为 $A=\dfrac{0.8}{1}+\dfrac{0.5}{2}+\dfrac{0.2}{3}$；$B=\dfrac{0.1}{1}+\dfrac{0.5}{2}+\dfrac{1}{3}$。

求：$A\cup B$、$A\cap B$、$\overline{A}$、$\overline{B}$。

解： $A\cup B=\dfrac{0.8}{1}+\dfrac{0.5}{2}+\dfrac{1}{3}$。

$A\cap B=\dfrac{0.1}{1}+\dfrac{0.5}{2}+\dfrac{0.2}{3}$。

$$\overline{A} = \frac{0.2}{1} + \frac{0.5}{2} + \frac{0.8}{3}。$$

$$\overline{B} = \frac{0.9}{1} + \frac{0.5}{2} + \frac{0}{3}。$$

5.4.2 模糊推理相关概念

模糊推理就是根据模糊关系和新的输入，确定推理结果的过程。模糊推理实质上是一种模糊变换，将输入论域的模糊集合变换到输出论域的模糊集合。

1. 语气算子

模糊集合对应于人类语言系统的模糊性，带有模糊性的语言称为模糊语言，是人类语言的特点。如勤奋、冷热、大小等，都是没有明确界限、带有模糊性的语言。语言所具有的模糊性要表示为计算机能感知的规则和语义，因此引入前文介绍的模糊集合，但是在人类语言系统中，通常会在模糊词语前面加一些修饰词，如非常、很、微等。这种表达模糊词语程度的修饰词被称为语气算子，具体定义如下

$$(H_\lambda A)(u) \overset{def}{=} [A(u)]^\lambda$$

当 $\lambda > 1$ 时，H_λ 称为集中化算子，它加强了语气的肯定程度。如 $H_{4/3}$ 为"有些"、H_2 为"很"、H_4 为"非常"。

当 $\lambda < 1$ 时，H_λ 称为散漫化算子，它能适当地减弱语气的肯定程度。如 $H_{1/3}$ 为"微"、$H_{1/2}$ 为"略"、$H_{3/4}$ 为"比较"。

2. 模糊关系

关系是集合论中的一个重要概念，它反映了不同集合元素之间的关联。一般用一个矩阵来表示元素之间的关系。普通关系是用数学方法描述不同普通集合中元素之间有无关联，有关系用 1 来表示，没有关系用 0 来表示。但是现实世界中的关系总是模糊的，不能只用是否或者 0/1 来表示，因此模糊关系可以看作是普通关系的推广，它是指多个模糊集合元素间所具有的关系的程度。假设 A 是定义在论域 U 上的模糊集合，B 是定义在论域 V 上的模糊集合，则两者的模糊关系 R 可用一个矩阵表示，行表示 A，列表示 B。

假设 R 和 S 为论域 U 上的模糊关系矩阵，模糊关系矩阵的基础运算法则如下。

1）相等：即 R 和 S 是相等的，则 $r_{ij} = s_{ij}$，$(i=1,2,\cdots,n; j=1,2,\cdots,n)$。

2）包含：即 R 包含 S，则 $r_{ij} \geqslant s_{ij}$，$(i=1,2,\cdots,n; j=1,2,\cdots,n)$。

3）并：即 R 与 S 交，$Q = R \cup S$，则 $q_{ij} = r_{ij} \vee s_{ij} = \max\{r_{ij}, s_{ij}\}$ $(i=1,2,\cdots,n; j=1,2,\cdots,n)$。

4）交：即 R 与 S 并，$Q = R \cap S$，则 $q_{ij} = r_{ij} \wedge s_{ij} = \min\{r_{ij}, s_{ij}\}$ $(i=1,2,\cdots,n; j=1,2,\cdots,n)$。

5）合成：即 R 与 S 的合成，$Q = R \circ S$，则

$$q_{ij} = \overset{\vee}{_1}(r_{il} \wedge s_{lj}) = (r_{i1} \wedge s_{1j}) \vee (r_{i2} \wedge s_{2j}) \vee \cdots \vee (r_{in} \wedge s_{nj}) \quad (i=1,2,\cdots,n; j=1,2,\cdots,n)$$

模糊关系矩阵的合成运算对于后文的模糊推理有很重要的作用，它有一个简单的口诀：按照矩阵相乘的方式，先取小再取大。

【例 5-8】 假设 $R = \begin{bmatrix} 0.3 & 0.8 \\ 0.2 & 0.5 \end{bmatrix}$，$S = \begin{bmatrix} 0.1 & 0.5 \\ 0.4 & 0.9 \end{bmatrix}$，计算 $Q = R \circ S$。

解:

$$Q = R \circ S = \begin{bmatrix} 0.3 & 0.8 \\ 0.2 & 0.5 \end{bmatrix} \circ \begin{bmatrix} 0.1 & 0.5 \\ 0.4 & 0.9 \end{bmatrix}$$

$$= \begin{bmatrix} (0.3 \wedge 0.1) \vee (0.8 \wedge 0.4) & (0.3 \wedge 0.5) \vee (0.8 \wedge 0.9) \\ (0.2 \wedge 0.1) \vee (0.5 \wedge 0.4) & (0.2 \wedge 0.5) \vee (0.5 \wedge 0.9) \end{bmatrix}$$

$$= \begin{bmatrix} 0.4 & 0.8 \\ 0.4 & 0.5 \end{bmatrix}$$

$$= \begin{bmatrix} 0.1 \vee 0.4 & 0.3 \vee 0.8 \\ 0.1 \vee 0.4 & 0.2 \vee 0.5 \end{bmatrix}$$

3．模糊推理规则

模糊推理虽然是不确定性推理方法，但是在应用实践中证明了它的有效性，得到的结论也符合人类的一般思维。模糊推理规则主要分为如下两种情况。

1）已知前提 1：x 是 A'；前提 2：若 x 是 A，则 y 是 B。结论：y 是 B'，则近似推理关系为

$$B' = A' \circ (A \rightarrow B) = A' \circ R$$

2）已知前提 1：y 是 B'；前提 2：若 x 是 A，则 y 是 B。结论：x 是 A'，则近似推理关系为

$$A' = (A \rightarrow B) \circ B' = R \circ B'$$

其中 R 为模糊蕴含关系，"∘"是合成运算符。

模糊蕴含关系 R 一般是矩阵的形式，阵中的元素值可通过 3 种方法确定，具体表示如下。

1）算数运算法 R_a

$$R_a = A \rightarrow B$$
$$= \int_{X \times Y} 1 \wedge (1 - \mu_A(x) + \mu_B(y))/(x, y)$$

2）最大最小运算 R_m

$$R_m = A \rightarrow B$$
$$= \int_{X \times Y} (\mu_A(x) \wedge \mu_B(y)) \vee (1 - \mu_A(x))/(x, y)$$

3）最小运算法 R_c

$$R_m = A \rightarrow B = A \times B$$
$$= \int_{X \times Y} \mu_A(x) \wedge \mu_B(y)/(x, y)$$

上述公式中的 $\mu_A(x)$ 表示 A 中元素的隶属度，$\mu_B(x)$ 表示 B 中元素的隶属度。积分符号并不是数学意义上的积分运算，而是表示论域上的元素 x、y 与 μ_A 的一个总括。

【例 5-9】 假设有如下规则"如果天气冷，则穿厚衣服"，那么当天气为"冷""非常冷""略冷""不冷"时，应如何选择穿衣厚度？

其中，设 x 和 y 分别表示模糊语言变量"天气"和"衣服厚度"论域为 X=Y={1,2,3,4,5}
若 A 表示天气冷的模糊集合，且有 $A = \frac{1}{1} + \frac{0.8}{2} + \frac{0.6}{3} + \frac{0.4}{4} + \frac{0.2}{5}$。

若 B 表示衣服厚度的模糊集合，且有 $B = \frac{1}{1} + \frac{0.8}{2} + \frac{0.6}{3} + \frac{0.4}{4} + \frac{0.2}{5}$。

解：

$$R_c = A' \times B = \begin{bmatrix} 1 \\ 0.8 \\ 0.6 \\ 0.4 \\ 0.2 \end{bmatrix} \wedge \begin{bmatrix} 1 & 0.8 & 0.6 & 0.4 & 0.2 \end{bmatrix}$$

$$= \begin{bmatrix} 1 & 0.8 & 0.6 & 0.4 & 0.2 \\ 0.8 & 0.8 & 0.6 & 0.4 & 0.2 \\ 0.6 & 0.6 & 0.6 & 0.4 & 0.2 \\ 0.4 & 0.4 & 0.4 & 0.4 & 0.2 \\ 0.2 & 0.2 & 0.2 & 0.2 & 0.2 \end{bmatrix}$$

加入语气算子后的向量如下：

天气冷：$A' = A = [1, 0.8, 0.6, 0.4, 0.2]$。

天气非常冷：$A' = A^2 = [1, 0.64, 0.36, 0.14, 0.04]$。

天气略冷：$A' = A^{0.5} = [1, 0.89, 0.77, 0.63, 0.45]$。

天气不冷：$A' = \overline{A} = [0, 0.2, 0.4, 0.6, 0.8]$。

因此四种情况下的衣服厚度情况如下：

$$B' = A' \circ R = \begin{cases} [1, 0.8, 0.6, 0.4, 0.2] & A' = A \\ [1, 0.8, 0.6, 0.4, 0.2] & A' = A^2 \\ [1, 0.8, 0.6, 0.4, 0.2] & A' = A^{0.5} \\ [1, 0.4, 0.4, 0.4, 0.4] & A' = \overline{A} \end{cases}$$

5.5 粗糙集理论

前文介绍的模糊集和基于概率方法，有时需要一些数据的附加信息或先验知识，如模糊隶属函数、基本概率指派函数和有关统计概率分布等，而这些信息有时并不容易得到。粗糙集则无须提供问题所需处理的数据集合之外的任何先验信息，所以对问题的不确定性的描述或处理可以说是比较客观的。粗糙集作为一种处理不精确、不确定与不完全数据的新的数学理论，最初是由波兰数学家帕拉克（Zdzislaw I. Pawlak）于 1982 年提出的。本节将介绍粗糙集理论的基本概念以及相关的应用。

5.5.1 粗糙集理论的基本概念

粗糙集理论是建立在分类机制的基础上的，它将分类理解为在特定空间上的等价关系，而等价关系构成了对该空间的划分。粗糙集理论将知识理解为对数据的划分，每一个被划分的集合称为概念。它的主要思想是利用已知的知识库，将不精确或不确定的知识用已知的知识库中的知识来（近似）刻画。该理论与其他处理不确定和不精确问题理论的显著的区别是它无须提供问题所需处理的数据集合之外的任何先验信息，所以对问题的不确定性的描述或处理可以说是比较客观的，由于这个理论未能包含处理不精确或不确定原始数据的机制，所以这个理论与概率论、模糊数学和证据理论等其他处理不确定或不精确问题的理论有很强的互补性。

1．不可分辨关系与精确集

假设 U 是非空有限论域，R 是 U 上的二元等价关系，那么 R 称为不可分辨关系，序对 A=(U，R)称为近似空间。$\forall(x，y)\in U\times U$，若$(x，y)\in R$，则称对象 x 与 y 在近似空间 A 中是不可分辨的。

U/R 表示的是 U 上由 R 生成的等价类全体，它构成了 U 的一个划分。可以证明，U 上的划分可以与 U 上的二元等价关系之间建立一一对应。U/R 中的集合称为基本集或原子集。若将 U 中的集合称为概念或表示知识，则 A=(U，R)称为知识库，原子集表示基本概念或知识模块。任意有限基本集的并和空集均称为可定义集，否则称为不可定义集。可定义集也称为精确集，它可以在知识库中被精确地定义或描述，可表示已知的知识，并且可定义集全体可构成讨论域 U 上的一个拓扑结构。

【例 5-10】 一个玩具球属性的集合如表 5-1 所示。

表 5-1 玩具球属性的集合

	R_1（是否为圆形）	R_2（颜色）	R_3（大小）
X_1	是	黄色	大
X_2	是	黄色	小
X_3	否	黄色	大
X_4	是	黄色	小
X_5	否	白色	小
X_6	是	白色	大

取不同的属性组合，可得到不同的等价关系。

当取属性 R_2 时，存在等价关系为 U/R_1=({X_1, X_2, X_3, X_4}, {X_5, X_6})。

当取属性 R_1 和 R_3 时，存在等价关系为 U/(R_2、R_3)=({X_1, X_6}, {X_2, X_4}, {X_3}, {X_5})。

2．上近似和下近似

对于论域 U 上任意一个子集 X，X 不一定能用知识库中的知识来精确地描述，即 X 可能为不可定义集，这时就可以用 X 关于 A 的一对下近似$\underline{apr}X$ 和上近似$\overline{apr}X$来"近似"地描述，其定义如下

$$\underline{apr}X = U\{[x]|[x]\subseteq X\} = \{x\in U\,|\,[x]\subseteq X\}$$

$$\overline{apr}X = U\{[x]|[x]\bigcap X\neq\phi\} = \{x\in U\,|\,[x]\bigcap X\neq\phi\}$$

其中[x]是 x 所在的 R 等价类。

下近似$\underline{apr}X$也称作 X 关于 A 的正域，记作 POS(X)，它可以解释为由那些根据现有知

识判断出肯定属于 X 的对象所组成的最大集合。上近似$\overline{apr}$X 也称作 X 关于 A 的负域，记作 NEG(X)，可以解释为由那些根据现有知识判断出肯定不属于 X 的对象所组成的集合。$\overline{apr}$X \ $\underline{apr}$X 称作 X 的边界（域），记作 BND(X)，它可以解释为由那些根据现有知识判断出可能属于 X 但不能完全肯定是否一定属于 X 的对象中所组成的集合。

【**例 5-11**】 基于例 5-9 给定的内容，假设 X={X_2,X_4,X_5}，求不同属性下的下近似$\underline{apr}$X 和上近似$\overline{apr}$X 。

解： 因为不同属性下的等价关系如下。
U/R_1=({X_1,X_2,X_4,X_6},{X_3,X_5})。
U/R_2=({X_1,X_2,X_3,X_4},{X_5,X_6})。
U/R_3=({X_1,X_3,X_6},{X_2,X_4,X_5})。
因此上近似和下近似取值如下。

$\overline{apr}_{R_1} X = \phi$。

$\underline{apr}_{R_1} X = \{X_1, X_2, X_3, X_4, X_5, X_6\} = U$。

$\overline{apr}_{R_2} X = \phi$。

$\underline{apr}_{R_2} X = \{X_1, X_2, X_3, X_4, X_5, X_6\} = U$。

$\overline{apr}_{R_3} X = \{X_2, X_4, X_5\}$。

$\underline{apr}_{R_3} X = \{X_2, X_4, X_5\}$。

3. 粗糙集

从上面的定义可以看出，下近似$\underline{apr}$是 A 中包含 X 的最大可定义集，而上近似$\overline{apr}$是 A 中包含 X 的最小可定义集。因此，X 是可定义的当且仅当$\underline{apr}$=$\overline{apr}$，这时称 X 是精确集合；X 是不可定义的当且仅当$\underline{apr} \neq \overline{apr}$，这时称 X 是粗糙集。称($2^U$, ∩, ∪, ～, $\underline{apr}$, $\overline{apr}$)为粗糙集代数系统，其中"～"表示集合补。

X 关于 A 的近似质量表示为$r_A(X)$，它反映了 X 在现有知识中的百分比，具体定义如下

$$r_A(X) = \frac{|\underline{apr}X|}{|U|}$$

X 关于 A 的粗糙性测度表示为$d_A(X)$，它反映了知识的不完整程度，具体定义如下

$$d_A(X) = 1 - \frac{|\underline{apr}X|}{|\overline{apr}X|}$$

显然，$0 \leq d_A(X) \leq 1$，X 是可定义的当且仅当$d_A(X)=0$，X 是粗糙的当且仅当$d_A(X)>0$。

X 关于 A 的近似精度为$T_A(X)$，它反映了根据现有知识对 X 的了解程度，具体定义如下

$$T_A(X) = \frac{|\underline{apr}X|}{|\overline{apr}X|}$$

粗糙集理论还对于集合类关于近似空间定义了下近似和上近似。假设 F={X_1,X_2,…,X_n}是由 U 的子集所构成的集类，则 F 关于近似空间 A 的下近似$\underline{apr}$F 和上近似$\overline{apr}$F 定义为

$$\underline{aprF} = \{\underline{aprX_1}, \underline{aprX_2}, \cdots, \underline{aprX_n}\}$$

$$\overline{aprF} = \{\overline{aprX_1}, \overline{aprX_2}, \cdots, \overline{aprX_n}\}$$

其中，F 关于 A 的近似精度 $T_A(F)$ 和近似质量 $r_A(F)$ 分别定义为

$$T_A(F) = \frac{\sum\limits_{i=1}^{n} |\underline{aprX_i}|}{\sum\limits_{i=1}^{n} |\overline{aprX_i}|}$$

$$r_A(F) = \frac{\sum\limits_{i=1}^{n} |\underline{aprX_i}|}{|U|}$$

当 F 也是 U 的划分时，F 关于 A 的近似在决策表协调性判别和规则提取中有重要应用。

5.5.2 粗糙集在知识发现中的应用

1. 粗糙集的知识表示

粗糙集理论中的知识表达方式一般采用信息表或信息系统的形式，它可以表示为四元有序组 K=(U,A,V,d)，其中：

1）U 是对象的全体，即论域。

2）A 是属性全体。

3）V= $\bigcup\limits_{a \in A} V_a$，$V_a$ 是属性的值域。

4）d：U×A→V 是一个信息函数；d_x：A→V，x∈U，反映了对象 x 在有序组 K 中的完全信息，其中 $d_x(a)=d(x,a)$。

对于这样的信息系统，每个属性子集就定义了论域上的一个等价关系，即 $\forall B \subseteq A$，定义 R_B 如下

$$xR_B y \Leftrightarrow d_x(b) = d_y(b), \forall b \in B$$

由此可见，信息系统类似于关系数据库模型的表达方式。有时属性集 A 还分为条件属性 C 和决策（结论）属性 D，这时的信息系统称为决策表，常记为(U,C∪D,V,d)。无决策的数据分析和有决策的数据分析是粗糙集理论在数据分析中的两个主要应用。

2. 基于粗糙集的属性约简

粗糙集理论给出了对知识（或数据）的约简和求核的方法，从而提供了从信息系统中分析多余属性的能力。假设 K=(U,AT,V,d)是一个信息系统，由属性集 B⊆AT 所导出的等价关系为 R_B。$\forall a \in AT$，若 $R_{AT}=R_{AT \setminus \{a\}}$，则称属性 a 是多余的；若在系统中没有多余属性，则称 AT 是独立的；子集 B⊆AT 称为 AT 的约简，常记作 red(AT)，若 $R_B=R_{AT}$ 且 B 中没有多余属性；AT 的所有约简的交集称为 AT 的核，记作 core(AT)。一般属性的约简不唯一，而核是唯一的。

【例 5-12】（无决策情形）S=(U,A,V,d)，其中 U={$x_1, x_2, \cdots, x_8$}，属性集 A={c_1, c_2, c_3, c_4}，V={v_1, v_2, v_3, v_4}。并且 $v_1=v_2=v_3$={1,2,3}，v_4={1,2}，信息函数 d 的值如表 5-2 所示。求属性的约简。

表 5-2　一个信息系统

U	c_1	c_2	c_3	c_4
x_1	1	1	1	1
x_2	1	2	2	1
x_3	1	1	1	1
x_4	1	2	2	1
x_5	2	2	1	1
x_6	2	2	1	1
x_7	3	3	3	2
x_8	3	3	3	2

显然　　　　　　$U/c_1=(\{x_1,x_2,x_3,x_4\},\{x_5,x_6\},\{x_7,x_8\})$

$U/c_2=(\{x_1,x_3\},\{x_2,x_4,x_5,x_6\},\{x_7,x_8\})$

$U/c_3=(\{x_1,x_3,x_5,x_6\},\{x_2,x_4\},\{x_7,x_8\})$

$U/c_4=(\{x_1,x_2,x_3,x_4,x_5,x_6\},\{x_7,x_8\})$

$U/C=(\{x_1,x_3\},\{x_2,x_4\},\{x_5,x_6\},\{x_7,x_8\})$

将对象及其信息压缩后的信息如表 5-3 所示。

表 5-3　压缩后的信息表

U/C	c_1	c_2	c_3	c_4
$\{x_1,x_3\}$	1	1	1	1
$\{x_2,x_4\}$	1	2	2	1
$\{x_5,x_6\}$	2	2	1	1
$\{x_7,x_8\}$	3	3	3	2

表 5-3 可以简明地表示为表 5-4。可以验证，信息表 5-3（或表 5-4）中属性 c_4 是多余属性，而且可以计算此信息表有 3 个最简属性约简：$\{c_1,c_2\}$、$\{c_1,c_3\}$ 和 $\{c_2,c_3\}$，信息系统的 3 个最简约简表如表 5-5、表 5-6 和表 5-7 所示。

表 5-4　约简表

c_1	c_2	c_3	c_4
1	1	1	1
1	2	2	1
2	2	1	1
3	3	3	2

表 5-5　约简表 1

c_1	c_2
1	1
1	2
2	2
3	3

表 5-6　约简表 2

c_1	c_3
1	1
1	2
2	1
3	3

表 5-7　约简表 3

c_2	c_3
1	1
2	2
2	1
3	3

粗糙集理论除了给出了对知识（或数据）的约简和求核的方法外，还提供了从决策表中抽取规则的能力，机器学习和从数据库中的机器发现就是基于这个能力。采用这个方法就可以做到在保持决策一致的条件下将多余属性删除。

在一个决策表(U,C∪D,V,d)中，若∀X∈U/D_1，X 关于由 C_1 导出的近似空间的下近似和上近似相等，即 $\underline{aprC_1}X = \overline{aprC_1}X$，则称条件属性子集 $C_1 \subseteq C$ 关于决策属性 $D_1 \subseteq D$ 是协调的，这时也称决策表(U,$C_1 \cup D_1$,V,d)是协调的，否则为不协调的。如果用包含度理论来解释，则决策表(U,$C_1 \cup D_1$,V,d)是协调的当且仅当包含度

$$D(D_1 / C_1) = 1$$

其中

$$D(D_1 / C_1) = \frac{|\underline{aprC_1}(U / D_1)|}{|\overline{aprC_1}(U / D_1)|}$$

从协调的决策表中可以抽出确定性规则；而从不协调的决策表中只能抽出不确定性的规则或可能性规则，这样的规则统称为广义决策规则，这是因为在不协调的系统中存在着矛盾的示例。决策表中的决策规则一般可以表示为形式∧(c,v)→∨(d,w)。其中 c∈C、v∈Vc、w∈Vd.∧(c,v)称为规则的条件部分，而∨(d,w)称为规则的决策部分。决策规则即使是最优的也不一定唯一。在决策表中抽取规则的一般方法如下。

1）在决策表中将信息相同（即具有相同描述）的对象及其信息删除，只留其中一个得到压缩后的信息表，即删除多余示例。

2）删除多余的属性。

3）将每一个对象及其信息中多余的属性值删除。

4）求出最小约简。

5）根据最小约简，求出逻辑规则。

【例 5-13】（有决策情形）表 5-8 所示的信息系统是一个决策表，其中 C={c_1,c_2,c_3,c_4}是条件属性，D={d_1,d_2}是决策属性。求最优决策规则。

表 5-8 一个决策表

U	c_1	c_2	c_3	c_4	d_1	d_2
x_1	1	1	1	1	1	1
x_2	1	2	2	1	2	2
x_3	1	1	1	1	1	3
x_4	1	2	2	1	2	4
x_5	2	2	1	1	3	5
x_6	2	2	1	1	3	5
x_7	3	3	3	2	4	5
x_8	3	3	3	2	4	5

对于由例 5-11 给出的决策子表(U,C∪{d_1},V,d)和(U,C∪{d_2},V,d)，可分别得到它们的两个约简表 5-9 和表 5-10（一般不唯一）。

表 5-9 约简表		
c_1	c_3	d_1
1	1	1
1	2	2
2	1	3
3	3	4

表 5-10 约简表		
c_1	c_2	d_2
1	1	1
1	2	2
1	1	3
1	2	4
2	2	5
3	3	5

可以验证，例 5-11 给出的决策表中，子表$(U, C \cup \{d_1\}, V, d)$是协调的，而子表$(U, C \cup \{d_2\}, V, d)$是不协调的。因此表 5-9 是协调的，并且可以得到决策表$(U, C \cup \{d_1\}, V, d)$的 4 条最优决策规则，并且这 4 条规则都是确定的，具体表示如下。

r_1: $(c_1, 1) \wedge (c_3, 1) \rightarrow (d_1, 1)$

r_2: $(c_1, 1) \wedge (c_3, 2) \rightarrow (d_1, 2)$

r_3: $(c_1, 2) \rightarrow (d_1, 3)$

r_4: $(c_1, 3) \rightarrow (d_1, 4)$

表 5-10 是不协调的，也可以得到决策表$(U, C \cup \{d_2\}, V, d)$的 4 条最优决策规则，但这 4 条规则中 r_1 和 r_2 是不确定的，而只有 r_3 和 r_4 是确定的，具体表示如下。

r_1: $(c_1, 1) \wedge (c_2, 1) \rightarrow (d_2, 1) \vee (d_2, 3)$

r_2: $(c_1, 1) \wedge (c_2, 2) \rightarrow (d_1, 2) \vee (d_2, 4)$

r_3: $(c_1, 2) \rightarrow (d_2, 5)$

r_4: $(c_1, 3) \rightarrow (d_2, 5)$

5.6　本章小结

本章讨论的主观贝叶斯方法、证据理论、模糊理论和粗糙集理论等方法都是处理专家系统中不确定性的方法。其中，主观贝叶斯方法通过使用专家的主观概率，避免了所需的大量统计计算工作。证据理论是用集合表示命题的一种处理不确定性的理论，证据理论基础严密，专门针对专家系统，是一种很有潜力的不确定性推理模型。但如何把它普遍应用于专家系统，目前还没有一个统一的意见。与不确定推理处理随机事件发生的可能性相对照，模糊理论面向事物特征和能力的不精确描述。模糊理论是在模糊集合理论基础上发展起来的并且已经系统化，成为关于不确定性的最一般理论，目前模糊理论已经应用到了许多领域。

5.7　思考与练习

（1）不确定性推理解决的基本问题有哪些？

（2）假设有如下知识：

$r_1 : E_1 \rightarrow H \quad LS_1 = 20 \quad LN_1 = 1$

$r_2 : E_2 \rightarrow H \quad LS_2 = 300 \quad LN_2 = 1$

P(H)=0.03

若 E_1、E_2 依次出现，按主观贝叶斯推理，求 $P(H/E_1,E_2)$ 的值。

（3）假设学生喜欢的运动的论域为{A,B,C,D,E}，小明喜欢的运动为 A、B、A 或 B 的基本概率分别为 0.3、0.6、0.4。Bel({C,D,E})=0.2。求 Bel({A,B})，Pl({A,B})。

（4）假设 $R = \begin{bmatrix} 0.7 & 0.6 \\ 0.5 & 0.1 \end{bmatrix}$、$S = \begin{bmatrix} 0.2 & 0.9 \\ 0.3 & 0.8 \end{bmatrix}$，计算 $R \cup S$、$R \cap S$、$R \circ S$。

（5）假设论域 X=Y={1,2,3,4,5}，若有如下规则：

$$A \in X, \quad A = [长] = \frac{1}{1} + \frac{0.8}{2} + \frac{0.1}{3}$$

$$B \in Y, \quad B = [短] = \frac{0.2}{3} + \frac{0.9}{4} + \frac{1}{5}$$

并且，$\mu_{很短} = \mu_B^2$，$\mu_{不是很短} = 1 - \mu_B^2$

求模糊语句"若 x 长则 y 短，否则 y 不是很短"的模糊关系。

（6）假设有如下条件：

U={x_1,x_2,x_3,x_4,x_5}

X={x_1,x_2,x_4}

R={$(x_1,x_1),(x_1,x_2),(x_2,x_3),(x_3,x_3),(x_4,x_1),(x_4,x_2),$}

求下近似 $\underline{apr}X$ 和上近似 $\overline{apr}X$。

（7）假如有决策表如表 5-11 所示。

表 5-11　决策表

U	A	B	C	E	D
1	1	0	0	0	1
2	0	1	1	1	2
3	0	1	0	0	2
4	0	1	1	0	2
5	0	1	0	0	2
6	0	1	0	0	1

其中 A、B、C、E 为条件属性，D 为决策属性，计算其最优逻辑规则。

第6章 机器学习

机器学习（Machine Learning，ML）是一门多领域交叉学科，涉及概率论、统计学、算法复杂度理论等多门学科。学习能力是人类智能的根本特征，机器学习就是专门研究计算机怎样模拟人类的学习行为，以获取新的知识或技能，重新组织已有的知识结构使之不断改善自身的性能，实现自我完善。它是人工智能的核心，是使计算机具有智能的根本途径，其应用遍及人工智能的各个领域。本章将讨论机器学习的方法和算法，主要包括归纳学习、人工神经网络学习、深度学习和强化学习。

6.1 机器学习概述

机器学习研究的就是如何使机器通过识别和利用现有知识来获取新知识和学习新技能。作为人工智能的一个重要研究领域，机器学习的研究工作主要围绕学习机理、学习方法、面向任务 3 个基本方面的研究。

6.1.1 机器学习的基本概念

机器学习的核心是学习。关于学习，至今没有一个精确的、能被公认的定义。这是因为进行这一研究的人们分别来自不同的学科，更重要的是学习是一种多侧面、综合性的心理活动，它与记忆、思维、知觉、感觉等多种心理行为都有着密切的联系，使得人们难以把握学习的机理与实现。目前在机器学习研究领域影响较大的是美国卡耐基梅隆大学教授西蒙的观点：学习是系统中的任何改进，这种改进使得系统在重复同样的工作或进行类似的工作时，能完成得更好。学习系统的基本模型就是基于这一观点建立起来的。为了使计算机系统具有某种程度的学习能力，使它能通过学习增长知识、改善性能、提高智能水平，需要为它建立相应的学习系统。一个学习系统必须具有适当的学习环境、一定的学习能力，并且能应用学到的知识求解问题，其目的是能提高系统的性能。一个学习系统一般由环境、学习单元、知识库、执行与评价 4 个基本部分组成，如图 6-1 所示。

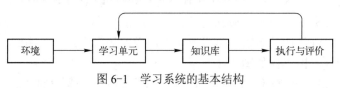

图 6-1 学习系统的基本结构

在图 6-1 中，箭头表示信息的流向。环境指外部信息的来源，它可以是系统的工作对象，也可以包括工作对象和外界条件，它将为系统的学习提供相关对象的素材和信息。学习单元是对环境所提供的信息进行处理，相当于各种学习算法。它通过对环境的搜索取得外部信息，然后经过分析、综合、类比、归纳等思维过程获得知识，并将这些知识存入知识库中。知识库用于存储通过学习得到的知识，在存储时要进行适当的组织，使它既便于应用又便于维护。执行与评价是整个学习系统的核心，由执行和评价两个环节组成，执行环节用于处理系统面临的现实问题，即应用学习到的知识求解问题，如定理证明、智能控制、自然语言处理、机器人行动规划等；评价环节用于验证、评价执行环节的效果，如结论的正确性等。另外，根据执行的效果，要给学习环节一些反馈信息，学习单元将根据反馈信息决定是否要从环境中索取进一步的信息进行学习，以修改、完善知识库中的知识。这是学习系统的一个重要特征。

6.1.2 机器学习发展历程

机器学习的研究对于发现人类学习的机理和揭示人脑的奥秘起到了至关重要的作用，因此在人工智能发展的早期，机器学习的研究处于非常重要的地位。纵观机器学习的发展历程，可以概括为以下四个阶段。

第一阶段为 20 世纪 50 年代至 60 年代，这个阶段属于机器学习的"萌芽期"，主要研究的是无知识学习。此时期诸多经典的算法被提出，但大多数都集中在人工神经网络方向，如美国康奈尔大学教授弗兰克（Frank Rosenblatt）提出的 Perceptron 理论、美国神经科学家休伯尔（Hubel）等人提出的生物视觉模型等，但当时的模型局限性很大，其性能还达不到人们对机器学习系统的期望。机器学习萌芽期的代表性事件如图 6-2 所示。

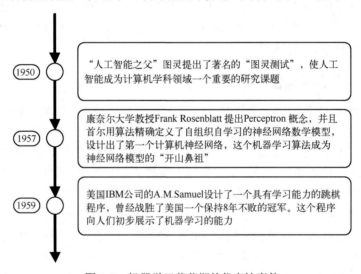

图 6-2　机器学习萌芽期的代表性事件

第二阶段为 20 世纪 60 年代到 70 年代，这一阶段属于机器学习的"低谷期"，主要研究符号概念获取，并提出关于学习概念的各种假设。但是当时提出的各类机器学习算法，性能上存在缺陷，难以满足业务需求，学术界对机器学习的研究热情也由此陷入一个低谷期。机器学习低谷期的代表性事件如图 6-3 所示。

第三阶段为 20 世纪 80 年代到 90 年代，这一阶段属于机器学习的"复苏期"。标志事件是 1980 年在美国召开的首届机器学习国际研讨会，其标志着业界对机器学习研究重新回到了正轨。更重要的是人们普遍认识到，一个系统在没有知识的条件下是不可能学到高级概念的，因此人们引入大量知识作为学习系统的背景知识，并且从学习单个概念扩展到学习多个概念，探索不同的学习策略和各种学习方法，尝试把学习系统与各种应用结合起来。这使得机器学习理论研究出现了新的局面，促进了机器学习的发展。机器学习复苏期的代表性事件如图 6-4 所示。

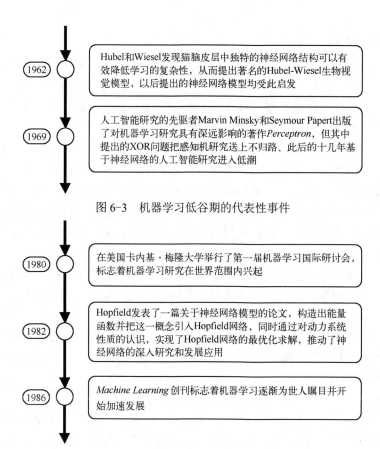

图 6-3　机器学习低谷期的代表性事件

图 6-4　机器学习复苏期的代表性事件

第四阶段，也就是进入 21 世纪之后，属于机器学习的"成熟期"。这个阶段最重要的标志是深度学习模型的提出，它突破了对原浅层人工神经网络的限制，可以更好地应对复杂的学习任务，其也是目前为止模拟人类学习能力最佳的智能学习方法。此外，人工智能技术和计算机技术的快速发展，也为机器学习提供了新的更强有力的研究手段和环境。机器学习成熟期的代表性事件如图 6-5 所示。

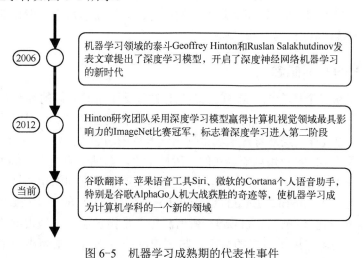

图 6-5　机器学习成熟期的代表性事件

6.1.3　机器学习分类

机器学习中的方法或范式（Paradigm）有很多种分类体系，例如从学习的方式可分为类比学习、分析学习等；从学习的主动性方面，可分为主动学习和被动学习；从训练过程启动的早晚，可分为迫切学习和惰性学习等。但是最常见的分类是监督学习和无监督学习，这是从训练样本的歧义性（Ambiguity）来进行分类的。

监督学习是对具有概念标记（分类）的训练样本进行学习，用有标签的数据作为最终学习目标，因为所有的标记是已知的，通常训练样本的歧义性低、学习效果好，但获取有标签数据的代价是较高的。监督学习希望根据标注特征从训练集数据中学习对象划分的规则，并应用此规则在测试集数据中预测结果，输出有标记的学习方式。因此，监督学习的根本目标是训练机器学习的泛化能力。它的典型算法有逻辑回归、多层感知机和卷积神经网络等。典型应用有回归分析和统计分类等。

无监督学习是对没有概念标记（分类）的训练样本进行学习，希望通过学习寻求数据间的内在模式和统计规律，从而发现训练样本集中的结构性知识。因为所有的标记（分类）是未知的，因此训练样本的歧义性高。无监督学习相当于自学习或自助式学习，便于利用更多的数据，同时可能会发现数据中存在更多模式的先验知识（有时会超过手工标注的模式信息），但学习效率较低。它的典型算法有自动编码器、受限玻尔兹曼机和深度置信网络等，典型应用有聚类和异常检测等。

监督学习和无监督学习都是通过建立数学模型为最优化问题进行求解，通常没有完美的解法。总之，机器学习就是计算机在算法的指导下，能够主动学习大量输入数据样本的数据结构和内在规律，给机器赋予一定的智慧，从而对新样本进行智能识别，甚至实现对未来的预测。

6.2　归纳学习

归纳学习是符号学习中研究最为广泛的一种方法。归纳是从特殊到一般的"泛化"过程，演绎则是从一般到特殊的"特化"过程。"从样例中学习"显然是一个归纳的过程，因此也称为"归纳学习"。归纳学习能够获得新的概念、创立新的规则、发现新的理论。本节将介绍归纳学习的基本概念、分类以及方法。

6.2.1　归纳学习的基本概念

归纳学习旨在从某个概念的一系列已知的正例和反例（即大量的经验数据）中，归纳出一个一般的概念描述。它是从事物的部分知识学习事物的整体知识、从个别事物的知识学习一类事物的知识的过程，是从特殊情况推导出一般规则的学习方法。归纳学习的目标是形成合理的、能解释已知事实和预见新事实的一般性结论。归纳学习由于依赖于经验数据，因此又称为经验学习（Empirical Learning），由于归纳依赖于数据间的相似性，所以也称为基于相似性的学习（Similarity Based Learning）。归纳学习的一般操作主要是泛化（Generalization）和特化（Specialization）。所谓泛化，是指扩展一个假设的语义信息，使之能够包含更多的正例，应用于更多的情况。与之相反的特化，是指缩小一个假设的语义信息，使之能够排除更多的反例，用于限制概念描述的应用范围。

在归纳学习中，对于所有可能实例构成的空间称为实例空间，所有可能的一般规则构成的空间称为规则空间。基于实例空间和规则空间的学习就是在规则空间中搜索要求的规则，并从实例空间中选出一些示教的例子，以便解决规则空间中某些规则的二义性问题。学习的过程就是完成实例空间和规则空间之间并行且协调的搜索，最终找到要求的规则。归纳学习的双空间模型如图 6-6 所示，其执行过程可以大致描述为：首先获取实例空间的一些初始样本，由于样本示例在形式上往往和规则不同，因此需要将这些例子解释为适合规则空间接收的形式；然后

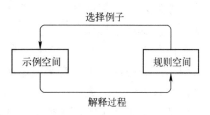

图 6-6　归纳学习的双空间模型

利用解释后的例子搜索规则空间，由于一般情况下不能一次就从规则空间中找到要求的规则，因此需要寻找和使用一些新的样本示例，这就是选择例子；程序会选择对搜索规则空间最有用的例子，对这些示教例子重复上述循环，如此循环多次，直到找到所要求的例子。在归纳学习中，常用的推理技术包括泛化、特化、转换等。

归纳学习试图从给定现象或它的一部分具体观察中推导出一个完整的、正确的描述。因此在上述归纳学习的双空间模型中，实例空间所要考虑的主要问题包括两个：一个是样本示例的质量，另一个是示例空间的搜索方法。解释样本示例的目的是从例子中提取用于搜索规则空间的信息，也就是把示教例子变换成易于进行符号归纳的形式。选择例子就是确定需要哪些新的例子和怎样得到这些例子。规则空间的目的就是规定表示规则的各种算符和术语，以描述和表示规则空间中的规则，与之相关的两个问题是对规则空间的要求和对规则空间的搜索方法。对规则空间的要求主要包括：规则空间应包含要求的规则；规则表示方法应该不仅适合归纳推理，还要与例子的表示一致。前者关系到能否学习到要求的归纳规则，后者影响归纳学习过程的难易程度。规则空间的搜索方法包括数据驱动的方法、规则驱动的方法和模型驱动的方法。数据驱动方法的优点是可以边接收数据边学习，缺点是对数据噪声敏感。模型驱动方法的优点是抗干扰性好，缺点是难以进行逐步学习。因此数据驱动的方法更适合逐步接受样本示例的学习过程。

归纳学习方法可以划分为单概念学习和多概念学习两类。其中，概念是指用某种描述语言表示的谓词，当应用于概念的正实例时，谓词为真；应用于概念的负实例时，谓词为假。从而概念谓词将实例空间划分为正、反两个子集。对于单概念学习，学习的目的是从概念空间（即规则空间）中寻找某个与实例空间一致的概念；对于多概念学习，学习的目的是从概念空间中找出若干概念描述，对于每个概念描述，实例空间中均有相应的空间与之对应，因此多概念学习可能会面对概念之间冲突的问题。

6.2.2　归纳学习的分类

归纳学习是研究最广的一种符号学习方法，它表示从例子设想出假设的过程。在进行归纳学习时，学习者从所提供的事实或观察到的假设进行归纳推理，获得某个概念。由于在进行归纳时，多数情况下不可能考查全部有关的示例，因而归纳出的理论不能绝对保证它的正确性，只能以某种程度相信它为真，这是归纳推理的一个重要特征。归纳推理是人们经常使用的一种推理方法，人们通过大量的实践总结出了多种归纳方法。归纳学习按其有无监督

指导可分为示例学习和观察与发现学习。前者属于有监督学习，后者属于无监督学习。

1．示例学习

示例学习（Learning from Examples）又称为实例学习或从例子中学习。它是通过从环境中取得若干与某概念有关的例子，经归纳得出一般性概念的一种学习方法。在这种学习方法中，外部环境提供的是一组例子（正例和反例），这些例子实际上是一组特殊的知识，每一个例子表达了仅适用于该例子的知识，示例学习就是要从这些特殊知识中归纳出适用于更大范围的一般性知识，它将覆盖所有的正例并排除所有反例。例如，如果用一批动物作为示例，并且告诉学习系统哪一个动物是猴子，哪一个动物不是，当示例足够多时，学习系统就能概括出关于猴子的概念模型，使自己能识别猴子，并且能把猴子与其他动物区别开来，这一学习过程就是示例学习。

示例学习的学习模型如图 6-7 所示，其学习过程如下：首先从示例空间（环境）中选择合适的训练示例，然后经解释归纳出一般性的知识，最后再从实例空间中选择更多的示例对它进行验证，直到得到可实用的知识为止。

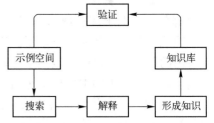

图 6-7　示例学习的学习模型

在图 6-7 中，示例空间是所有可对系统进行训练的示例集合。与示例空间有关的主要问题是示例的质量、数量以及它们在示例空间中的组织，其质量和数量将直接影响学习的质量，而示例的组织方式将影响学习的效率。搜索的作用是从示例空间中查找所需的示例。为了提高搜索的效率，需要设计合适的搜索算法，并把它与示例空间的组织进行统筹考虑。解释是从搜索到的示例中抽象出所需的有关信息供形成知识使用。当示例空间中的示例与知识的表示形式有较大差别时，需要将其转换为某种适合形成知识的过渡形式。形成知识是指把经解释得到的有关信息通过综合、归纳等形成一般性的知识，有关形成知识的方法，将在后文讨论。验证的作用是检验所形成的知识的正确性，为此需从实例空间中选择大量的示例。如果通过验证发现形成的知识不正确，则需进一步获得示例，对刚才形成的知识进行修正，再重复这一过程，直到形成正确的知识为止。

2．观察与发现学习

观察与发现学习（Learning from Observation and Discovery）是以系统的初始值为基础，从环境提供的观察数据中学习。一般来说这种学习比较复杂，除使用归纳外，还需要组合演义、类比和反绎推理。观察与发现学习分为观察学习和机器发现两种。前者用于对示例进行概念聚类，形成概念描述；后者用于发现规律，产生定律或规则。

概念聚类是观察学习研究中的一个重要技术，是由美国计算机科学家米卡尔斯基（R. S. Michalski）在 1980 年首先提出来的，其基本思想是把示例按一定的方式和准则进行分组，如划分为不同的类、不同的层次等，使不同的组代表不同的概念，并且对每一个组进行特征概括，得到一个概念的语义符号描述。概念聚类就是把观察的事物形成分类并建立相应分类体系的过程，可描述为：已知对象及其特征描述集合、背景知识（包括问题约束、特征的性质及评价聚类质量的准则）的情况下，求对象的分类体系。每类由一个表达式描述，任一类型的各子类的描述是逻辑上不相交的，分类体系应使聚类质量准则最优。

机器发现是指从观察的示例或经验数据中归纳出规律或规则，这是最困难且最富创造性的一种学习。它可分为经验发现与知识发现两种，前者是指从经验数据中发现规律和定律，后者是指从已观察的示例中发现新的知识。

归纳学习已经引起人们越来越多的关注，并取得了令人瞩目的进展，其应用范围正在不断扩大。

6.2.3 归纳学习的方法

1. 变型空间学习

变型空间学习法（Learning by Version Space）是 T. M. Mitchell 于 1977 年提出的一种数据驱动型的学习方法。该方法以整个规则空间为初始的假设规则集合 H。依据示例中的信息，系统对集合 H 进行一般化或特殊化处理，逐步缩小集合 H，最后使得 H 收缩到只含有要求的规则。由于被搜索的空间 H 逐渐缩小，故称为变型空间法。在规则空间中，表示规则的点与点之间存在着一种由一般到特殊的偏序关系，定义为覆盖。集合 H 由两个子集 G 和 S 限定，子集 G 中的元素表示 H 中最一般的概念，子集 S 中的元素表示 H 中最特殊的概念，集合 H 由 G、S 及 G 与 S 之间的元素构成，可表示为 H=G∪S∪{k|S<K<G}，式中"<"表示变型空间中的偏序关系。变型空间的排序关系如图 6-8 所示。

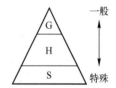

图 6-8　变型空间的排序关系

图 6-8 中最上面的一个点为初始 G 集，即一般的概念；初始集合 H 就是整个空间；最下面的点为初始 S 集，即示例。在搜索过程中，G 集不断缩小，逐渐下移，这个过程称为特殊化过程，S 集不断扩大，这个过程称为一般化过程。集合 H 逐步缩小，最后集合 H 收缩为只含有一个概念时，就发现了所要学习的概念。在变型空间中这种学习算法称为候选项删除算法。

在候选项删除算法中，把尚未被数据排除的假设称为可能假设，把所有可能假设构成的集合 H 称为变型空间。开始时，变型空间 H 包含所有的概念，随着向程序提供正例后，程序就从变型空间中删除候选概念。当变型空间仅包含有一个候选概念时，就找到了所要求的概念。该算法分为如下 4 个步骤。

1）把 H 初始化为整个规则空间。这时 G 仅包含空描述。S 包含所有最特殊的概念。实际上，为避免 S 集合过大，算法把 S 初始化为仅包含第一个正例。

2）接受一个新的示例。如果这个例子是正例，则从 G 中删除不包含新例的概念，然后修改 S 为由新正例和 S 原有元素同归纳出最特殊化的泛化，这个过程称为对集合 S 的修改过程。如果这个例子是反例，则从 S 中删去包含新例的概念，再对 G 做尽量小的特殊化，使之不包含新例，这个过程称为集合 G 的修改过程。

3）重复步骤 2），直到 G=S，且使这两个集合都只含有一个元素为止。

4）输出 H 中的概念（即输出 G 或 S）。

由于候选项删除算法中规则空间较大，因此在训练实例时，进行规则空间的盲目搜索是非常耗时的。这一缺点使得变型空间方法在实际系统中的使用中受到了限制。

2. 决策树学习

决策树学习是以示例学习为基础的归纳推理算法，着眼于从一组无次序、无规则的示例中推理出决策树表示形式的规则。1966 年，亨利（Hunt）等提出概念学习系统 CLS，这是早期的基于决策树的归纳学习系统。在 CLS 的决策树中，通过把样本示例从根节点排序到某个叶节点来对其进行分类。树上的每个内部节点（非叶节点）代表对一个属性取值的测试，其分支就代表测试的每个结果；而树的每个叶节点就代表一个分类的类别，树的最高层节点就是根节点。简单地说，决策树就是一个类似流程图的树形结构，采用自顶向下的递归方式，从树的根节点开始，在它的内部节点进行属性值的测试比较，然后按照给定示例的属性值确定对应的分枝，最后在决策树的叶节点得到结论。这个过程在以新的节点为根的子树上重复。图 6-9 所示是一棵决策树的示意结构描述。在图 6-9 上，每个非叶节点代表训练集数据的输入属性，Attribute Value 代表属性对应的值，叶节点代表目标类别属性的值。其中，树的中间节点通常用矩形表示，而叶节点常用椭圆表示，图中的"yes""no"分别代表示例集中的正例和反例。

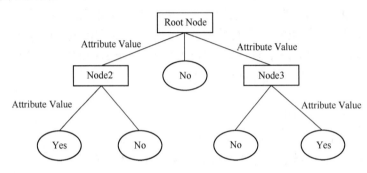

图 6-9　决策树的示意结构描述

1979 年，澳大利亚计算机科学家昆兰基于 CLS 系统提出了 ID3 算法，该算法不仅能方便表示概念的属性，而且能从大量示例数据中有效地生成相应的决策树模型，是国际上最有影响力的示例学习算法。ID3 算法核心是在决策树的各级节点上，使用信息增益方法作为属性选择标准，以帮助确定生成每个节点时所应采用的合适属性。这样就可以选择具有最高信息增益的属性作为当前节点的测试属性，以便使用该属性所划分获得的训练样本子集进行分类所需信息最小。在 ID3 算法分类问题中，每个实体用多个特征来描述，每个特征限于在一个离散集中取互斥的值。

ID3 算法递归地构建决策树的过程为：从根节点开始，对所有特征计算信息增益，选择信息增益最大的特征作为节点的特征，由该特征的不同取值建立子节点；再对子节点递归地调用以上方法构建决策树；直到所有特征的信息增益均很小或者没有特征可以选择为止，最后得到一个决策树。在算法中有如下 3 种情形导致递归返回。

1）当前节点包含的样本全属于同一类别，无须划分。

2）当前属性集为空，或是所有样本在所有属性上取值相同，无法划分。此时将所含样本最多的类别设置为该叶节点类别。

3）当前节点包含的样本集合为空，不能划分。此时将其父节点中样本最多的类别设置为该叶节点的类别。

实际上，能正确分类训练集的决策树不止一棵。ID3 算法能得出节点最小的决策树。在 ID3 算法的每一个循环过程中，都对训练集进行查询以确定属性的信息增益，然而此时的工作只是查询样本的子集而没有对其分类。为了避免访问全部数据集，ID3 算法采用了称为窗口（Windows）的方法，窗口随机性是从数据集中选择一个子集。采用该方法会大大加快构建决策树的速度。具体过程是：首先从训练集中随机选择一个窗口（既含正例又含反例的样本子集），并对当前窗口形成一棵决策树；其次，对训练集（窗口除外）中例子所得到的决策树进行类别判定，找出错判的例子。若存在错判的例子，把它们插入窗口，转到建树过程，否则停止。ID3 算法流程图如图 6-10 所示。

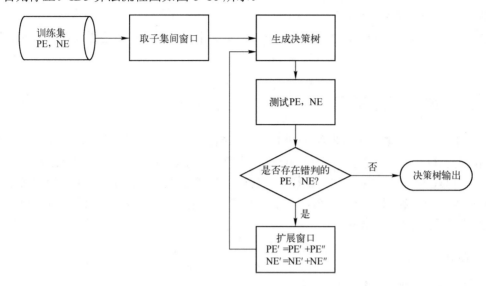

图 6-10　ID3 算法的流程图

其中 PE，NE 分别代表正例集和反例集，它们共同组成训练样本集。PE′，PE″和 NE′，NE″分别代表正例集和反例集的子集。算法每迭代循环一次，生成的决策树将会不同。

ID3 算法以一种从简单到复杂的爬山策略遍历这个假设空间，从空的树开始，然后逐步考虑更加复杂的假设。通过观察搜索空间和搜索策略可以发现，它存在优势的同时也有一些不足之处。具体的优、缺点总结如下。

ID3 算法的优点如下。

1）能够降低样例敏感性。ID3 算法在搜索的每一步都使用当前的所有训练样本，以信息增益的标准为基础决定怎样简化当前的假设。使用信息增益这一统计属性的一个优点是大大降低了对个别训练样例错误的敏感性。

2）分类和测试速度较快。ID3 算法采用自顶向下的搜索策略，搜索全部空间的一部分，确保所做的测试次数较少，分类速度较快。算法的计算时间与样本例子数、特征数、节点数三者之积呈线性关系。

3）容易得到分类规则。由于树型结构的分层效果，ID3 算法适合处理离散值样本数据，并且可以比较容易地提取到易于理解的 If-Then 分类规则。

ID3 算法的缺点如下。

1）存在局限性。ID3 算法在搜索中不进行回溯，每当在树的某一层选择了一个属性进行测试，它不会再回溯重新考虑这个选择。这样，算法容易收敛到局部最优答案，而不是全局最优答案。

2）缺乏一般性。由于信息增益的引入，ID3 会偏向选择子类别多的特征，但是子类别多的特征不一定是分类最优的特征。

3）成本造价高。ID3 算法是一种贪心算法，对于增量式学习任务来说，由于它不能增量地接受训练样例，使得每增加一次示例都必须抛弃原有的决策树，重新构造新的决策树，造成极大的开销。

4）ID3 算法对噪声较为敏感。

总的来说，ID3 算法由于理论清晰、方法简单、学习能力较强，适于处理大规模的学习问题。

6.3 人工神经网络学习

最近十多年来，人工神经网络的研究工作不断深入，已经取得了很大的进展，其在模式识别、智能机器人、自动控制、预测估计、生物、医学、经济等领域已成功地解决了许多现代计算机难以解决的实际问题，表现出了良好的智能特性。本节将对人工神经网络进行介绍，并重点介绍神经网络中应用最广泛的两个模型：基于反向传播网络的学习模型和基于 Hopfield 神经网络的学习模型。

6.3.1 简介

1. 人工神经网络的概念

"神经网络是由具有适应性的简单单元组成的广泛并行互联的网络，它的组织能够模拟生物神经系统对真实世界物体所做出的反应"。机器学习中的神经网络通常是指神经网络学习，或者说是机器学习与神经网络两个学科的交叉部分。人工神经网络这一名词，是相对于生物学中所说的生物神经网络系统而言的，人工神经网络提出的目的就在于用一定的简单数学模型来对生物神经网络结构进行描述，并在一定的算法指导前提下，使其能在某种程度上模拟生物神经网络所具有的智能行为，解决用传统算法所不能胜任的智能信息处理问题。它的研究是由试图模拟生物神经系统受启发而来的。生物神经系统的工作过程为：每个神经元通过轴突与其他相邻的神经元相连，当神经元受到刺激而"兴奋"时，就会向相连的神经云传递神经脉冲，从而改变这些神经元内的电位；如果神经元的电位超过一个阈值，那么它就会被激活，即"兴奋"起来，再向其他相连的神经元传递神经脉冲。

2. 人工神经网络的发展历程

人工神经网络的研究始于 1943 年，至今已经历了 70 多年的漫长历程，从诞生到现在几经兴衰。具体来说，大致可为以下 5 个阶段。

1）萌芽期：1943 年，由心理学家 W. S. McCulloch 和数学家 W. Pitts 所提出的 M-P 模型被公认为是神经网络研究的开创性成果。模型中用逻辑的数学工具把客观事件用形式神经元进行表达，这类似于连接权不做调整的阈值单元模型。1949 年，心理学家 D. O. Hebb 提出了神经元之间突触强度的调整规则假说，即著名的 Hebb 规则，它被认为是神经网络学习算法的里程碑。该规则至今仍在各种神经网络模型中起重要作用。这些成果是探索性的，但同时也是开创性的，许多成果至今仍对神经网络的理论研究有着重要影响。

2）第一次高潮：该时期的神经网络理论研究基本上确立了从系统的角度研究人工神经

网络的基础，1958 年，美国心理学家罗森布拉特（F. Rosenblatt）提出了单层感知器（Perceptron）模型及其学习规则，这是历史上第一个具有完整意义的神经网络模型，初步具备了神经网络的一些基本特征，单层感知机的成功标志着神经网络研究的第一次高潮期的到来。另外，由美国斯坦福大学电气工程教授威德罗（B. Widrow）和美国电气工程师霍夫（M. E. Hoff）所提出的自适应线性单元（Adaline）网络在自适应系统，如在自适应滤波、预测和模式识别等的研究中也得到了很好的结果。在该段时期，人们乐观地认为几乎已经找到了智能研究的关键。因此，人工神经网络的研究开始受到人们的重视，许多部门都开始大规模地投入此项研究，希望尽快占领神经网络研究的制高点，研究工作进入了初始的兴盛时期。

3）低谷期：该阶段由于以逻辑推理为基础的人工智能理论和 Von Neumann 型数字计算机正处于全盛的发展时期，掩盖了发展新型智能计算理论和新型智能技术的必要性，使人工神经网络理论研究步入了一个缓慢发展的低谷阶段，其标志是著名的人工智能学者、美国麻省理工学院的 M. Minsky 和 S. Papert 所著的 *Perceptron* 一书的出版，书中明确指出单层感知机不能解决非线性问题，多层网络的训练算法尚无希望。即便如此，在此期间所提出的自组织映射理论、自适应共振理论和神经认知机模型等都对以后的神经网络研究产生了重大的影响。

4）复兴期：该阶段的标志之一是美国加州理工学院的生物物理学家 J. J. Hopfield 于 1982 年和 1984 年发表在美国科学院院刊上的研究成果。1982 年，Hopfield 提出了循环网络，引入李雅普诺夫（Lyapunov）函数作为网络性能判定的能量函数，建立了神经网络稳定性的判别依据；阐明了神经网络与动力学的关系；指出用非线性动力学的方法来研究神经网络的特性，以及信息是被存放在网络中神经元的连接权上。1984 年，Hopfield 设计并实现了后来被人们称为 Hopfield 网络的电路。该神经网络被成功地用于解决一个著名的优化组合问题——旅行商问题，使其引起了全世界相关领域研究人员的广泛关注。该阶段的另一重要成果是美国心理学家鲁梅尔哈特（D. E. Rumelhart）和美国心理学家麦克莱兰（J. L. Mclelland）等人所在 PDP（并行分布处理）研究小组所提出的 BP（误差反向传播）学习算法。该算法较好解决了在多层神经网络学习训练过程中，中间隐含层各连接权重的调节方法问题，从而突破了 Minsky 等人所持悲观论点的前提条件，至今仍得到广泛的应用。

5）高潮期：自 Hopfield 神经网络模型和 BP 算法提出之后，很快掀起了人工神经网络研究的全球性热潮。在此期间，各种神经网络模型相继提出，其中著名的是 1988 年美国计算机科学家蔡少棠（L. O. Chua）提出的 CNN（细胞神经网络）模型；1984 年美国认知心理学家和计算机学家辛顿（Hinton）提出的 Boltzmann 机；美国计算心理学家格罗斯伯格（Grossberg）等人提出的 ART（自适应共振）理论；以及美国工程师阿不思（Albust）提出的 CMAC（小脑模型）网络等。同时还发展了各种学习算法，其应用已很快延伸到计算机图像处理、语音处理、优化计算、智能控制等领域，并取得了很大进展。

现在人工神经网络的研究正在转入高潮期的快速稳定发展阶段，在理论研究上正在进一步深入，并开发新的网络数理理论；在应用研究方面，进一步进行其软件模拟和硬件实现的研究，并迅速扩展其应用领域，取得了更广泛的成果。

3．人工神经网络的基本结构

人工神经网络是由大量处理单元经广泛互连而组成的人工网络，用来模拟脑神经系统的结构和功能，而这些处理单元称作人工神经元。人工神经网络可看成是以人工神经元为节点，用有向加权弧连接起来的有向图。在此有向图中，人工神经元就是对生物神经元的模拟，而有向弧则是"轴突—突触—树突"对的模拟。有向弧的权值表示相互连接的两个人工神经元间相互作用的强弱。人工神经元结构如图 6-11 所示。神经网络系统由能够处理人类大脑不同部分之间信息传递的并由大量神经元连接形成的拓扑结构组成，依赖于这些庞大的神经元数目和它们之间的联系。因此，一个典型的神经网络应该考虑以下 3 个基本要素。

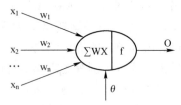

图 6-11　人工神经元结构

1）神经元的类型：神经元传输函数的类型，是线性的还是非线性的、是可以同时模拟电路实现的简单神经元还是必须用数字电路实现的复杂神经元。

2）网络拓扑结构：网络的结构是前馈型神经网络还是反馈型网络，网络的隐藏层数目、节点的数目是多少等。

3）学习规则：网络学习算法是有监督的学习还是无监督的自组织学习方式，或者是增强的学习规则。

6.3.2　基于反向传播网络的学习

1. BP 网络的定义

反向传播网络（Back Propagation，BP）是一种按误差反向传播的多层前馈网络，是目前应用最广泛的神经网络模型之一。它能学习和存储大量的输入、输出模式映射关系，而无须事前揭示描述这种映射关系的数学方程。BP 网络由输入层、隐藏层和输出层构成，每层由许多并行运算的简单神经元组成，网络的层与层之间的神经元采用全互连方式，同层神经元之间无相互连接，其结构如图 6-12 所示。

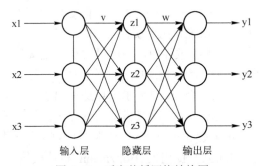

图 6-12　反向传播网络结构图

在 BP 网络拓扑结构中，输入节点与输出节点是由问题的本身决定的，关键在于隐藏层的层数与隐藏层节点的数目。对于隐藏层的层数，许多学者都做了理论的研究，著名的 Kolmogorov 定理证明了只要隐藏层节点足够多，含一个隐藏层的神经网络就能以任意精度逼近一个非线性函数。一般来说，隐藏层节点数的选取很困难，在实际操作中主要靠经验和试凑法。

2. BP 网络的原理分析

BP 网络的基本思想是把学习过程分为两个阶段：第一阶段（正向传播过程），给出输入信息通过输入层传入，经各隐藏层逐层处理并计算每个单元的实际输出值；第二阶段（反向传播过程），若在输出层未能得到期望的输出值，则逐层递归地计算实际输出与期望输出之间的差值（即误差），通过梯度下降法来修改权值，使得总误差函数达到最小。

以三层 BP 网络为例介绍算法思想，如图 6-12 所示。设网络的输入层、隐藏层和输出层节点数分别为 n、q、m，输入样本总数为 P，x_{pi} 表示第 p 个样本的第 i 个输入值，v_{ki} 表示输入层第 i 个节点到隐藏层第 k 个节点的权值，w_{jk} 为隐藏层第 k 个节点到输出层第 j 个节点的权值。为方便起见，把阈值写入连接权重，则隐藏层第 k 个节点的输出如下

$$z_{pk} = f(net_{pk}) = f\left(\sum_{i=0}^{n} v_{ki} x_{pi}\right) \qquad k = 0,1,\cdots,q \qquad (1)$$

输出层第 j 个节点的输出为

$$y_{pj} = f(net_{pj}) = f\left(\sum_{k=0}^{q} w_{jk} z_{pk}\right) \qquad j = 0,1,\cdots,m \qquad (2)$$

其中激励函数 f 选用标准的 Sigmoid 函数，表达形式如下

$$f(x) = \frac{1}{1 + e^{-x}}$$

其导数满足

$$f' = f(1-f)$$

定义全局误差函数为

$$E = \sum_{p=1}^{p} E_p = \frac{1}{2} \sum_{p=1}^{p} \sum_{j=1}^{m} (t_{pj} - y_{pj})^2 \qquad (3)$$

其中 E_p 为第 p 个样本的误差，t_{pj} 为理想输出，y_{pj} 已在式（2）给出，为第 j 个节点的实际输出。

根据梯度下降法推导如下的权值调整公式。

1）输出层权值的调整

$$\Delta w_{jk} = -\eta \frac{\partial E}{\partial w_{jk}} = \eta \sum_{p=1}^{P} \left(-\frac{\partial E}{\partial w_{jk}}\right) = \eta \sum_{p=1}^{P} \left(-\frac{\partial E}{\partial net_{pj}} \cdot \frac{\partial net_{pj}}{\partial w_{jk}}\right)$$

其中 η 为学习率，一般取值范围为 0.1~0.3。

定义误差信号如下

$$\delta_{pj} = -\frac{\partial E_p}{\partial net_{pj}} = -\frac{\partial E_p}{\partial y_{pj}} \cdot \frac{\partial y_{pj}}{\partial net_{pj}} \qquad (4)$$

其中第一项

$$\frac{\partial E_p}{\partial y_{pj}} = \frac{\partial}{\partial y_{pj}}\left[\frac{1}{2}\sum_{j}^{m}(t_{pj} - y_{pj})^2\right] = -(t_{pj} - y_{pj})$$

第二项

$$\frac{\partial y_{pj}}{\partial net_{pj}} = f'(net_{pj}) = y_{pj}(1 - y_{pj})$$

于是

$$\delta_{pj} = (t_{pj} - y_{pj}) \cdot y_{pj}(1 - y_{pj})$$

从而输出层各神经元的权值调整公式为

$$\Delta w_{jk} = \eta \sum_{p=1}^{p} \left[-\frac{\partial E_p}{\partial net_{pj}} \cdot \frac{\partial net_{pj}}{\partial w_{jk}} \right] = \eta \sum_{p=1}^{p} \delta_{pj} z_{pk} = \eta \sum_{p=1}^{p} (t_{pj} - y_{pj}) \cdot y_{pj}(1 - y_{pj}) \cdot z_{pk} \qquad (5)$$

2）隐藏层权值调整

$$\Delta v_{ki} = -\eta \frac{\partial E}{\partial v_{ki}} = \eta \sum_{p=1}^{p} \left(-\frac{\partial E_p}{\partial v_{ki}} \right) = \eta \sum_{p=1}^{p} \left(-\frac{\partial E_p}{\partial net_{pk}} \cdot \frac{\partial net_{pk}}{\partial v_{ki}} \right)$$

定义误差信号为

$$\delta_{pk} = -\frac{\partial E}{\partial net_{pk}} = -\frac{\partial E_p}{\partial z_{pk}} \cdot \frac{\partial z_{pk}}{\partial net_{pk}} \qquad (6)$$

其中

$$\frac{\partial E_p}{\partial z_{pk}} = \frac{\partial E_p}{\partial y_{pj}} \cdot \frac{\partial y_{pj}}{\partial net_{pj}} \cdot \frac{\partial net_{pj}}{\partial z_{pk}} = -\sum_{j=1}^{m} \delta_{pj} w_{jk}$$

$$\frac{\partial z_{pk}}{\partial net_{pk}} = f'(net_{pk}) = z_{pk}(1 - z_{pk})$$

于是

$$\delta_{pk} = \left(\sum_{j=1}^{m} \delta_{pj} w_{jk} \right) z_{pk}(1 - z_{pk})$$

从而隐藏层各神经元的权值调整公式为

$$\Delta v_{ki} = \eta \sum_{p=1}^{p} \left[-\frac{\partial E_p}{\partial net_{pk}} \cdot \frac{\partial net_{pk}}{\partial v_{ki}} \right] = \eta \sum_{p=1}^{p} \delta_{pk} x_{pi} = \eta \sum_{p=1}^{p} \left[\sum_{j=1}^{m} \delta_{pj} w_{jk} \right] z_{pk}(1 - z_{pk}) x_{pi} \qquad (7)$$

3．BP 算法的程序实现

BP 算法的流程图如图 6-13 所示。

BP 算法的具体步骤如下。

1）初始化：对权值矩阵 W、V 赋随机数，将样本模式计数器 p 和训练次数计数器 i 设置为 1，误差 E 设置为 0，学习率 η 设为 0～1 间的一个数，网络训练后达到的精度 E_{min} 设为一个较小正数。

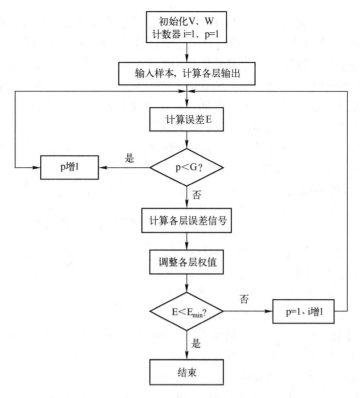

图 6-13　BP 算法流程图

2）输入训练样本对，根据公式（1）、（2）计算隐藏层和输出层的输出。

3）根据公式（3）计算网络输出误差。

4）检查是否对所有样本完成一次轮训。若 p<G，计数器 p 增加 1，返回步骤 2），否则转步骤 5。

5）根据公式（4）、（6）计算各层误差信号。

6）根据公式（5）、（7）调整各层权值。

7）检查网络总误差是否达到精度要求。若 $E<E_{min}$，训练结束，否则 p 置为 1、i 增加 1，并返回步骤 2）。

4．BP 算法的优缺点

BP 算法具有理论基础牢固、推导过程严谨、物理概念清晰和通用性好等优点。所以，它是目前用来训练多层前馈神经网络较好的算法。但同时 BP 算法也存在一些不足：①为了极小化总误差，学习率 η 应选得足够小，但是小的 η 学习过程将很慢；②大的 η 虽然可以加快学习速度，但又可能导致学习过程的振荡，从而达不到期望；③学习过程可能收敛于局部极小点或在误差函数的平稳段停止不前，所以 BP 算法是不完备的。

6.3.3　基于 Hopfield 神经网络的学习

1．Hopfield 神经网络的定义

Hopfield 神经网络（Hopfield Neural Network, HNN）开辟了人工神经网络研究的新途径，它主要采用模拟生物神经网络的记忆机理，用"能量函数"（也称为 Lyapunov 函数）来呈现人工神经网络的稳定过程，从而为证明网络运行的稳定性提供了可靠而简便的依据。在满足一定的条件下，"能量函数"的值随着网络的运行与迭代而不断地减少，最后趋于一个稳定状态。Hopfield 神经网络是一个非线性动力学系统，系统最终能够趋向于某个稳定的状态，称为状态空间中的不动点吸引子。Hopfield 神经网络是一种全连接反馈型神经网络，它的学习方式主要是 Hebb 规则，因此，它的收敛速度通常比较快。它有一个显著的优点，即它与电子电路具有明显的对应关系，这使得神经网络不仅有利于理解，更有利于硬件实现，为神经元网络计算机的研究奠定了基础。Hopfield 神经网络可用作分类或联想记忆等，其中最著名的用途就是最优化计算和联想记忆。

2. Hopfield 神经网络的模型

Hopfield 神经网络是一个有反馈的全连接型网络，其基本结构如图 6-14 所示。网络只有一个神经元层次，并且每个神经元的输出都连接其他神经元的输入，因此也称为单层全反馈网络。Hopfield 神经网络按照输入\输出变量的类型可以分为连续性和离散型两种，对应的神经元和系统

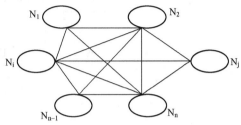

图 6-14　Hopfield 神经网络基本结构

的数学模型可以用微分方程（适用于连续型的 Hopfield 神经网络）和非线性差分方程（适用于离散型的 Hopfield 神经网络）来描述。

（1）离散 Hopfield 神经网络模型

1982 年，J. J. Hopfield 提出了离散 Hopfield 神经网络（Discrete Hopfield Neural Network，DHNN），离散 Hopfield 神经网络指的是其从时间上来说是一个离散的时间系统。图 6-15 中列举了一个具有 4 个神经元的离散 Hopfield 神经网络，其中，神经元 i、j 之间的连接权值用 w_{ij} 表示，z^{-1} 是单位时延算子。

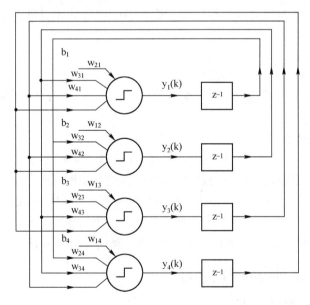

图 6-15　具有 4 个神经元的离散 Hopfield 神经网络

离散 Hopfield 神经网络的神经元所采用的激励函数是一种硬极限函数，多数情况下离

散 Hopfield 神经网络的自反馈值为 0，即 $w_{ij}=0$，这就意味着离散 Hopfield 神经网络是一个二值输出网络，因此，各神经元的状态只有抑制和激活两种。假设神经网络包含 n 个神经元，表示为 $N_1,N_2,\cdots,N_n$，此时，这些神经元既是输出神经元，又是输入神经元，此神经网络的状态转移特性函数分别用 $f_1,f_2,\cdots,f_n$ 表示，其中，$\theta_1,\theta_2,\cdots,\theta_n$ 表示反馈连接的阈值即门限值，离散 Hopfield 神经网络各节点的转移函数通常选取相同的函数，如选作 sgn(x) 则有

$$f_1 = f_2 = \cdots = f_n = sgn(x)$$

为了方便分析，其阈值可设置为相等且都为 0，即

$$\theta_0 = \theta_1 = \cdots = \theta_n = 0$$

在这个单层结构反馈网络中，网络的每个神经元都有一个状态值，所以能处理双极型离散数据，即二进制数据 {0, 1} 和输入为 {-1, +1} 的数据。网络中的各神经元节点全部是相互的双向连接。这种连接方式的特点是每个节点的输出值都有一部分反馈到本层的其他节点的输入中去，所以，这样的网络即使在没有外部输入的情况下，也可以达到稳定状态。也就是说，网络经过训练后，处于等待工作状态，给定网络一个初始输入 X 时，网络便从初始状态开始运行，此时可以得到一个输出值，这个输出值经过反馈回送到网络输入端，变成网络下一阶段的输入值，由这个新的输入值可得到新的输出值，依次类推循环下去，整个网络的运行过程就是上述过程的重复。如果网络是稳定的，则经过多次反馈运动之后，网络会达到一个不再变化的状态，这时的输出便是一个稳定的输出值，网络运行中的状态变化可以用如下公式表达

$$\begin{cases} x_j(0) = x_j \\ x_j(t+1) = f_j\left[\sum_{i=1}^{n} w_{ij}x_j(t) - \theta_j\right] = f_j[H_j(t)] \\ H_j(t) = \sum_{i=1}^{n} w_{ij}x_j(t) - \theta_j \end{cases}$$

离散 Hopfield 神经网络的运行方式可概括为如下两类。

1）同步并行运行方式：在任意时刻 t，全部或者部分神经元的状态在同一时刻均发生变化。

2）异步串行运行方式：在任意时刻 t，仅有神经元 i 的状态发生变化，其余神经元状态保持不变，

离散 Hopfield 神经网络是一种多输入、含有阈值的二值非线性动态系统。在动态系统中，平衡稳定状态可以理解为系统某种形式的能量函数在系统运行过程中，其能量不断减少，最后处于最小值。因此，离散 Hopfield 神经网络的稳定性可用网络的能量函数来分析，离散 Hopfield 神经网络的能量函数可以表示如下

$$E = \frac{1}{2}\sum_{i=1}^{n}\sum_{j=1}^{n} w_{ij}x_ix_j + \sum_{i=1}^{n} \theta_ix_i$$

用矩阵的形式可以表示为

$$E = \frac{1}{2}X^TWX + X^T\theta$$

由于 x_i、x_j 只能为±1，w_{ij} 和 θ_i(i,j=1,2,…,n)是有界的，因此，能量函数是有界的，即

$$|E| = \frac{1}{2}\sum_{i=1}^{n}\sum_{j=1}^{n}|w_{ij}||x_i||x_j| + \sum_{i=1}^{n}|\theta_i||x_i| = \frac{1}{2}\sum_{i=1}^{n}\sum_{j=1}^{n}|w_{ij}| + \sum_{i=1}^{n}|\theta_i|$$

从某一初始状态开始，每次迭代都能满足△E=E(t+1)−E(t)≤0，即网络的能量呈单调下降趋势，最终网络的状态一定会趋于一个稳定点。因此，经分析离散 Hopfield 神经网络是稳定的。

（2）连续 Hopfield 神经网络模型

1984 年，J. J. Hopfield 在离散 Hopfield 神经网络的基础上提出了连续 Hopfield 神经网络（Continuous Hopfield Neural Network，CHNN），连续 Hopfield 神经网络是以模拟信号作为神经网络的输入\输出值，各神经元采用并行的工作方式。Hopfield 用模拟电路来表示生物神经网络的工作原理，如图 6-16 所示为连续 Hopfield 神经网络模型。

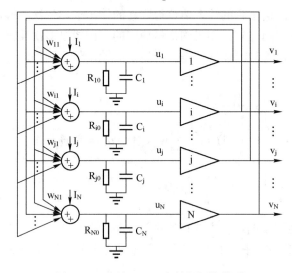

图 6-16　连续 Hopfield 神经网络模型

网络中的每个神经元都是由运算放大器、电容、电阻及相关的电路组成，任意运算放大器 i（即神经元 i）都有两组输入：第一组是运算器本身恒定的外部输入，用 I_i 表示，相当于放大器的输入电流；另一组是本层其余运算放大器的反馈输入，如网络中任意放大器 j。神经元 i、j 之间的连接权值用 w_{ij} 表示。u_i 表示神经元 i 的输入值，v_i 表示神经元 i 的输出值，则它们之间的关系可表示如下

$$v_i = f(u_i)$$

其中的激励函数采用的是双曲正切函数，它属于 Sigmoid 型函数，经变换后的公式如下

$$v_i = f(u_i) = \tanh\left(\frac{a_iu_i}{2}\right) = \frac{1-\exp(-a_iu_i)}{1+\exp(-a_iu_i)}$$

其中，a_i 是神经元 i 的增益，并且满足

$$\frac{a_i}{2} = \frac{df(u_i)}{du_i}\bigg|u_i = 0$$

连续 Hopfield 神经网络是一个非线性动力学系统，系统模型可以用非线性微分方程来表示，神经元的稳定输出值就是优化问题的解。在满足所需的约束条件的情况下，能量函数的能量随网络运行不断减少，最后趋于稳定状态。

能量函数公式描述如下

$$E = -\frac{1}{2}\sum_{i=1}^{N}\sum_{j=1}^{N}w_{ij}v_iv_j + \sum_{j=1}^{N}\frac{1}{R}\int_0^{v_j}\phi_j^{-1}(v)\,dv - \sum_{j=1}^{N}v_jI_j$$

求 E 对时间 t 的微分，得到网络的动态方程如下

$$\frac{dE}{dt} = -\sum_{j=1}^{N}\left(\sum_{i=1}^{N}w_{ij}v_i - \frac{v_j}{R_j} + I_j\right)\frac{dv_j}{dt}$$

连续 Hopfield 神经网络虽然对生物神经元模型做了较大的简化，但它仍能体现出生物神经网络系统的主要特性，具体特征如下。

1）具有时空的结合性。

2）其神经元遵循 I/O 变换，信号在输入\输出之间使用了 Sigmoid 函数。

3）具有动态和非线性等重要的计算特点。

4）各神经元间具有众多反馈连接。

6.4 深度学习

深度学习（Deep Learning）由 Hinton 等人于 2006 年提出，是机器学习领域中一个比较新的研究方向，它的概念源于人工神经网络的研究。它的核心思想在于模拟人脑的层级抽象结构，通过无监督的方式分析大规模数据，发掘大数据中蕴含的有价值的信息。本节将介绍深度学习的基础知识以及常用的模型（如卷积神经网络、深度置信网络、栈式自编码网络和递归神经网络等）。

6.4.1 简介

深度学习是机器学习中一种基于对数据进行表征学习的方法，它是含有多个隐藏层的多层感知器结构，其本质是特征提取，即通过组合低层特征形成更加抽象的高层，从而表示属性类别或特征，以发现数据的分布式特征表示。深度学习与传统的神经网络的相同点在于深度学习依然采用了类似神经网络的分层结构，系统是一个多层网络，包括输入层、隐藏层（多层）、输出层，只有相邻层节点之间有连接，同一层以及跨层节点之间相互无连接，每一层可以看作是一个逻辑回归模型，这种分层结构是比较接近人类大脑结构的。而两者的区别在于，为了克服神经网络训练中的问题，深度学习采用了与神经网络完全不同的训练机制。传统神经网络中，采用的是梯度下降方法来训练整个网络，即随机设定初值，计算当前网络的输出，然后根据当前输出和标签之间的误差去改变前面各层的参数，直到收敛。这样做带

来的缺陷是梯度越来越稀疏，会出现梯度扩散现象，并且从顶层越往下，误差校正信号越来越小。深度学习则采用"两步走"的方式学习各层的参数，即自下而上的非监督学习和自上而下的有监督学习。逐层训练的机制能够很好地解决上述问题。

（1）自下而上的非监督学习

自下而上的非监督学习就是从底层开始，一层一层地往顶层训练。采用无标定数据分层训练各层参数，这一步可以看作是一个无监督训练过程，这也是和传统神经网络区别最大的部分，可以看作是特征学习过程。具体来说，先用无标定数据训练第一层，训练时先学习第一层的参数，这层可以看作是得到一个使得输出和输入差别最小的三层神经网络的隐藏层，由于模型容量的限制以及稀疏性约束，使得到的模型能够学习到数据本身的结构，从而得到比输入更具有表示能力的特征；在学习到第 n-1 层后，将第 n-1 层的输出作为第 n 层的输入，训练第 n 层，由此分别得到各层的参数。

（2）自上而下的有监督学习

自上而下的有监督学习就是通过带标签的数据去训练，误差自上向下传输，对网络进行微调。基于第一步得到的各层参数进一步优化整个多层模型的参数，这一步是一个有监督训练过程。第一步类似神经网络的随机初始化初值过程，由于第一步不是随机初始化，而是通过学习输入数据的结构得到的，因而这个初值更接近全局最优，从而能够取得更好的效果。所以深度学习的良好效果在很大程度上归功于第一步的特征学习过程。

深度学习主要通过神经网络来模拟人的大脑的学习过程，希望实现对现实对象或数据（如图像、语音及文本等）的抽象表达，整合特征抽取和分类器到一个学习框架下。目前，深度学习在许多领域取得了广泛的关注，成为当今的研究热点。深度学习应大数据而生，给大数据提供了一个深度思考的大脑。近年来，微软、谷歌、IBM、Face book 和百度等拥有大数据的高科技公司相继投入大量资源进行深度学习技术研发，在语音图像识别、自然语言处理等领域取得显著进展。

6.4.2　深度学习经典模型

经过 10 多年的发展，深度学习在图像处理、语音识别、文本处理等领域得到了广泛应用。以卷积神经网络、深度置信网络、栈式自编码网络和递归神经网络为核心的深度学习模型特性逐渐形成。

1．卷积神经网络

卷积神经网络（Convolutional Neural Networks，CNNs）是一种有监督学习的深度模型。基本思想是在前层网络的不同位置共享特征映射的权重，利用空间相对关系减少参数数目以提高训练性能。CNNs 通过使用 3 种重要的结构特征：局部接受域、权值共享和子采样来保证输入信号的目标平移、放缩和扭曲在一定程度上的不变性。它的权值共享网结构与生物神经网络相似，降低了网络模型的复杂度，减少了权值的数量，因为这样的结构特点使其尤其适合大图像数据的机器学习，可以使数量庞大的图像识别问题不断降维。卷积神经网络主要由特征提取和分类器组成，特征提取包含多个卷积层和池化层，分类器一般使用一层或两层的全连接神经网络。卷积层具有局部接受域结构特征，池化层具有子采样结构特征，这两层都具有权值共享结构特征。卷积神经网络的结构示意图如图 6-17 所示。

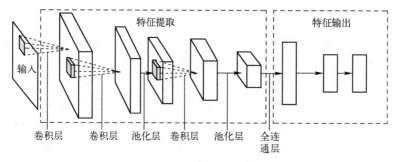

图 6-17　卷积神经网络的结构示意图

CNNs 是第一个真正成功地采用多层次结构网络的具有鲁棒性的深度学习方法。CNNs适应性强，善于挖掘数据局部特征，使得 CNNs 已经成为众多学科领域的研究热点之一，在模式识别中的各领域得到应用并取得了很好的结果。随着海量标记数据和 GPU 并行计算的发展，使得卷积神经网络研究也拥有了可观的发展前景。

2. 深度置信网络

深度置信网络（Deep Belief Networks，DBN）的基本结构单元是受限玻尔兹曼机（Restricted Boltzmann Machine，RBM）。受限玻尔兹曼机是玻尔兹曼机的一种变形，即去掉原始的玻尔兹曼机中可见节点之间及隐藏节点之间的连接，是一种基于能量的模型。受限玻尔兹曼机提供了无监督学习单层网络的方法，通过学习数据的概率密度分布提取抽象特征。一个深度置信网络模型可被视为由若干个 RBM 堆叠在一起，如图 6-18 所示，然后通过逐层训练 RBM，学习数据概率分布，提取多种概率特征。由于 RBM 可以通过对比离散度（Contrastive Divergence，CD）算法进行快速训练，因此，这一框架绕过了直接从整体上训练深度置信网络的高度复杂性，而将其化简为对多个 RBM 的训练问题。为了保证参数的质量，可以通过传统的全局学习算法（如反向传播、Wake-Sleep 算法）对网络进行微调。从而使模型收敛到一个局部最优点上。这样一方面解决了模型训练慢的问题，另一方面能够产生非常好的参数初始化值，从而也提升了最终参数的质量。

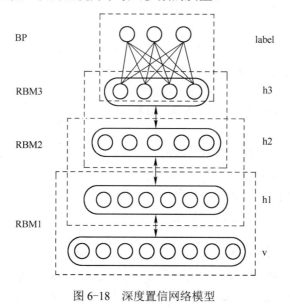

图 6-18　深度置信网络模型

3. 栈式自编码网络

栈式自编码网络的基本单元是自编码器（Auto-encoder，AE）。自编码器为单层网络结构，包括编码层（即信息从前向后传播）和解码层（即信息从后向前传播），通过编码—解码的方式复现输入信号。栈式自编码网络是累加自编码器，通过无监督贪婪逐层训练得到每层自编码器的权重，在每一层得到关于输入数据的另一种表达形式，这些不同的表示就是特征，在原有的特征基础上加入自动学习的特征可以提高学习能力，这是深度神经网络预训练的重要方法之一。在整个过程中，训练下一层的时候会保持上一层的参数不变，最后，在完成网络中参数的初始化后，需要对参数进行微调。

6.5 强化学习

强化学习（Reinforcement Learning，RL）是机器学习的一个重要分支，其本质是描述和解决智能体（Agent）在与环境的交互过程中学习策略以最大化回报或实现特定目标的问题。随着强化学习的数学基础研究取得突破性进展，强化学习成为机器学习领域研究的热点之一。本节将介绍强化学习的基本知识以及常用的模型。

6.5.1 简介

1. 强化学习的概念

强化学习又称为增强学习、加强学习、再励学习或激励学习，是一种从环境状态到行为映射的学习，目的是使动作从环境中获得的累积回报值最大。强化学习系统的基本框架主要由两部分组成，即环境和智能体。智能体可以通过传感器（Sensor）感知所处环境，并通过执行器（Actuator）对环境施加影响。从广义上讲，除该智能体之外，凡是与其交互的物体，都可以被称为环境。强化学习介于监督学习和无监督学习之间，与监督学习不同，强化学习并不告诉智能体如何产生正确的动作，它只对动作的好坏做出评价并根据反馈信号修正动作选择和策略，所以强化学习的回报函数所需的信息量更少，也更容易设计，适合用于解决较为复杂的决策问题。

在强化学习中，智能体选择一个动作 a 作用于环境，环境接收该动作后发生变化，同时产生一个强化信号（奖赏值 R）反馈给智能体，智能体再根据强化信号和环境的当前状态 s 再选择下一个动作，选择的原则是使收到奖赏值 R 的概率增大。强化学习的目的就是寻找一个最优策略，使得智能体在运行中所获得的累计期望回报最大。环境与智能体进行交互的基本框架如图 6-19 所示。

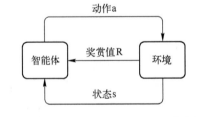

图 6-19 环境与智能体进行交互的基本框架

强化学习在人工智能、机器学习和自动控制等领域中得到广泛研究和应用，被认为是设计智能系统的核心技术之一。

2. 强化学习的发展历程

强化学习技术是从控制理论、统计学、心理学等相关学科发展而来的。最早可以追溯到巴甫洛夫的条件反射实验。1911 年美国心理学家索恩迪克（Thorndike）提出了效果律

（Law of Effect），一定情景下让动物感到舒服的行为，就会与此情景增强联系（强化），当此情景再现时，动物的这种行为也更容易再现；相反，让动物感觉不舒服的行为，会减弱与情景的联系，此情景再现时，此行为将很难再现。动物的试错学习，包含两个含义：选择和联系，对应计算上的搜索和记忆。

强化学习的研究发展可分为两个阶段。第一阶段是 20 世纪 50 年代至 60 年代，为强化学习的萌芽阶段。1954 年，美国认知和计算机科学家明斯基（Minsky）在他的博士论文中实现了计算上的试错学习，并首次提出"强化学习"术语。1953 年到 1957 年，美国应用数学家贝尔曼（Bellman）提出了求解最优控制问题的一个有效方法——动态规划，同年，还提出了最优控制问题的随机离散版本，就是著名的马尔科夫决策过程。1960 年美国斯坦福大学工程学院教授霍华德（Howard）提出马尔科夫决策过程的策略迭代方法，这些都成为现代强化学习的理论基础。但是由于 Farley 和 Clark 的兴趣从试错学习转向了泛化和模式识别，也就是从强化学习转向监督学习，这引起了几种学习方法之间的关系混乱，使得真正的试错学习在 20 世纪 60，70 年代研究得很少。

第二阶段是强化学习的发展阶段。直到 20 世纪 80 年代末、90 年代初强化学习技术才在人工智能、机器学习和自动控制等领域中得到广泛研究和应用。1988 年加拿大计算机科学家萨顿（Sutton）提出了 TD 算法，1989 年英国伦敦大学计算机系教授沃特金斯（Watkins）提出了 Q 学习算法，1994 年英国剑桥大学鲁默（Rummery）等人提出了 SARSA学习算法，强化学习最终被认为是设计智能系统的核心技术之一。

3．强化学习的特点

强化学习围绕着如何与环境交互学习、如何在行动与评价的环境中获得改进的行动方案，以适应环境达到预想的目标。学习者并不会被告知采取哪个动作，而只能通过尝试每个动作，获得环境对所采取动作的反馈信息，从而指导以后的行动。因此，强化学习主要特点包括以下几点。

1）试错搜索：智能体通过尝试多个动作，搜索最优策略。

2）延迟回报：其反馈信号是延迟的而非瞬间的。

3）适应性：智能体不断利用环境中的反馈信息来改善其性能。

4）不依赖外部监督信号：因为智能体只根据反馈信号进行学习，因此不需要外部监督信号。

6.5.2 强化学习的经典算法

很多强化学习问题基于的一个关键假设就是智能体与环境间的交互可以被看成是一个马尔科夫决策过程（Markov Decision Process，MDP），因此，强化学习的研究主要集中于对马尔科夫问题的处理。马尔科夫决策过程的本质是：当前状态向下一状态转移的概率和奖赏值的大小只取决于当前状态和选择的动作，而与历史状态和历史动作无关。马尔科夫决策过程是这样一个四元组：$\{S,A,R,P\}$，其中，S 表示环境的状态空间，A 表示可选择的动作空间，$a \in A$，s、$s' \in S$，$R(s,a)$ 为奖励函数，返回的值表示在状态下执行 a 动作的奖励，$P(s'|s,a)$ 表示状态转移概率函数，表示从 s 状态执行 a 动作后环境转移至 s'状态的概率。从广义上讲，强化学习是解决序贯决策问题的方法之一，将强化学习纳入马尔科夫决策过程的框架后，可以分为基于模型的动态规划方法和基于无模型的强化学习方法。

1. 基于模型的动态规划方法

动态规划方法是由 Bellman 方程转化而来，通过修正 Bellman 方程的规则，提高所期望值函数的近似值。常用算法有两种：策略迭代（Policy Iteration）算法和值迭代（Value Iteration）算法。策略迭代算法包含了一个策略评价的过程，而策略评价则需要扫描所有的状态若干次，其中巨大的计算量直接影响了策略迭代算法的效率。策略迭代算法的过程如下。

1）将某个随机策略作为初始策略。

2）交替进行策略评价和策略改进。

3）若满足收敛条件则退出，否则转向 2）。

为了解决策略迭代中收敛较慢的问题，提出了值迭代算法，值迭代是在保证算法收敛的情况下，缩短策略估计的过程，每次迭代只扫描每个状态一次。

动态规划方法通过反复扫描整个状态空间，对每个状态产生可能迁移的分布，然后利用每个状态的迁移分布，计算出更新值，并更新该状态的估计值，所以计算量会随状态变量数量增加而呈指数级增长，从而造成计算复杂度高的问题。

2. 基于无模型的强化学习方法

若学习算法不依赖环境建模，则称为无模型学习或称为与模型无关的学习（Model-free Learning）。与模型无关的强化学习是在不知道马尔科夫决策过程的情况下学习最优策略。与模型无关的策略学习主要有两种算法：蒙特卡洛采样方法、时序差分方法。而时序差分方法又包括 SARSA 和 Q-learning 两种算法。

（1）蒙特卡洛采样方法

蒙特卡洛采样（Monte Carlo，MC）方法是一种与模型无关的学习方法。通常情况下，马尔科夫决策过程是通过四元组{S, A, R, P}来做决策的，对于这种已知模型的情况，也就是知道了这个四元组，可以通过求解 Bellman 方程获得期望最大化。但是，在现实世界中无法同时知道这个四元组。比如状态转移概率 P 就很难知道，但是这个概率是真实存在的。可以直接去尝试，不断采样，然后会得到奖赏，通过奖赏来评价值函数。

（2）时序差分方法

时序差分（Temporal-Difference，TD）方法也是一种与模型无关的学习方法。它是蒙特卡洛思想与动态规划思想的结合。主要分为同策略的 SARSA 算法和异策略的 Q-learning 算法。在 SARSA 算法中，选择动作时遵循的策略和更新动作值函数时遵循的策略是相同的，均为 c-贪心策略。在 Q-learning 算法中，选择动作时遵循的策略是 c-贪心策略，但更新动作值函数时直接使用了最大的 $Q(S_{t+1},a)$。

6.6 本章小结

学习能力是人类智能的根本特征，人们通过学习来提高自己的能力。归纳学习能够获得新的概念、创立新的规则、发现新的结论。人工神经网络学习通过模拟人脑以及生物神经网络，以适应环境从而改变自身的学习能力。深度学习模拟大脑层级抽象结构，它应大数据而生，给大数据提供了一个可以深度思考的大脑。强化学习方法通过与环境的试探性交互来确定和优化动作序列，以实现序列决策任务。为了提高机器的智能水平，必须大力开展机器学习的研究。只有机器学习的研究取得进展，人工智能和知识工程才会取得重大突破。

6.7　思考与练习

（1）什么是学习和机器学习？为什么要研究机器学习？

（2）什么是归纳学习？有什么特点？

（3）决策树学习的主要学习算法步骤是什么？

（4）BP 网络原理是什么？

（5）什么是深度学习？常见的深度学习方法有哪些？

第7章 专 家 系 统

专家系统（Expert System，ES）是在 20 世纪 60 年代初期产生并发展起来的一门新兴的应用学科，它是一种在特定领域内具有专家水平解决问题能力的程序系统，属于人工智能的一个发展分支。它能够有效地运用专家多年积累的有效经验和专门知识，通过模拟专家的思维过程，解决只有专家才能解决的问题。本章将介绍专家系统的概述、设计与实现、开发工具与环境以及新型专家系统研究等内容，并结合实际案例加以分析。

7.1 专家系统概述

近三十年来人工智能获得了迅速的发展，在很多学科领域都获得了广泛应用，并取得了丰硕的成果。专家系统作为人工智能的一个重要分支，也正随着计算机技术的不断发展而日益完善和成熟。本节将介绍专家系统的基本概念、发展历程、基本结构及工作原理等。

7.1.1 专家系统的基本概念

1. 专家系统的定义

1982 年美国斯坦福大学教授费根鲍姆给出了专家系统的定义："专家系统是一种智能的计算机程序，这种程序使用知识与推理过程，求解那些只有专家才能解决的复杂问题。"因此可以将专家系统看作一种基于特定领域内大量知识与经验的计算机智能程序系统，它应用人工智能技术，根据领域内专家所提供的专业知识、经验进行推理与判断，模拟专家做决定的过程来解决那些需要专家解决的问题。由于专家系统的基本功能取决于它所含有的知识，因此，有时也把专家系统称为基于知识的系统（Knowledge-Based System）。

典型的专家系统主要由知识库和推理机等部分组成。建造一个专家系统的过程可以称为"知识工程"，它把软件工程的思想应用于设计基于知识的系统。由知识工程师通过知识获取手段，将领域专家解决特定领域问题的知识，采用某种知识表示方法编辑或自动生成某种特定表示形式，存放在知识库中；然后系统用户通过推理咨询，运用推理机构控制知识库及整个系统。从而使得专家系统能够像专家一样解决困难和复杂的实际问题。

2. 专家系统的类型

根据专家系统处理问题的类型，可以把专家系统分为如下几类。

1）诊断型专家系统（Expert System for Diagnosis）：根据对症状的观察分析，能够推导出产生症状的原因以及排除故障的方法。诊断型专家系统的特点为能够了解被诊断对象或客体各组成部分的特性以及它们之间的联系，并且从不确切信息中得出尽可能正确的诊断。具体应用有用于抗生素治疗的 MYCIN 和内科疾病诊断的 INTERNIST-I 等医疗诊断专家系统，用于太空站热力控制系统的故障检测与诊断系统等电子和机械诊断专家系统。

2）解释型专家系统（Expert System for Interpretation）：根据表层信息解释深层结构或内

部情况的一类系统。解释型专家系统的特点为能够处理大量不准确或不完全的数据，并从这些不完备的信息中得出解释，对数据做出某些假设。但是同时系统的推理过程可能很复杂和很长，因而要求系统具有对自身的推理过程做出解释的能力。具体应用有地质结构分析系统、物质化学结构分析系统、卫星图像（云图等）分析系统等。

3）预测型专家系统（Expert System for Prediction）：根据现状预测未来情况的一类系统。在预测型专家系统中，由于系统处理的数据随时间变化，而且可能是不准确和不完全的，因此系统需要有适应时间变化的动态模型，它的特点就是能够从不准确和不完全的信息中得出预报，并达到快速响应的要求。具体应用有气象预报、人口预测、农作物病虫害预报、经济形势预测等。

4）设计型专家系统（Expert System for Design）：根据给定的产品要求，计算出满足设计问题约束的目标配置。设计型专家系统的特点为能够分析各种子问题，并处理好子问题间的相互关系，最终从多方面的约束中得到符合要求的设计结果，并且所得的设计方案易于修改。但是在这个过程中系统需要检索的可能解空间会较大。具体应用有土木建筑工程设计、机械产品设计和计算机结构设计等。

5）规划型专家系统（Expert System for Planing）：根据给定目标，拟定总体规划和行动计划等的一类系统。规划型专家系统中所要规划的目标可能是动态的也可能是静态的，因而需要对未来动作做出预测。系统必须处理好各子目标间的关系和不确定的数据信息，并通过试验性动作得出可行规划。具体应用有自动程序设计、军事计划的制订、机器人规划和交通运输调度等。

6）教学型专家系统（Expert System for Instruction）：根据学生的特点和学习背景，以最适当的教案和教学方法将知识组织起来，对学生进行教学和辅导的一类系统。教学型专家系统的特点是同时具有诊断和调试等功能，并且具有良好的人机界面。具体应用有美国麻省理工学院的 MACSYMA 符号积分与定理证明系统、物理智能计算机辅助教学系统和聋哑人语言训练专家系统等。

7）监视型专家系统（Expert System for Monitoring）：对某类行为进行监测，并在发现异常情况时发出警报，必要时进行干预的一类系统。监视型专家系统应具有快速反应能力，在造成事故之前及时发出警报，并且系统发出的警报要有很高的准确性。具体应用有机场监视、森林监视以及核电站的安全监视等。

3. 专家系统的特点

专家系统与传统程序系统相比，有如下区别。

1）传统程序的编程思想是"数据结构+算法"，而专家系统是"知识+推理"。

2）传统程序中关于问题求解的知识隐含于程序中，而专家系统中的知识储存在知识库中，与推理机相分离。

3）传统程序的处理对象包括数值计算和数据处理，而专家系统除了这些还能对符号进行处理。

4）传统程序不具备解释功能，而专家系统必须有解释功能。

5）传统程序只能产生正确答案，而专家系统模拟人类思维，偶尔也会产生错误答案。

一般专家系统具有以下特点。

1）启发性。专家系统擅长符号处理和逻辑推理，特别适合解决自动计算、问诊和启发式推理等基于规则的问题。它不仅能利用定义严格的逻辑性知识，而且还能利用经验知识和启发性知识来完成工程设计任务。

2）透明性。所谓的透明性是指系统自身及其行为能被用户所理解，即专家系统能够解释本身的推理过程，并回答用户提出的问题，使得用户在对专家系统结构不了解的情况下，也可以进行相互交往。

3）灵活性。专家系统的知识库与推理机往往是相分离的，它们之间既有联系又相互独立。这使得系统可以不断接纳新的知识，并且对数据库进行增删改时比较灵活，因此对推理程序影响不大，从而保证了系统内知识不断完善，以满足商业和研究的需要。

7.1.2 专家系统的发展历程

专家系统是人工智能理论在实际领域中的应用，其良好的应用特性和效益引起了人工智能工作者和专家的不断研究，从而促进了专家系统的一系列发展。专家系统技术的产生及发展历经了以下 3 个主要时间阶段。

1. 萌芽阶段（1965～1971 年）

1957 年诞生了第一个自动定理证明程序，称为逻辑理论家，这促成了人工智能的研究重点开始从通用问题求解的推理模型转变为基于知识模型的领域内推理。美国斯坦福大学的费根鲍姆（E. A. Feigenbaum）教授在 1965 年首次发表了基于知识的专家系统（ES）的有关学术研究，开拓了专家系统研究的新领域。20 世纪 60 年代，人工智能研究进入了低潮期，斯坦福大学的技术专家们提出研究能够代替人类自动分析化学分子结构的计算机算法，也就是 1968 年问世的 DENDRAL 系统软件，这是人类历史上的第一个专家系统。DENDRAL 系统的出现标志着人工智能的发展已经进入了一个新的历史时期。随后麻省理工学院研制出的基于解决复杂微积分运算的 MACSYMA 系统，标志了专家系统的诞生，因此它们也合称为第一代专家系统。作为首个将大量专业知识与启发式程序结合的实用智能系统，它们将专业领域知识的建模提高到重要地位。第一代专家系统的出现彰显了知识组织对于实现人工智能高性能的重要意义，加速了把 AI 研究中的启发式程序和推理应用到基于知识的实际问题求解中的进程，使 AI 研究更具实用价值。同期，还有美国卡耐基梅隆大学开发的用于语音识别的专家系统 HEARSAY，该系统表明计算机在理论上可按编制的程序同用户进行交谈。20世纪 70 年代初，匹兹堡大学的鲍波尔和内科医生合作研制了第一个用于医疗的内科病诊断咨询系统 INTERNIST。这些系统的成功研制使得专家系统受到学术界及工程领域的广泛关注。

2. 基本成熟阶段（1972～1977 年）

这一阶段研究初步提出并应用了不精确推理、解释功能、人机接口等重要的专家系统技术，1977 年在 AI 联合会上对专家系统思想的总结以及知识工程概念的阐述，表明专家系统已基本成熟。与此同时一批卓有成效的专家系统也先后被研发出来。最具代表性的是肖特立夫等人于 1973 年开始研制的 MYCIN 系统，MYCIN 系统是有史以来首个功能完备的专家系统，是一个基于产生式规则的医学咨询系统，它首次提出并应用的概念和技术，对当今专家系统的研发依然有着重大的指导作用。1976 年开始研发的 PROSPECTOR 是由地质数据定位矿藏的咨询系统，它是第一个取得明显经济效益的专家系统，创造性地采用了语义网络知识表示方法并在推理中应用了似然推理技术。此外，斯坦福大学研制的 AM 系统以及

PUFF 系统也对专家系统的发展产生了较大的影响。AM 是一个用机器模拟人类归纳推理、抽象概念的专家系统，而 PUFF 是一个肺功能测试专家系统，经过对多个实例进行验证，成功率可以达到 93%。诸多专家系统的成功开发，标志着专家系统逐渐走向成熟。

3．进一步发展阶段（1978 年至今）

20 世纪 80 年代以来，在知识工程的推动下，涌现出了不少专家系统开发工具。如 EMYCIN、EXPERT 等骨架系统，它们只保留原系统中的知识表示框架和推理机制，用户只需填入领域知识即可快速产生一个新的专家系统，方便了专家系统的构建；知识自动获取技术则能够根据已有数据推理归纳出新规则并加入知识库。在知识库的管理中，为了能够管理多个层次的大量知识，数据库管理系统（DBMS）以及知识库管理系统（KBMS）等数据库管理技术扮演着越来越重要的角色，且对它们的研究正在逐渐深入。到了 20 世纪 80 年代中期，专家系统的开发趋于商品化，创造了巨大的经济效益。其中具有代表性的例子是美国数字设备公司（DEC）与卡耐基梅隆大学合作开发的 XCON-R1 专家系统，它用于辅助 DEC 的计算机系统的配置设计，每年为 DEC 节省数百万美元。

从 20 世纪 80 年代后期开始，计算机的运用越来越普及，与此同时对智能化的需求也越来越高。面向对象、神经网络和模糊技术等新技术的崛起，为专家系统的研究注入了新的活力。这些技术发展得十分成熟，并且成功地运用到了专家系统之中，因此专家系统得到了更广泛的运用，图 7-1 为专家系统研究方向示意图。

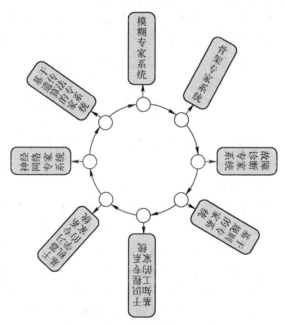

图 7-1　专家系统研究方向示意图

7.1.3　专家系统的基本结构及工作原理

1．专家系统的基本结构

专家系统的结构是指专家系统各组成部分的构造方法和组织形式。不同领域的专家系统，其功能和结构都不尽相同。专家系统一般由知识库、推理机、综合数据库、知识获取机构、解释机构和人机接口 6 个部分组成，其基本结构示意图如图 7-2 所示。

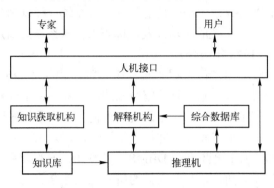

图 7-2 专家系统基本结构示意图

1）知识库：知识库是问题求解所需要的领域知识的集合，其中包括某领域专家的经验性知识、原理性知识、相关的事实、可行操作与规则等。知识的表示形式可以是多种多样的，包括框架表示法、规则表示法和语义网络表示法等。因此知识获取和知识表示是建立知识库的关键问题。知识库是专家系统的核心组成部分，知识库中知识的质量和数量决定着专家系统的质量水平。通常情况下，专家系统中的知识库与专家系统程序是相互独立的，用户可以通过完善知识库中的知识内容来提高专家系统的性能。

2）知识获取机构：知识获取机构的建立，实质上是设计一组程序，把求解问题需要的各种专业知识从人类专家的头脑中或其他知识源转换到知识库中，通过建立、修改和扩充知识库来维护知识的正确性、一致性和完整性。知识获取是专家系统知识库是否优越的关键，其可以是人工的，也可以采用半自动知识获取方法或采用自动知识获取方法。建立自动知识获取机制，可以实现专家系统的自动学习功能，不断地扩充和修改知识库中的内容。

3）综合数据库：综合数据库又称全局数据库或工作存储器等，是反映当前问题求解状态的集合。它用于存储领域或问题的初始数据（信息）、推理过程中得到的中间结果或状态以及系统的目标信息，包含了被处理对象的一些问题描述、假设条件、当前事实等。综合数据库中由各种事实、命题和关系组成的状态，既是推理机选用知识的依据，也是解释机构获得推理路径的来源。

4）推理机：推理机是专家系统中实现基于知识推理的部件，是专家系统中实施问题求解的核心执行机构。推理机可以依据一定的知识规则，完成从已有的事实推出结论的近似专家的思维过程，保证整个专家系统能够以逻辑方式协调地工作。推理机的程序与知识库的具体内容无关，即推理机和知识库是分离的，这是专家系统的重要特征之一。

5）解释机构：解释机构能够向用户解释专家系统的求解过程，包括解释推理结论的正确性以及系统输出其他候选解的原因，这是专家系统区别于其他软件系统的主要特征之一。解释机构实际上也是一组计算机程序，通常采用预置文本法和路径跟踪法。当用户有询问需求时，解释机构可以跟踪和记录推理过程，把解答通过人机交互接口输出给用户。解释机构涉及程序的透明性，它让用户理解程序正在做什么和为什么这样做，在很多情况下，解释机构是非常重要的。

6）人机接口：人机接口又称人机交互界面，是用户与专家系统之间的连接桥梁，它能够使系统与用户进行对话。通过该接口，用户能够输入必要的数据、提出问题和了解推理过程及推理结果。专家系统则通过接口，要求用户回答问题，并对用户提出的问题进行必要的解释。

2. 专家系统的工作原理

一般的专家系统是通过推理机、知识库和综合数据库的交互作用来求解领域问题的，大致过程如下。

1）根据目标用户的问题对知识库进行搜索，匹配与问题有关的知识。

2）根据搜索得到的知识和系统的控制策略，形成解决问题的途径，从而构成一个假设方案集。

3）对假设方案集进行排序，并挑选其中在某些准则下为最优的假设方案。

4）根据挑选的假设方案去求解具体问题。

5）如果该方案不能真正解决问题，则回溯到假设方案序列中的下一个假设方案，重复求解问题。

6）循环上述过程，直到问题已经解决或所有可能的求解方案都不能解决问题为止。

7.2　专家系统的设计与实现

专家系统是一个复杂的计算机智能软件，因此它的开发过程应该遵循一般的软件开发规范。但是因为其自身的特殊性，即基于知识的软件系统，所以开发过程又区别于一般的软件。本节将介绍专家系统设计的一般步骤，并对其中的需求分析、知识获取和系统设计进行详细的介绍。

7.2.1　专家系统的开发步骤

专家系统设计一般要求遵循以下基本原则。

1）知识库和推理机分离，这是设计专家系统的基本原则。

2）尽量使用统一的知识表示方法，以便于系统对知识进行统一的处理、解释和管理。

3）推理机应尽量简化，把启发性知识也尽可能地独立出来，这样既便于推理机的实现，同时也便于对问题的解释。

基于上述原则，专家系统的开发步骤一般为：需求分析、知识获取、知识的表示与描述、系统设计、编码调试、测试与评价、管理与维护，如图 7-3 所示。其中需求分析是专家系统建立的前提，需求分析做得好与坏是专家系统最终成功与否的关键之一；知识获取是开发过程中的一个重要环节，同时也是一个难关；知识的表示与描述已经在前面第 2 章介绍过了，需要根据不同的知识类型选择合适的知识表示方法；系统设计包括知识库设计和人机界面设计等，接下来将对上述环节进行详细的介绍。

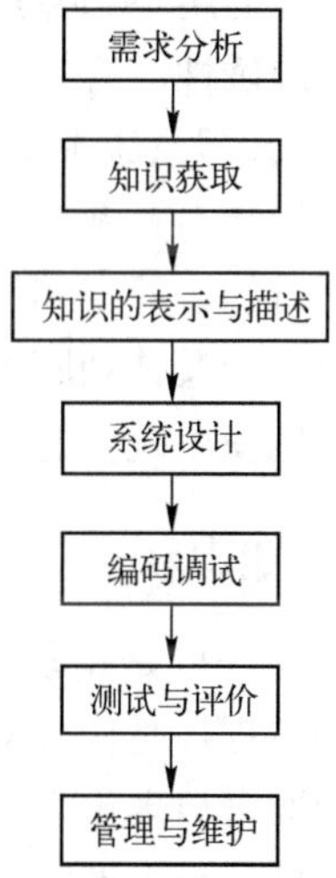

在通过编码进行功能的实现之后，需要进行测试与评价，其目的在于测试和评估整个

图 7-3　专家系统的开发步骤

系统的功能与性能，并进行必要的修改以达到在需求分析阶段确定的功能与性能指标。随着时间的推移，专家系统在实际运行的过程中将积累一些经验和知识，还会发现一些不足。因此要通过管理和维护对知识库的知识不断地进行增加与更新，以提高专家系统的适应性和问题求解能力。

7.2.2 需求分析

在进行构思和设计专家系统之前，首先必须弄清楚用户需要一个什么样的系统？要求具有什么功能？各项性能要求如何等问题。因此，需求分析做得好与坏是系统最终成功与否的一个关键。需求分析阶段的工作大致可分为3步：需求调查分析、撰写需求分析报告以及改写系统规格说明。

1．需求调查分析

知识分析师主要从以下几个方面进行需求调查。

1）建立该专家系统的目的是什么。

2）建立该专家系统的用途是什么。

3）该系统面向的对象是什么知识背景。

4）该系统功能的需求有哪些，它们的优先级顺序如何。

5）该系统的智能程度要求如何。

6）该系统的预算是多少。

2．撰写需求分析报告

知识工程师根据调查得到的信息，结合他们所掌握的关于知识处理的知识，将调查结果进行分析与综合，撰写需求分析报告，明确阐述该专家系统的功能和性能的要求。并且选择代表性的用户和专家召开评审会，对需求分析报告进行分析和评价，然后进行修改以提高内容的准确性。

3．改写系统规格说明

把需求分析报告改写成《系统规格说明书》，并做出"系统开发计划"。说明书的内容应包括目的、特定知识领域的范围、功能和性能需求、用户界面需求、安全需求和故障处理等。系统开发计划应该包括进度计划和预算计划等。需要注意的是，在系统规格说明中应该尽可能地使用统一建模语言，以保证将需求调查结果准确无异议地表达出来。

7.2.3 知识获取

知识获取是指从特定的知识源获取可能有用的求解问题的知识和经验，并将其转换为程序的过程，是构建知识库的基础。在具体领域问题中有两种知识：一种是明确的规范化知识，一般来自理论、书本或文献；另一种是启发式知识，即专家解决问题的经验，常具有某种主观性、随意性和模糊性，如何将这部分知识概念化、形式化，并提取出来是获取这部分知识的困难之处。知识获取的基本目标是为专家系统建立健全、完善、有效的知识库。其基本任务包括知识抽取、知识建模、知识转换、知识存储、知识检测以及知识库的重组等几个方面。

1）知识抽取是指把蕴含于信息源中的知识经过识别、理解、筛选、归纳等过程抽取出来，并存储于知识库中。

2）知识建模是指构建知识模型，主要包括 3 个阶段：知识识别、知识规范说明和知识精化。

3）知识转换是指把知识由一种表示形式变换为另一种表示形式。

4）知识存储是指把用适当模式表示的知识经编辑、编译送入知识库。

5）知识检测是指为了保证知识库的正确性，需要做好对知识的检测。

6）知识库的重组。对知识库中的知识重新进行组织，以提高系统的运行效率。

知识获取的方式主要有如下几种。

1）人工获取。通过知识工程师人工提取知识和经验。

2）半自动获取。利用知识编辑程序、数据挖掘程序和文本理解程序等，辅助抽取专家和书本中的知识与经验。

3）自动获取。利用机器学习中的方法，自动提取知识和经验。

知识获取过程是多个步骤相互连接、反复进行人机交互的过程。包括学习某个应用领域、建立目标数据集、数据预处理、数据转换、数据挖掘、发现知识和知识抽取等。在知识获取的过程中，得到的知识难免会有不一致或互相矛盾的情况发生，甚至即便是从一个专家抽取的知识，也可能出现前后矛盾。所以对获取的知识集合，必须认真做一次一致性检查，找出矛盾，然后请求专家给予排除。矛盾的结果有时可能是由于条件（或前提）没有列举全，有时可能是由于事物本身暴露不完全，从而显示出时而这样、时而那样的不确定状态。后者往往可以根据统计数据适当加权的办法把矛盾统一起来。当然如何解决矛盾主要还是应根据专家的指导意见，他们有着丰富的经验以及更多解决矛盾的实际办法。总之经过这一步后得到的领域知识的集合，应是互相无矛盾的、具有一致性的。

7.2.4 系统设计

这个阶段所要完成的任务是确定系统的体系结构，进行功能模块的划分，确定各功能模块之间的相互关系。程序结构的模块化设计是系统设计阶段的主要方法，先将整个程序分解为若干模块，每个模块又分解为若干个子模块，有的子模块还可进一步分解。明确各模块和子模块的功能及其入口和出口，以便不同的程序员明确分工，分别编写不同的模块和子模块。完成各模块间接口的具体设计，要求界面清晰、互相联系方便和高效。

根据各功能模块任务和性能的要求，完成各模块的具体方案设计，包括知识库设计、推理机设计和人机界面设计等。

1）知识库设计。知识库结构的设计就是为知识选择合适的表示形式。知识的组织形式一般为层次结构或网状结构，可以根据方便推理和运用的原则把得到的知识合理地组织起来。此外，知识库的设计还包括对知识库管理的设计，如知识的操作功能应该包括知识的添加、删除、修改、查询和统计等；知识的检查功能应包括知识的完整性、一致性、冗余性检查等。

2）推理机设计。推理机的设计在结构、层次上都应该与知识库相适应、相匹配，还要考虑推理采用的方式、方法和控制策略是否适合当前的专家系统。此外，解释机构的设计实现也很重要，它可以对推理进行跟踪，以保障推理的准确性。

3）人机界面设计。面向系统开发者和维护者的人机界面一般采用图形用户界面，该项技术已经达到了很高水平。面向一般用户的界面一般采用受限的自然语言的"人机对话"形式，还可以采用多媒体技术对人机界面进行设计实现。清晰的界面设计可以使用户获得快捷高效的体验感。

可以看出，专家系统开发过程是一个漫长的过程。其次，上述各开发阶段往往是不能独立的。例如，知识获取和表示与实现过程互相渗透，密切相关。在测试中知识工程师们可能要不断地修改系统的各个部分，也可能要不断地修改已获取的知识，进而有可能要重新形成规则，或需要重新设计知识表示方法，发现新概念或取消旧概念，甚至可能重新进行需求分析。

7.3 专家系统的开发工具与环境

专家系统的开发环境是以一种或多种工具和方法为核心，由若干计算机子程序或者模块组成的，因此专家系统工具也称为专家系统外壳或环境。一个优质专家系统的开发环境应该向用户提供多方面的支持，包括从系统分析、知识获取、程序设计到系统调试与维护的一条龙的服务。本节将介绍开发环境中的通用型知识表达语言、骨架系统以及组合型开发工具。

7.3.1 通用型知识表达语言

通用型知识表达语言比面向数据的高级程序语言有更强的符号处理和逻辑处理能力。早期比较流行的知识表达语言为 LISP 和 PROLOG。LISP 是面向符号和数据处理的语言，有一定的自学能力和智能性。在 LISP 语言中，可方便地表示知识和使用它设计各种推理控制策略。PROLOG 是一种用逻辑进行程序设计的语言，有很强的逻辑推理能力。但是它们的共同问题是运行速度慢、可移植性差、解决复杂问题的能力差。

为了解决用人工智能语言编程困难的问题，开发了知识表示语言。代表性的有 FRL、OPS5、KEE、OPS5、S.I 和 M.I 等，它们为知识表示提供了固定模式，应用很方便。只要这类语言中规定的知识表示模式适合于具体应用领域中的知识表示，则在构造专家系统时，就可以直接采用这种知识表示模式，从而节省编程工作量。知识表示语言是把基于规则的、对象的和过程的几种可应用于程序设计的模型，以不同方式结合起来的语言工具。因为通常一个领域内的实际问题，往往不是用单一知识表示模式和单一推理模式就能奏效的。

1）FRL（Frame Representation Language）是一种基于框架的程序设计语言，于 1977 年实现，其基础是 LISP 语言，所处理的对象只是唯一的框架。它被认为是一种基于知识的知识库管理系统语言，其特点是可在 LISP 环境中运行。因此，用户可借助 LISP 语言来完成 FRL 尚未提供的一些功能。

2）KEE（Knowledge Engineering Environment）是用框架表示，基于规则推理、LISP 语言、可交互作图等特点结合的一种混合型人工智能语言工具。是基于对象和基于规则的程序设计方法相结合的系统，可利用 LISP 提供的环境，最适用于基于对象的多特性求解模型。

3）OPS5（Official Production System）由产生式规则库、推理机和数据库组成，是美国卡耐基梅隆大学的麦可达莫特（J. McDermott）、纽厄尔（A. Newell）等人研制开发的一种通用知识表示语言。OPS5 的特点是将通用的表示和控制结合起来，提供了专家系统所需的基本机制，并不偏向于某些特定的问题求解策略和知识表示结构。

7.3.2　骨架系统

骨架系统是指在知识表达、推理和执行方式、解释机构及学习机构等方面形成的一个基本固定模式。专家系统开发者只要按照骨架系统的要求将某个特定领域知识装入这个框架中，即可构成一个专家系统，这样就大大缩短了专家系统的开发周期，使专家系统开发速度大大提高，经费大幅度下降。但是，一个完善的骨架系统只能用于与其相类似的特定领域的专家系统，有一定的专业领域的适用范围，使用局限性较大、灵活性差。

当利用骨架系统来开发专家系统时，主要的问题是如何选择一个适合特定领域的骨架系统。这也是利用骨架系统开发专家系统时的困难所在。它对开发者有两点要求：一是对需开发的特定专业领域的问题或者任务有明确的认识，例如包括哪些子问题，主要问题是什么，求解问题需要的知识类型和涉及的动态可变因素，专家对此问题的处理方法，难易程度及妨碍问题求解的情况等；二是对骨架系统的知识库结构和推理结构要有明确的了解。例如知识表示模式是否适合，专业知识的描述推理结构是否适合问题求解的逻辑结构，知识库与其他模块是否有良好接口等。这两者很好地结合就能开发出所需的专家系统。骨架系统按用途分 3 类，即基于规则的骨架系统、归纳型骨架系统和基于混合知识表示的骨架系统。

1．基于规则的骨架系统

基于规则的骨架系统的共性是采用"if then"的规则形式表示知识。这类代表性的骨架系统有 EMYCIN、KAS、VP-Expert 及 ZIP/E 等。EMYCIN 和 KAS 是早期（第一代）骨架系统。

1）EMYCIN（Essential，MYCIN）是美国斯坦福大学计算机系 W. V. Melle 等人用 INTERLISP 语言实现，并在 PDP-10 机和 VAX 机上运行的专家系统骨架系统，它主要适用于解释性专家系统的开发，特别适用于故障诊断这一类演绎问题。用 EMYCIN 开发的专家系统有 SACON（工艺结构分析）、DLANT/cdp（玉米虫害预测）、PUFF（肺病诊断）、BLUEBOX（精神病诊断）、LITHO（地下岩石标识）等。另外，有一些通用专家系统开发工具，如 M.I、PC、PCEST 及 S.I 等，也是根据 EMYCIN 的设计原理而设计的。

2）KAS（Knowledge，Acquisition System）是美国斯坦福研究院人工智能中心的 R. O. Duda 等人用 INTERLISP 语言实现，并在 PDP-10 和 VAX 机上运行的基本规则的居家系统。利用它可开发诊断型、预测型专家系统。KAS 和 EMYCIN 的最基本差别在于 KAS 更直接地依赖于用户主动输入的信息来筹划推理过程。KAS 还能做正、反向混合推理，这也是它与 EMYCIN 系统的主要区别。用 KAS 开发的专家系统有物理属性预测专家系统 CONPHYDE、空间飞机机型识别专家系统 AIRID 及美国田纳西州奥克里奇市国家试验室处理有害化学物质溢出的专家系统等。

3）VP-Expert 是美国 Paparback 软件公司于 1986 年推出的基于规则的骨架系统，可容纳 150～500 条规则，可在 286/386 微机上运行，适用于构造简单、小型预测型、决策诊断型专家系统。有 3 个窗口（会话显示窗口、推理搜索路径显示窗口、结论显示窗口）、有解释推理过程能力、有接口良好的连接功能、有文本编辑窗口、有自动生成咨询问题、有图形显示搜索路径、有数学函数浮点运算、有执行外部 DOS 文件功能等。VP-Expert 有较强的生命力。

4）ZIP/E 是浙江大学人工智能研究所开发的基于结构规则的骨架系统，它把全部规则分解成一组具有层次结构的规则集。它能运行于支持 C 语言的机种上，是面向 C 语言的骨架系统。它适用于开发较复杂的中、大型专家系统（超过 500 条规则），不适宜开发简单小型专家系统，与数据库、图形库、图形处理有良好接口，提供了与 FORTRAN PASCAL 语言的标准接口。

2. 归纳型骨架系统

归纳型骨架系统是从具有自学能力的专家系统中导出的骨架系统，能从大量实例中自动地归纳出一些新规则。目前这种商品化的归纳型骨架系统的应用仅限于商业、教育和银行等领域，处于发展阶段。但可以肯定的是，在工程设计与评估（如成本预测和方案评估）等方面将会有应用前景。典型的归纳型骨架系统有爱丁堡大学图灵学院 Mickie 博士于 1984 年开发的 Ist-class 系统，它用 PASCAL 和汇编语言写成，在 IBMPC/DOS 状态下运行。

3. 基于混合知识表示的骨架系统

基于混合知识表示的骨架系统是采用框架、面向对象或语义网络等技术混合起来表示系统中的知识而形成的骨架系统。它适用于开发各种大型复杂的专家系统，尤其适合于开发专家系统的骨架系统。

7.3.3 组合型开发工具

组合型开发工具是比骨架系统和通用知识表达语言的通用性更强的一类专家系统开发工具。其主要任务就是从一类任务中分离出知识工程所用技术，并构成描述这些技术的多种类型的推理机制和多种任务的知识库预构件，以及建立使用这些预购件的辅助设施，其突出的例子如 AGE、ADVISE、ESP/ADVISOR 等，其中 AGE 是最典型的组合型开发工具。

AGE 系统给知识工程师提供一些事先确定的所谓成分或称为制造块的模块，这些模块是 LISP 变量和函数的集合，AGE 的成分通过仔细地选择、定义和模块化编程可以形成各种组合。不同的组合可以构造出各种不同的问题求解系统。每个组合或配套本身就构成了一个骨架系统，利用这些骨架系统可以构造新的专家系统。这种系统可以帮助建造者选择结构、设计规则语言和使用各种构件，以成为一个完整的专家系统。AGE 是一种在一定新概念和新技术的基础上为用户提供一套设计、构造和测试多种类型专家系统的预构件系统。它与骨架系统不同，其目标是提供一种环境，用户在其中可以选择并制定多种知识表示和处理方式。其整个概念结构图如图 7-4 所示。

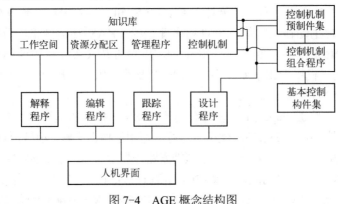

图 7-4　AGE 概念结构图

其中 AGE 包括 4 个如下主要的子系统。

1）设计子系统：在设计和建造适合于预先定义的框架系统方面给用户提供指导。

2）编辑子系统：帮助用户为每个构件输入控制信息和为知识源提供领域相关的信息。

3）解释子系统：执行用户的程序并提供各种查错的设施。

4）跟踪子系统：为用户程序的执行提供完整的跟踪。

7.4 新型专家系统研究

随着计算机技术的快速发展，专家系统在传统的基于规则的基础上，将各种模型综合运用，涌现了一些新型专家系统。下面将介绍分布式专家系统、协同式专家系统、神经网络专家系统和基于互联网的专家系统。

7.4.1 分布式专家系统

1. 基本原理及设计过程

分布式专家系统（Distributed Expert System，DES）是近年来人工智能领域非常活跃的分支之一。分布式专家系统具有分布处理的特征，是把一个专家系统的功能经分解后分布到各处理器上并行工作，从而减少问题求解的时间，提高系统的处理效率。与传统的专家系统相比，这类专家系统具有更强的可扩张性和灵活性。为了设计和实现一个分布式专家系统，需要考虑以下几个方面的问题。

1）功能分布：功能分布主要是把系统功能分解为若干个子任务，并将其分配到各处理器上，处理器除了要完成所分配子任务的推理求解之外，还需要与其他处理器进行通信。因此系统功能划分得越细致，处理器数量越多，每个处理器所要处理子任务的时间就越短，但是各节点之间通信的开销则会增加。因此，在对系统功能进行分解时，应该考虑粒度大小以及通信开销。

2）知识分布：在推理过程中用到的知识也要进行划分，并分配到各处理器的存储器中。值得注意的是，在确定知识的分布时为了避免更新时引起的知识不一致，要尽量减少知识的冗余，但同时也要考虑需要一定的知识冗余来减少远程访问所带来的开销。

3）接口设计：各部分间接口的设计要确保各部分之间相互通信和同步是容易进行的，在能保证完成总的任务的前提下，要尽可能使各部分之间互相独立，各部分之间联系越少越好。

4）系统结构：系统结构一方面依赖于应用的环境和性质，另一方面依赖于其所处的硬件环境。如果领域问题本身具有层次性，这时系统最适宜的结构是树形层次结构；如果中心和外围节点之间的关系不是上下级关系，这时系统可为星形结构。此外，系统结构还可以是环形结构、网状结构等。

5）驱动方式：系统中各任务模块以什么方式来驱动也是分布式专家系统设计中需要研究的一个问题。常见的驱动方式有：控制驱动、数据驱动、需求驱动和事件驱动。控制驱动是指当需要某模块工作时，就直接将控制转到该模块，或将它作为一个过程直接调用它，使它立即工作。这是最常用的一种驱动方式，实现方便，但并行性往往受到影响，因为被驱动模块是被动地等待驱动命令的，有时即使其运行条件已经具备，若无其他模块来驱动命令，它自身不能自动开始工作。为克服这个缺点，可采用数据驱动方式。数据驱动是指一个模块只要当它所需要的所有数据已经具备即可自行启动工作，然后把输出结果送到各自该去的模块，而不需要其他模块来明确地命令它工作。这种方式可以发掘可能的并行处理，从而达到高效运行的目的。需求驱动把对输出结果的要求和输入数据的齐备两个条件复合起来，作为最终驱动一个模块的先决条件，这样既可达到系统处理的并行性，又可避免产生许多暂时用不上的数据。事件驱动即当模块的相应事件集合中的所有事件都已经发生时，才能驱动该模块开始工作。

分布式专家系统可以工作在紧耦合的多处理器系统环境中，也可以工作在松耦合的计算机网络环境里。在对其进行设计时，如何使系统具有较好的并行性是一项既重要又困难的工作，也是设计好分布式专家系统的关键。

2．分布式专家系统的特点

根据上面的设计过程可以看出分布式专家系统主要有以下特点。

1）系统可以分别对不同数据来源的数据进行管理，并且系统的数据比较完整和准确，实用性较强。

2）系统开发工具多样化，开发环境与应用环境分离，使得开发完善过程与应用过程可以独立地进行。

3）可以同时完成多用户、多个并发请求的推理。

4）借助辅助数据库，对推理过程可以进行有效的控制与检测，并能整合推理结果，以多种形式反馈给用户。

7.4.2 协同式专家系统

1．基本原理及设计过程

协同式专家系统（Cooperative Expert System，CES）也称为群专家系统，是能够综合若干个相近领域或一个领域的多个方面知识的专家系统，通过多个子专家系统间的互相协作共同解决一个领域问题。一个或多个专家系统的输出可能成为另一个专家系统的输入，有些专家系统的输出还可以作为反馈信息输入到自身或其先辈系统中去，经过迭代求得某种"稳定"状态。在现实世界中，依靠多个专家系统的协同工作来求解一个复杂问题的需求是常见的。在设计和实现一个协同式专家系统时，需要考虑以下几个方面的问题。

1）任务的分解。根据领域知识，将确定的总任务合理地划分为若干个子任务（各子任务间允许有一定的重叠），每个子任务对应一个子专家系统。

2）公共知识的导出。一般把各子任务所需知识的公共部分分离出来形成一个公共知识库，供各子专家系统共享。同时，每个专家系统都有自己私有的知识。因此，专家系统必须具备把共享性知识及其他专家系统的私有性知识转化为自己的私有性知识的能力，如果所有的专家系统采用统一的知识表示方式，知识共享的效率会高很多。

3）"讨论"平台。通常将设在内存的一个可供各子专家系统随机存取的存储区，作为各子专家系统进行讨论的园地。

4）系统结构。系统结构可以分为 3 种。①主从式，即整个系统有一个主专家系统和若干个子专家系统。主专家系统负责把任务分配给子专家系统，并综合或裁决各子专家系统的局部解，得出全局解。②层次式，即把系统分为若干层，越是在上层的专家系统，负责更宏观的管理与控制任务，而由最下层的专家系统求出局部解。③网络式，根据专家系统协同求解的"与""或"关系，把系统表示为以子专家系统为节点的与或图。

5）裁决问题。所谓裁决问题是指如何由多个子专家系统来决定某个问题。其解决办法与问题的性质有关。若为选择性问题，可采用表决法，即少数服从多数的方法；若为评分性问题，则可采用加权平均法等办法；若为互补性问题，则可采用互相配合的方法，对局部解进行简单的并操作，即可作为全局解。

6）协同方式。协同方式常用的有 3 种。①多专家系统规划法，即先设计一个规划专家系统，由它进行整体规划，形成一个多专家系统的问题解决方案。它描述了各子专家系统应采取的行动和目标，然后分配任务，最后把局部解综合为全局解。②功能化有效协同法，即各子专家系统根据各自的功能需求与有关的专家系统交换部分结果，并最终生成一个全局解。③谈判法，各子专家系统把自己的局部解公布出去，按照事先设计的谈判协议，对相关的局部解进行裁决等综合处理后，得到全局解。

7）驱动方式。这个问题与分布式专家系统中所采用的驱动方式基本上是一样的。在分布式专家系统中介绍的驱动方式对协同式专家系统同样可用。

协同式专家系统与分布式专家系统有一些共性，它们都会涉及多个子专家系统。但是，分布式专家系统强调的是处理的分布和知识的分布，它要求系统必须在多个处理机上运行；而协同式专家系统强调的是子系统之间的协同合作，各子专家系统可以在同一个处理机上运行。

2．协同式专家系统的特点

协同式专家系统作为一种新型专家系统，其特点如下。

1）将总任务合理地分解为几个子任务，分别由几个子专家系统来完成。

2）把解决各子任务所需要知识的公共部分提炼出来形成一个公共知识库，供各子专家系统共享。而子专家系统中专用的知识，则存放在各自的专用知识库中。

3）为了统一协调解决问题，有一个供各子专家系统讨论交流的平台。

目前将分布式专家系统与协同式专家系统相结合，提出了一种分布协同式专家系统。分布协同式专家系统是指逻辑上或物理上分布在不同处理节点上的若干专家系统协同求解问题的系统，现实中，有很多复杂的任务需要一个群体（一些专家）来协同解决问题，当单个专家系统难以有效地求解问题时，使用分布协同式专家系统求解是一个有效的途径。

7.4.3　神经网络专家系统

1．基本原理和设计过程

神经网络专家系统是将神经网络与传统专家系统相结合所得到的一种新型专家系统。在神经网络专家系统中，用大量神经元的互连以及对各连接权值分布来表示特定的概念或知识。在知识获取的过程中，它只要求专家提出范例及相应的解就能通过特定的学习算法对样本进行学习，通过网络内部自适应算法不断修改连接权值分布以达到要求，并把专家求解实际问题的启发式知识分布到网络的互连及权值分布上。对于特定的输入模式，神经网络通过前向计算，产生输出模式，其中各输出节点代表的逻辑概念同时被计算出来，特定解释是通过输出节点和信号本身的比较得到的，在这个过程中其余的解同时被排除，这就是神经网络并行的基本原理。在神经网络中，允许输入偏离学习样本，只要输入模式接近于某一学习样本的输入模式，输出也会接近于学习样本的输出模式，这种性质使得神经网络专家系统具有联想记忆的能力。神经网络专家系统的基本结构如图 7-5 所示。

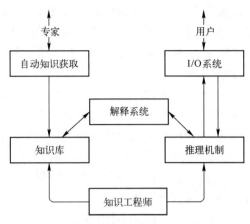

图 7-5　神经网络专家系统的基本结构

其中自动知识获取模块研究如何获取专家知识；推理机制模块提出使用知识去解决问题的方法；解释系统模块用于说明专家系统是根据什么推理思路做出决策的；I/O 系统模块是用户界面，它提出问题并获得结果。那么传统专家系统和神经网络专家系统是如何有机地结合在一起的呢？

神经网络专家系统的设计过程主要也是考虑三个方面，即知识表示、知识获取和推理机制。

1）知识表示是人工智能和知识工程的基本技术，是对客观世界的形式化描述。目前，广泛应用的知识表示形式如产生式规则、语义网络、谓词逻辑与框架等，虽然采用不同的结构和组织形式描述知识，但都是将知识变成计算机可以存储的形式存入知识库，当推理机需要时，再根据匹配算法到知识库中进行搜索。当知识规则很多时，这种表示和管理方式的复杂性较高、效率较低。而基于神经网络的知识表示方法则是通过学习建立知识库，通过学习程序即可获得相关的知识规则，因此知识库的组织和管理更加容易，并且通用性强。

神经网络表示知识在客观上奠定了联合使用专家系统的知识交流。因为在传统的专家系统中，且不说不同领域，即使是相近领域甚至同一领域，知识的表示也存在着一定的差异。另外由于对已开发的许多专家系统所积累起来的丰富的领域知识，要加以充分利用，在知识库的共享上就要做大量的工作。由于传统的专家系统是依据匹配算法在知识库中进行搜索，因此很难组织和管理各专家系统的知识库，更谈不上知识的相互补充与交流。

2）知识获取是人工智能和知识工程中的技术难题。专家系统建造者（领域专家、知识工程师等）以及专家系统自身的问题被公认为专家系统建造的一个"瓶颈"。在传统的专家系统中，知识获取的任务通常是由知识工程师与专家系统中的知识获取机构共同完成的，知识工程师负责从领域专家那里获取知识，并用合适的模式把知识表示出来；而在专家系统中的知识获取机构则负责把知识转化成计算机可存储的内部形式，然后把它存入知识库。其过程为：抽取知识→知识的转换→知识的输入→知识的检测。而在神经网络中，是通过学习训练来实现知识的获取的。在神经网络中使用神经网络学习算法，通过组织对待训练的学习样本的学习，作用于神经网络的特定结构，得到介于输入和输出之间不同网络层上的不同隐节点的所需权值分布，从而完成知识的获取，同时知识库可以不断创新，因为神经网络在其旧的知识库的基础上对新样本学习后，可以获得更多知识与经验的神经网络参数分布。这一点非常有利于联合使用专家系统，因为各专家系统不仅可以从领域专家获取知识，还可以从其他的专家系统中获取所需知识，从而实现专家系统和知识库的知识共享。

3）推理机制。传统的专家系统所采用的正向、反向和双向推理等推理方法，由于推理的复杂性使其速度很慢，并且这些方法是基于逻辑的匹配算法，很难适用于专家系统对大型复杂问题的求解。与此不同，神经网络专家系统的推理机为数值计算过程，主要由3部分组成，分别为输入逻辑概念到输入模式的变换、网络内的前向计算和输出模式解释。

在神经网络专家系统中，可以采用神经网络算法，实现通过学习获取知识的知识表示体系及不确定推理机制。这基本上解决了联合专家系统的协同问题，使得任务的分配、推理的协同和结果的总结有机地结合起来，从而使联合专家系统发挥了专家组的集体能力。

2. 神经网络专家系统的特点

神经网络专家系统不仅具备传统专家系统的特点，而且自身拥有独特优势，神经网络专家系统的特点如下。

1）神经元网络知识库体现在神经元之间的连接强度（权值）上。它是分布式存储的，适合于并行处理。一个节点的信息是由多个与它连接的神经元的输入信息以及连接强度合成的。

2）推理机基于神经元件信息处理过程。它是以 M-P 模型为基础的，采用数值计算方法，这样对于实际问题的输入输出，都要转化成为数值形式。

3）神经元网络有成熟的学习算法，学习算法与所采用的模型有关。通过反复的学习，可以逐步修正权值，使之适合于给定的样本。

4）容错性好，由于信息是分布式存储的，在个别单元即使出错或出现丢失信息的现象，单元的总体计算结果可能并不改变，这和人在丢失部分信息后仍有对事物有正确辨别能力是一样的。

7.4.4 基于互联网的专家系统

传统专家系统主要面向人与单机进行交互，一般是通过客户端/服务器网络结构在局域网内进行交互。随着互联网技术的发展，互联网逐步成为大多数软件用户的交互接口，软件逐步走向网络化，主要体现在互联网服务上。专家系统的发展也离不开这个趋势，它的用户界面也逐步向互联网靠拢，此外专家系统的知识库和推理机也都逐步和互联网接口建立了交互。基于互联网的专家系统是集成传统专家系统和互联网数据交互的新型技术。知识工程师和普通用户通过浏览器可访问专家系统应用服务器，将问题传递给互联网推理机，然后互联网推理机通过后台数据库和知识库进行存取来推导出一些结论，最后将这些结论反馈给用户。这种组合技术可以简化复杂决策分析的应用，通过内部网将解决方案传递到工作人员手中，或通过互联网将解决方案传递到客户和供应商手中。因此，系统主要由浏览器、应用逻辑层和数据层3层网络结构组成。基于互联网的专家系统的基本结构如图7-6所示。

根据互联网和专家系统的连接技术的不同，专家系统的实现模型也有所不同。下面介绍两种最常见的基于互联网的专家系统的开发技术。

（1）ASP 技术

ASP 是 Microsoft 开发的动态网页语言。基于 ASP 技术的专家系统的基本结构如图 7-7 所示。

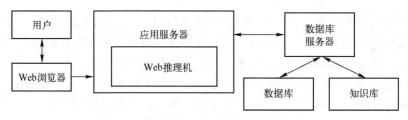

图 7-6　基于互联网的专家系统的基本结构

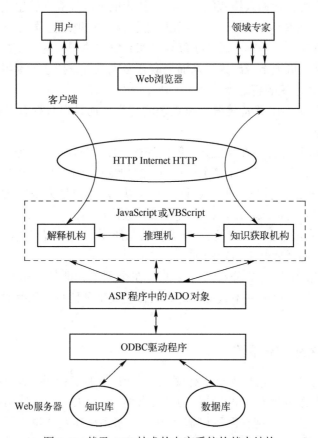

图 7-7　基于 ASP 技术的专家系统的基本结构

专家系统中的用户界面设计成 HTML 格式,利用动态交互、动态生成以及 ActiveX 控件技术,并内嵌 ASP 程序,实现与远程服务器专家系统的连接。专家系统的推理机和知识获取机构可分别设计成 JavaScript 或 VBScript 脚本程序。互联网浏览器用作专家系统的接口界面,用户和领域专家分别通过互联网浏览器以 HTML 网页形式与专家系统的推理机和知识获取机构进行交互。专家系统的知识库用数据库保存,并且 ASP 提供了数据访问组件(ADO),通过 ADO 组件与数据库交互,可以实现与任何 ODBC 兼容数据库或 OLEDB 数据源的高性能连接。所以推理机和知识获取机构可利用 ASP 中的 ADO 组件通过开放数据库连接 ODBC 访问专家系统的知识库。ASP 的执行与用户浏览器无关,它所使用的脚本语言均在 Web 服务器端执行,结果以标准 HTML 返回给浏览器,从而返回给用户。它的源程序也不会被传到客户浏览器,提高了程序的安全性。但是与此同时 ASP 不具有跨平台性。

（2）PHP 技术

基于 PHP 技术的专家系统的基本结构如图 7-8 所示。

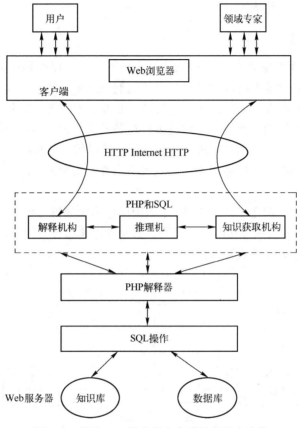

图 7-8　基于 PHP 技术的专家系统的基本结构

用户可以在 HTML 中嵌入 PHP 来编写互联网页面，专家系统的推理机可采用 PHP 和
SQL 语言来实现。由于 PHP 支持面向对象的编程方法和多态性，所以采用面向对象的推理
方法。其推理可以从这 3 个方面进行：消息传递推理、继承推理、方法推理、并且其结构和
C++相似，所以编程非常方便。解释机构和知识获取机构也设计成 PHP 脚本，脚本程序运
行在服务器端，与用户浏览器无关。与 ASP 一样，专家系统的知识库也用数据库保存，因
为 PHP 支持的数据库极其广泛，所以可直接与 MySQL、Access 等直接连接（如 PHP 通过
MySQL 提供的 API 与 MySQL 数据库连接）。所以推理机和知识获取机构可利用 SQL 操作
对数据库进行修改、维护等。当访问者浏览到某页面时，服务器会首先对页面中的 PHP 命
令进行处理，然后把处理后的结果连同 HTML 内容一起传送到浏览器。与 ASP 不同，PHP
是一种源代码开放程序，拥有很好的跨平台兼容性。但是 PHP 的技术体系无法将表示层与
业务层分离，因此不适合分布式应用体系。

7.5　案例分析

随着人工智能应用技术的日渐成熟，专家系统的应用领域也不断扩大。自 1965 年第一

个专家系统 Dendral 在美国斯坦福大学问世以来，经过多年的发展，各种专家系统已经遍布各个专业领域。目前专家系统得到了更广泛的应用，并在应用开发中得到进一步的发展。下面介绍一些专家系统的应用实例。

7.5.1 医学专家系统

建立医学专家系统要求将专家的知识转换为机器处理，原型系统方法是医学专家系统实现的重要开发方法，其早期阶段的目标是迅速发展最终系统的模型、获得所有任务的初步方案，后期进行测试和扩充，通过增加更多细节逐步发展和完善，直到逼近最终系统，满足用户要求。原型系统方法的优点有：①增进用户与开发人员的沟通；②用户在系统开发过程中起主导作用；③辨认动态的用户需求；④启迪衍生式的用户需求；⑤缩短开发周期，降低开发风险。由于专家系统分析层面难度大、技术层面难度相对较小，因此，原型系统方法是最为适宜的开发方法之一。

专家系统最成功的实例之一，是 1976 年美国斯坦福大学肖特列夫（Shortliff）开发的医学专家系统 MYCIN，系统用 LISP 语言编写。其基本结构如图 7-9 所示，这个系统后来被知识工程师视为"专家系统的设计规范"。

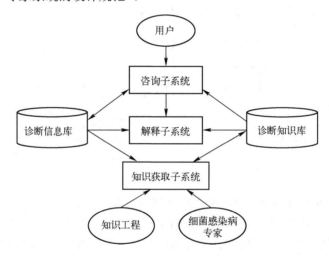

图 7-9 MYCIN 系统的基本结构

MYCIN 主要用于协助医生诊断脑膜炎一类的细菌感染疾病。在 MYCIN 知识库里，大约存放着 450 条判别规则和 1000 条关于细菌感染方面的医学知识，可以识别 51 种病菌，能正确处理 23 种抗生素。它可以一边与用户进行对话，一边进行推理诊断，其咨询过程如图 7-10 所示。

图 7-10 MYCIN 系统的咨询过程

在 MYCIN 系统中，对于领域知识的表示通常采用产生式规则，如"IF（打喷嚏）OR（鼻塞）OR（咳嗽），THEN（有感冒症状）"。对于临床参数采用三元组进行表示，形如

"三元组{上下文树、属性、值}"。临床数据可以是单值、是非值和多值，MYCIN 系统中有 65 个临床参数，按照其相对应的上下文分类。MYCIN 系统中的推理策略采用的是反向推理和深度优先的搜索策略。一般通过两个子程序 MONITOR 和 FINDOUT 完成整个咨询和推理过程。

1）MONITOR：分析规则的前提条件是否满足，以决定拒绝该规则还是采用该规则，并将每次鉴定一个前提后的结果记录在动态数据库中。

2）FINDOUT：检查 MONITOR 所需要的参数，它可能已在动态数据库中获取，也可以通过用户提问获取。

治疗方案的选择也采用产生式规则，如 "IF 细菌的特征是 PSEUDOMONAS，THEN 建议在下列药物中选择治疗"。在选择用药配方时，应该考虑该药物对细菌治疗的有效性、是否过期和副作用等。MYCIN 系统中知识获取的过程如下。

1）告诉专家新建立规则的名字（规则序号）。

2）逐条获取前提，并从英文翻译成 LISP 表达。

3）逐条获取结论动作，也从英文翻译为 LISP 表达。

4）用 LISP-ENGLISH 子程序将规则翻译成英文，显示给专家。

5）提问专家是否同意这条翻译的规则；如果规则不正确，专家进行修改并回到步骤 4）。

6）检查新规则与其他旧规则之间的矛盾。

7）如果有必要，可调用辅助分类规则对新规则进行分类。

8）把规则加入 LOOKHEAD 表。

9）把规则加入 CONTAIED-IN 表、UPDATED-BY 表。

10）告诉专家系统新规则已是规则库中的一部分了。

7.5.2 动物识别专家系统

动物识别专家系统是专家系统中比较流行的模型，它也用产生式规则来表示知识，共 15 条规则、可以识别 7 种动物，这些规则既简洁又易懂，可以对它们进行改造，也可以加进新的规则，还可以用识别其他动物的新规则来取代这些规则。

动物识别专家系统从本质上讲就是用于对动物进行分析和分类的系统，它接受一组已知的事实，然后得出相应的结论。以下是本系统设计时用到的 15 条规则。

规则 I_1：如果该动物有毛发，那么它是哺乳动物。

规则 I_2：如果该动物能产乳，那么它是哺乳动物。

规则 I_3：如果该动物有羽毛，那么它是鸟类动物。

规则 I_4：如果该动物能飞行，并且它能生蛋，那么它是鸟类动物。

规则 I_5：如果该动物是哺乳动物，并且它吃肉，那么它是食肉动物。

规则 I_6：如果该动物是哺乳动物，它长有爪子和利齿，并且它眼睛前视，那么它是食肉动物。

规则 I_7：如果该动物是哺乳动物，并且它长有蹄，那么它是有蹄动物。

规则 I_8：如果该动物是哺乳动物，并且它反刍，那么它是有蹄动物。

规则 I_9：如果该动物是食肉动物，它的颜色是黄褐色，并且它有深色的斑点，那么它是猎豹。

规则 I_{10}：如果该动物是食肉动物，它的颜色是黄褐色的，并且它有褐色条纹，那么它是老虎。

规则 I_{11}：如果该动物是有蹄动物，它有长腿、长颈，它的颜色是黄褐色的，并且它有深色的斑点，那么它是长颈鹿。

规则 I_{12}：如果该动物是有蹄动物，它的颜色是白的，并且它的条纹是黑的，那么它是斑马。

规则 I_{13}：如果该动物是鸟类，它不会飞，它有长颈、长腿，并且它的颜色是黑色和白色相杂，那么它是鸵鸟。

规则 I_{14}：如果该动物是鸟类，它不能飞行，能游水，并且它的颜色是黑色和白色，那么它是企鹅。

规则 I_{15}：如果该动物是鸟类，并且它善于飞行，那么它是海燕。

根据推理机正向的控制策略，可以得到如图 7-11 所示的推理流程图。从图 7-11 中可以发现实现正向推理的过程也就是根据满足的规则不断更新数据库，其返回条件有两个。一个是可以判断如果产生的事实不是新事实，还能产生新的事实；另一个是产生的事实为新事实，把其结论加入到数据库，记下规则后返回。当再也无新的事实时，整个推理过程结束，这就是整个推理流程。

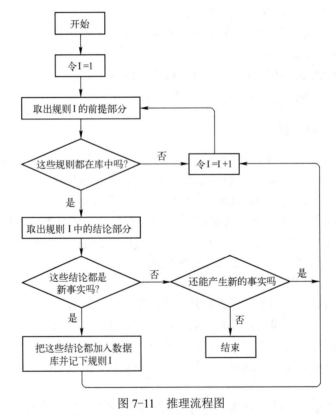

图 7-11　推理流程图

7.5.3　探矿专家系统

地址领域具有代表性的专家系统是 PROSPECTOR 探矿专家系统，1979 年在美国研制成功。PROSPECTOR 系统的总体结构图如图 7-12 所示，对其各部分的解释如下。

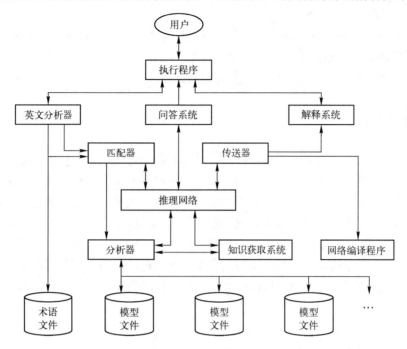

图 7-12　PROSPECTOR 系统的总体结构图

1）模型文件（模型知识库）：12 个模型文件，表达成推理规则网络，共有 1100 多条规则。规则的前提是地质勘探数据，结论的前提是推理得出的地质假设，如矿床分类、含量、分布等。

2）术语文件（术语知识库）：有 400 种地质名字、地质年代和在语义网络中用的其他术语。

3）分析器：将模型文件转换成系统内部的推理网络。

4）推理网络：具有层次结构的与/或树，将勘探数据和有关地质假设联系起来，进行从顶到底的逐级推理，上一级的结论作为下一级的证据，直到结论可由勘探数据直接证实的端节点为止。

5）匹配器：用于语义网络匹配。

6）传送器：用于修正推理网络中模型空间状态变化的概率值。

7）英文分析器：对用户以简单的英文陈述句输入的信息进行分析，并变换到语义网络上。

8）问答系统：检查推理网络的推理过程及模型的运行情况，用户可以随时对系统进行查询，系统也可以对用户提出问题，要求提供勘探证据。

9）网络编译程序：通过钻井定位模型，根据推理结果，编制钻井井位选择方案，输出图像信息。

10）解释系统：对用户解释有关结论和断言的推理过程、步骤和依据。

11）知识获取系统：获取专家知识，增加、删除、修改推理网络。

PROSPECTOR 系统的功能是评价勘探结果、评测勘探矿区和编制井位计划等。该系统的推理网络是一个矿床模型经编码而成的网络，把探区证据和一些重要地质假设连接成一个有向图，推理方法如下。

1）似然推理。根据贝叶斯原理的概率关系进行推理，用"似然率"表示规则的强度。

2）逻辑推理。基于布尔逻辑关系的推理。

3）上、下文推理。基于上、下文语义关系的推理。

7.6　本章小结

专家系统是一类具有专门知识和经验的计算机智能程序系统，通过对人类专家问题求解能力的建模，采用人工智能中的知识表示和知识推理技术来模拟通常由专家才能解决的复杂问题，达到具有与专家同等的解决问题的能力。本章首先讨论了专家系统的基本概念、发展历程和基本结构。然后介绍了专家系统的设计与实现，以及其开发的工具和环境。随着互联网应用的快速发展，专家系统在传统的、基于规则的基础上，涌现出一些新型专家系统。本章还简要介绍了分布式专家系统、协同式专家系统、神经网络专家系统以及基于互联网的专家系统。最后介绍了 3 个不同领域的代表性应用实例医学专家系统、动物识别系统以及探矿专家系统。

7.7　思考与练习

（1）什么叫专家系统？它具有哪些特点？

（2）专家系统的基本结构包括什么？阐述每一部分的功能。

（3）建造专家系统的原则有哪些？

（4）专家系统知识获取的步骤有哪些？

（5）什么是分布式专家系统和协同式专家系统？

（6）简述医学专家系统的信息路径和推理过程。

第8章 智能体与多智能体系统

多智能体系统是当今人工智能中的前沿学科，是分布式人工智能研究的一个重要分支，其目标是将大的复杂系统（软硬件系统）建造成小的、彼此相互通信及协调的、易于管理的系统。智能体的智能特性表现为能够进行高级问题求解、可随环境变化修改自己的目标、学习知识并提高能力。目前针对各种应用领域，出现了各式各样的智能体。本章将介绍智能体、多智能体系统和移动智能体的基本概念、结构、分类以及相关应用。

8.1 智能体与多智能体系统概述

随着计算机网络和信息技术的发展，智能体技术得到了广泛应用。多智能体系统不仅具备自身的问题求解能力和行为目标，而且能够通过相互协作来达到共同的整体目标。因此，能够解决现实中广泛存在的复杂的大规模问题。本节将介绍智能体与多智能体系统的基本概念以及其特点。

8.1.1 智能体与多智能系统的基本概念

1. 智能体

智能体也称主体、智能代理等，在计算机和人工智能领域中，智能体可以看作是一个自动执行的实体，这个实体可以是智能软件、智能设备、智能机器人、智能计算机系统或者人类。它通过传感器感知环境，通过效应器作用于环境，智能体与环境的交互作用如图 8-1 所示。智能体的概念最初由美国认知和计算机科学家明斯基（Minsky）于 1986 年在其《思维的社会》一书中正式提出，而事实上追溯起来，早在 1956 年的达特茅斯会议上美国计算机科学家麦卡锡（McCarthy）提出"人工智能"概念之后，智能体的思想就开始萌芽了，之后就有人把

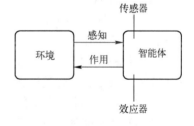

图 8-1 智能体与环境的交互作用

基于智能体的计算模型应用到复杂系统的研究中。例如美国密歇根大学教授科恩（Cohen）、美国政治学家马奇（March）、挪威政治学家奥尔森（Olsen）早在 1972 年就曾用多个智能体计算模型来研究组织选择问题；1978 年，美国经济学家谢林（Schelling）就曾用简单的计算机模型模拟了人口迁移问题。

关于智能体的定义，基于不同的研究背景和领域，迄今学界仍莫衷一是，这从国内学者对智能体的翻译即可见一斑。普遍认为，智能体是人工智能和对象实体相结合的产物，能够自主连续地在可动态变化、存在其他智能体的环境中运行，并可与环境进行交互的实体。广义地讲，智能体是具有自主性、社会能力（交互性）和反应特征的计算机软/硬件系统。

2．多智能体系统

20 世纪 80 年代后期，随着《分布式人工智能》和《分布式人工智能教程》的出版，分布式人工智能领域开始显著扩张，建立在博弈论和经济学概念之上的自私智能体交互的研究也逐步兴盛起来。随着协作型和自私型智能体研究的交融，分布式人工智能逐渐演变并最终有了一个包罗万象的新名字——多智能体系统（Multi-Agent Systems，MAS）。

多智能体系统是研究复杂性学科的具体方法之一，主要研究自主的智能体之间行为的协调，为了各自不同的目标或系统整体共同目标，共享有关问题和求解方法的知识，协作进行问题求解。多智能体技术是人工智能技术的一次质的飞跃。首先，通过智能体之间的通信，可以开发新的规划或求解分体的方法，用以处理不完全、不确定的知识；其次，通过智能体之间的协作，不仅改善了每个智能体的基本能力，而且可从智能体的交互中进一步理解社会行为；最后，可以用模块化风格来组织系统。如果说模拟人是单智能体的目标，那么模拟人类社会则是多智能体系统的最终目标。随着计算机技术的发展和不同学科专家的参与，多智能体系统与复杂性学科、认知学科等科学交叉融合，被广泛应用于决策支持、复杂系统模拟仿真等领域。

8.1.2 智能体与多智能系统的特点

1．智能体的特点

智能体的抽象模型是具有传感器和效应器，以及处于某一环境中的实体。它通过传感器感知环境；通过效应器作用于环境；它能运用自己所拥有的知识进行问题求解；它还能与其他智能体进行信息交流并协同工作。因此智能体作为一个能够感知外界环境并且具有自主行为能力的、以实现其设计目标的计算系统，应该具有如下几种特点。

1）反应性：智能体处于一定的环境中，它能够感知环境，并对环境的变化及时做出反应以满足其目标。

2）主动性：智能体不但能够简单地对环境做出反应，而且能够主动发动某种动作行为，执行某个操作，以满足它们的设计目标。

3）自治性：智能体具有一些属于其自身的内部状态，在这些状态的基础上，智能体无须依靠人或其他智能体的干预，自主地决定其自身行为。

4）社会性：智能体具有与其他智能体或人进行合作的能力，不同的智能体可根据各自的意图与其他智能体进行交互，以满足它们的设计目标。

5）进化性：智能体能积累或学习经验和知识，并修改自己的行为以适应新环境。

2．多智能体系统的特点

多智能体系统是一个协调式的系统，也是一个集成系统。采用大规模的分布式控制，不会因为个别智能体之间的通信故障，而影响整个多智能体系统的运行，因而具有更好的灵活性和可扩展性。例如，现在的互联网就是一个多智能体系统，不会因为某些路由器的损坏，而影响网络的通信。这种分布式控制的方式与集中式控制相比，具有更强的鲁棒性。每个智能体都有独立的决策、计算能力以及独立的通信能力，例如自动泊车、运输规划、分布式控制和交通仿真等。但是自身的感知能力又是有限的，只能根据局部邻居的信息做出判断。例如，用一组机器人完成某个地方的地面情况勘察，每个机器人通过自身携带的传感器获取自己周围地面的信息，然后把这些信息进行融合，于是这一组机器人获得地面信息比单个机器人获得的地面信息全面。

此外，多智能体系统技术打破了目前知识工程领域的一个限制，即仅使用一个专家，因此不同领域的专家系统、同一领域不同的专家系统可以协作求解单一专家系统难以解决的问题，从而完成大的复杂系统的作业任务。多智能体技术在表达实际系统时，通过各智能体间的通信、合作、互相理解、协调、调度、管理及控制来表达系统的结构、功能及行为特性。

8.2 智能体理论

目前，智能体已经成为许多领域中通用的概念。它代表着一种新的研究方法的诞生，智能体理论研究十分重视跨学科之间的横向联系与交叉综合，并具有相当大的难度与挑战性。智能体理论模型研究主要从逻辑、行为、心理、社会等角度出发，对智能体的本质进行描述，为多智能体系统的创建奠定基础。本节将对智能体的结构和分类进行介绍，并重点介绍智能体体系结构中的反应型智能体、慎思型智能体以及混合型智能体。

8.2.1 智能体的结构

智能体主要由两部分组成，即智能体的自身体系结构以及能在体系结构中运行的智能体程序。智能体的体系结构指的是智能体内部的工作结构，它定义了智能体从感知环境信息到行为决策，到最后执行外部动作的整个过程中涉及的具体步骤和功能组件，以及各组件之间的交互方式。智能体程序则是在智能体体系结构下进行实际运算的函数。

图 8-2 所示给出了多智能体的工作过程。智能体接收到的信息首先要以适当的方式进行融合，这个环节特别重要，不同交互模块得到的结果可能不同，表达方式也不一样，因此信息融合时，要识别和正确区分结果的不一致性。智能体接收了外部信息之后，信息处理过程便成为智能体的核心，因为它反映了智能体的真正功能。信息处理的目的是解释可用的数据，形成具体规划，进而形成对新情况反应的具体处理步骤。

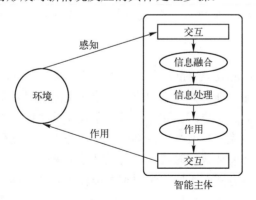

图 8-2 多智能体的工作过程

8.2.2 智能体的分类

根据人类思维的不同层次，把智能体分为以下几类：反应型智能体；慎思型智能体；

混合型智能体。下面将对这 3 种智能体的体系结构进行详细的介绍。

1. 反应型智能体

反应型智能体（Reactive Agent）不包含符号表示的环境模型，也不使用复杂的符号推理，只是简单地对外界环境刺激做出反应，如对程序的请求等做出回答。因此如果智能体没有使用它所处环境的模型，则它在局部环境中一定要有充分的可用信息来决定一个可以接受的动作。图 8-3 所示为反应型智能体的结构，图中的条件-作用规则使智能体将感知和动作连接起来。反应型智能体的工作流程主要分为 3 步：①智能体感知环境输入；②环境输入将直接通过条件-作用规则映射到具体的行为；③由效应器执行。因为智能体直接使用感知信息进行映射，而不需要通过符号建立环境模型，这一特点加快了反应型智能体的运行速度。

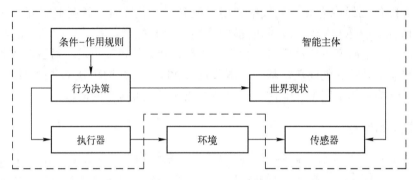

图 8-3　反应型智能体的结构

反应型智能体的优点是结构简单以及对环境反馈及时，但同时也存在以下不足之处。

1）由于没有环境模型，无法考虑历史信息，无法预测其他智能体的行为。

2）在设计时非常困难，由于没有通用的设计方法，因此需要通过不断实验得出最终能实际使用的反应型智能体。

3）当反应型智能体拥有的规则数量很大时，设计与实现是非常困难的，要考虑规则之间的优先级与交互等问题，因此会增加反应型智能体的复杂度。

4）因为所使用的信息没有进行符号化处理，所以反应型智能体难以与人进行沟通交流。

2. 慎思型智能体

慎思型智能体（Deliberative Agent）也称作认知智能体（Cognitive Agent），与反应型智能体不同，慎思型智能体在智能主体内部建立了一个完整的世界模型。它使用符号表示的模型，包括环境和智能行为的逻辑推理。它是一种基于知识的系统，通过环境模型和规划器来完成设计目标，并且其环境模型一般是可预知的、可以描述且可划分模块的，不适用于未知的、动态的环境，因为在智能体执行时要加入有关环境的新信息和知识到它们已有的模型中是困难的。根据智能体思维方式的不同，慎思型智能体可以分为抽象思维智能体和形象思维智能体。抽象思维智能体是基于抽象概念，通过符号信息处理进行思维；形象思维智能体是通过形象材料进行整体直觉思维，与神经机制的连接论相适应。图 8-4 所示为慎思型智能体的结构，图中的传感器用来接收外界环境的信息，并根据内部状态进行信息融合，产生修改当前状态的描述；然后，在知识库的支持下制定规划，形成一系列动作；最后通过效应器对环境发生作用。

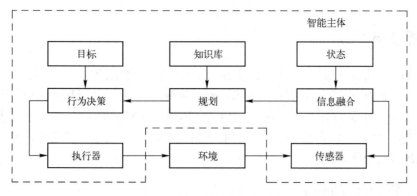

图 8-4　慎思型智能体的结构

相比反应型智能体，慎思型智能体能够通过建立自身的环境模型来预测其他智能体的行为，并且能够对历史行为进行预测和使用历史行为进行行为决策，但慎思型智能体也存在以下不足。

1）通过环境信息来构建智能体内部的环境模型，这一过程需要额外的时间开销。

2）慎思型智能体的决策以及逻辑推理过程相比反应型智能体的映射过程，将会消耗更多的时间。

3. 混合型智能体

综合考虑反应型智能体与慎思型智能体的优势和缺点，提出了混合型智能体。它是对上述两种类型的结合，反应型部分用于简单的反应映射，可以在不进行复杂推理的情况下对世界环境的改变做出反应；慎思型部分则能够使用符号系统对智能体的行为进行推理。在实现时常采用分层的结构，根据分层方式的不同可以将混合型智能体分为水平分层混合型和垂直分层混合型。图 8-5 所示为混合型智能体的结构。可以看出混合型智能体是在一个智能主体内组合多种相对独立和并行执行的智能形态，其结构包括感知、动作、反应、建模、规划、通信和决策等模块。混合型智能体具有反应行为能力和预动行为能力，在实际应用中最常用。

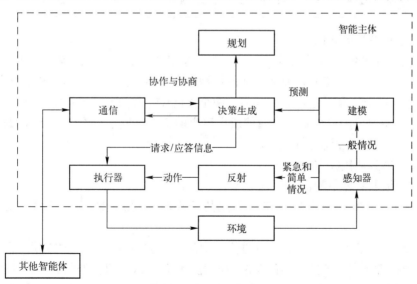

图 8-5　混合型智能体的结构

8.3 多智能体系统

智能体的一个显著特点就是它的社会性，所以，智能体的应用主要是以多个智能体协作的形式出现。因而多智能体系统（MAS）就成为智能体技术的一个重点研究课题。另一方面，多智能体系统又与分布式系统密切相关，所以，多智能体系统也是分布式人工智能（DAI）的基本内容之一。本节将介绍多智能体系统的结构、研究过程中的关键问题，以及在一些领域的应用现状。

8.3.1 多智能体系统的结构

多智能体系统的体系结构可以分为以下几种。

1）智能体网络：智能体之间都是直接通信的。对这种结构的智能体系统，通信和状态知识都是固定的，每个智能体必须知道消息应该在什么时候发送到什么地方，系统中有哪些智能体是可以合作的，都具备什么样的能力等。

2）智能体联盟：结构不同于智能体网络，其工作方式是若干相距较近的智能体通过一个叫作协助者的智能体来进行交互，而远程智能体之间的交互和信息发送是由各局部智能体群体的协助者智能体协作完成的。

3）黑板结构：黑板指的是一个可供智能体发布信息、公布处理结果和获取有用信息的共享区域。黑板结构和联盟系统有相似之处，不同的地方在于黑板结构中的局部智能体把信息存放在可存取的黑板上，实现局部数据的共享。

8.3.2 多智能体系统的关键问题

多智能体系统的研究难点与重点在于各智能体的底层设计、各智能体之间的交互，以及系统的宏观涌现的实现，它借鉴了许多相关学科的研究方法与成果，同时，也为其他学科提供了新的思想与技术。关于当前多智能体系统研究的关键问题，主要集中在如下几个方面。

1. 多智能体系统的通信

由于多智能体系统具有社会性的特点，处于多智能体系统中的智能体一般需要和其他智能体或环境进行通信和交互，而智能体的这种能力主要来自于智能体的感知能力和动作能力，即接收消息的能力和发送消息的能力。两个智能体之间的通信过程如下。

1）发送方将自己的思想翻译成通信所用语言的格式，发送方将语言格式加载到通信传播载体，如声音、文字和图像等。

2）传播载体到达接收方。

3）接收方读取载体中的语言代码。

4）接收方在思维空间中将语言代码按其格式翻译为思想，从而熟悉发送方的意识状态。

在分布式人工智能中，智能体的通信主要通过对话完成，智能体的角色可以是主动的、被动的或二者兼有。智能体通信有两种常用的通信方式：直接通信和中介通信。

1）直接通信：每个智能体必须知道消息在什么时候发送到什么地方，系统中有哪些智能体可以合作，这些智能体各具备什么样的能力等。这要求系统中的每个智能体都拥有其他智能体的信息。

2）中介通信：在基于中介的消息传送中，若干相距较近的智能体通过通信服务器来进行交互和发送消息，而远程智能体之间的交互是由局部群体中的通信服务器协作完成的。

目前最为流行的通信语言有知识交换格式语言（KIF）、知识查询处理语言（KQML）以及智能体通信语言（ACL）。

1）KIF：KIF 负责将一种语言翻译成另一种语言，或者为两种异构智能体的知识表示提供语义共享。它是基于谓词逻辑的，可以作为描述专家系统、数据库、多智能体的知识表示工具。它还可以使共享知识库的内容更容易被理解，同时也为特定的领域提供开发工具和方法。

2）KQML：KQML 在美国 ARPA 的知识共享计划中提出，规定了消息格式和消息传送系统，为多智能体系统通信和协商提供了一种通用框架。KQML 是自主的异步智能体之间共享知识和实现协作问题求解的通信语言。它既是一种消息格式，也是支持实时智能体之间知识共享的消息处理协议，实现基于知识的异构系统之间互操作和集成。KQML 通常分为 3 层：内容层、消息层和通信层。内容层使用应用程序本身的表达语言来传送消息的实际内容；通信层主要负责对消息的某些特性进行编码，这些特性描述了底层通信参数，例如发送者和接收者的标识符。消息层是整个 KQML 语言的核心，将一条消息从一个应用程序传送到另一个应用程序时，消息层完成对所传送信息的封装。消息层的一个基本功能是识别消息发送时所使用的协议，并且给消息发送者提供一个附加在内容上的述行语或原语。此外，KQML 语言在内容不可知的情况下可实现对消息的分析、路由和正确地传送。

3）ACL：ACL 由智能物理智能体基金会（Foundation for Intelligent Physical Agents，FIPA）制定的一种规范，与 KQML 非常相似。ACL 规范提出的通信语言是基于一种精确的形式语义学，它给出了通信动作的一种清晰含义。实际上，这种形式化基础还补充了用于易于高效交互通信实际执行的实用扩充部分。

2．多智能体系统的协商

多智能体系统的协商是指多个智能体通过通信，交换各自目标，直到多智能体的目标达成一致或不能达成协议。它是一个联合决策的过程，其中每个智能体都试图实现自己的目标。协商的目的是智能体为了最大限度地改善自己的状态，在不影响自己利益的前提下，向其他智能体提供或请求帮助或者支持其他智能体。多智能体系统的协商包括协商协议、协商策略和协商处理。协商协议用于处理协商过程中协商之间的交互和作用，是交易双方交互的规则。其主要研究的内容是智能体通信语言的定义、表示、处理和语义解释。协商协议的形式化表示通常有 3 种方法：巴科斯范式表示、有限自动机表示和语义表示。协商策略是智能体选择协商协议和通信消息的策略。协商策略分为单方让步策略、竞争型策略、协作型策略、破坏协商策略和拖延协商策略。常用的是竞争型和协作型策略。协商处理是对单个协商方及协商系统、协商行为的描述及分析，包括协商算法和系统分析两部分内容。协商算法用于描述智能体在协商过程中的行为，包括通信、决策、规划和知识库操作等。多智能体系统的协商是多智能体系统研究的一个重要方向，研究成果颇多。

3．多智能体系统的协调

协调是多智能体系统研究的核心问题之一，是一个系统智能水平的重要体现。多智能体系统的协调是指具有不同活动目标的多个智能体对其目标、资源等进行合理安排，以协调各自行为，最大限度地实现各自目标。进行协调是希望避免智能体之间的死锁或活锁。死锁是指多个智能体无法进行各自的下一步动作；活锁是指多个智能体不断工作却无任何进展。因为在资源有限的智能体环境中，智能体的活动可能具有相关性，并且智能体没有资源和能力完成系统的设定目标，所以需要定时地为其他智能体提供必要的资源和信息，以保证智能体之间的活动是同步的。常用的有如下 4 种协调方法。

1）基于集中规划的协调：将具备其他智能体的知识、能力和环境资源知识的智能体作为主控智能体，对该多智能体系统的目标进行分解，对任务进行规划，并指示或建议其他智能体执行相关任务。特别适用于环境和任务相对固定、动态行为集可预计和需要集中监控的情况。

2）基于协商的协调：通过协商来实现任务的分配。协商前文已经介绍过了，是智能体间减缓信息、讨论和达成共识的方式。

3）基于对策论的协调：有通信协调和无通信协调两类。无通信协调是在没有通信的情况下，智能体根据对方及自身效益模型，按照对策论选择适当行为，智能体至多也只能达到协调的平衡解，在有通信协调中则可得到协作解。

4）基于社会规划的协调：以每个智能体必须遵循的社会规则、过滤策略、标准和惯例为基础的协调方法。这些规则对智能体的行为加以限制，过滤某些有冲突的意图和行为，保证其他智能体必需的行为方式。

4. 多智能体系统的协作

协作也是多智能体系统研究的核心问题之一。在一个多智能体系统中，为了完成所设定的任务，系统需要把既定任务进行分解，然后把任务分配给不同的智能体，这就要求智能体之间必须能够协作求解问题、完成任务。目前针对智能体协作的研究大体上可分为两类：一类是将其他领域研究多实体行为的方法和技术用于智能体协作的研究，如对策论和力学研究；另一类是从智能体的目标、意图、规划等心智态度出发来研究多智能体间的协作。多智能体系统的协作过程一般分为以下 6 个阶段。

1）产生协作需求，即确定协作目标。

2）协作规划，求解合理的协作结构。

3）寻求协作伙伴。

4）选择协作方案，即根据协作竞争者反推最佳的协作方案。

5）按协作或交互协议进行协作以实现确定的目标。

6）结果评估，即判断协作的效果并为以后的协作提供可供参考的经验和教训。

从社会心理学的角度看，多智能体之间的协作情形大致可分为以下 5 种类型。

1）完全协作型：系统中的智能体围绕一个共同的全局目标全力以赴地协作，各智能体没有自己的局部目标。

2）协作型：系统中的智能体具有一个共同的全局目标，同时各智能体还有与全局目标一致的局部目标。

3）自私型：系统中不存在共同的全局目标，各智能体都为自己的局部目标工作，而且目标之间可能存在冲突。

4）完全自私型：系统中不存在共同的目标，各智能体都为自己的局部目标工作，并且不考虑任何协作行为。

5）协作与自私共存型：系统中既存在共同的全局目标，某些智能体也可能还具有与全局目标无直接联系的局部目标。

在所有的协作方法中，合同网是最著名并且应用最广泛的一种协作方法，是由 Smith 于1980 年提出的。其基本思想是人们在商务过程中用于管理商品和服务的合同机制。在合同网方法中，所有智能体分为两种角色：管理者和工作者。智能体的角色在协作过程中可以变化，任何智能体通过发布任务通知书而成为管理者；相反，任何智能体通过应答任务通知书而成为工作者。

8.3.3 多智能体系统的应用

1. 智能机器人领域

在智能机器人中，信息集成和协调是一项关键性技术，它直接关系到机器人的性能和智能化程度。一个智能机器人应包括多种信息处理子系统，如二维或三维视觉处理、信息融合、规划决策以及自动驾驶等。各子系统是相互依赖、互为条件的，它们需要共享信息、相互协调，才能有效地完成总体任务，其目标是用来结合、协调、集成智能机器人系统的各种关键技术及功能子系统，使之成为一个整体以执行各种自主任务。图 8-6 所示为混合结构的反应子系统的动作集合。

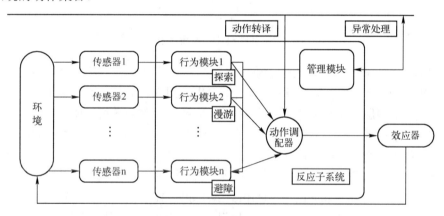

图 8-6　混合结构的反应子系统的动作集合

在多机器人系统中，当多个机器人同时从事同一项或多项工作时，很容易出现冲突。利用多智能体技术，将每个机器人作为一个智能体，建立多智能体机器人协调系统，可实现多个机器人的相互协调与合作，完成复杂的并行作业任务。图 8-7 所示为智能机器人系统示意图。

2. 智能交通领域

城市交通系统是一个大的复杂的网络系统，交通系统的复杂性、随机性、实时性、非线性等特点决定了其必须运用大系统的理论与知识对其进行控制。城市交通系统的控制目标是网络通过所有的区域交叉口控制节点和匝道口控制节点彼此相互协调合作，实现对整个交通流的合理优化控制，某一个节点或几个节点的优化控制并不能保证全局的最优，很多时候会以局部优化损害整体的利益。因此，交通系统物理拓扑结构的分布式特性非常适合采用多智能体系统方法，基于多智能体系统技术的控制策略将是实现城市交通流智能优化控制的重要途径。基于交通网络地域的分布性将多智能体技术应用于城市交通控制中，以提供一种在松散耦合的子系统之间进行协调的机制，通过增强子系统的自治能力以提高交通控制系统的控制能力。

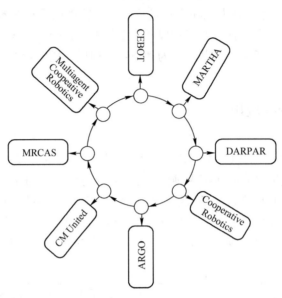

图 8-7　智能机器人系统示意图

由于交通系统的结构复杂，交通问题的描述求解的计算量巨大，因此采用多智能体系统技术能够将复杂系统问题分解，降低计算复杂性，更易于处理。此外，对于交通控制和交通诱导涉及参与者众多的问题，采用多智能体系统技术可以使得系统中各智能体相互协同、相互协作以解决大规模复杂问题，避免了建立一个庞大知识库所造成的知识管理和扩展的困难。综上所述，利用多智能体系统的鲁棒性和可靠性，可以保证交通控制和诱导系统工作的稳定性，系统的整体性能会因为局部工作的异常而显著下降或引起系统崩溃，并具有较高的问题求解率。

我国对智能交通系统（Intelligent Traffic System，ITS）的研究起步较晚，但是自 20 世纪 70 年代开始，我国城市交通管理部门已经将城市交通控制系统的研发与应用作为基础工作，并在北京、上海等经济水平较高的城市安装了车辆静态信息管理系统、驾驶员档案信息管理系统、交通事故信息管理系统、警车定位系统、交通地理信息管理系统、交通信号控制系统、电视监控系统等。TRANSYT 系统是全球范围内最为成功的静态交通信号控制系统，但是该系统也存在不足之处，例如，TRANSYT 系统需要较大的计算量，尤其在规模较大的城市内，TRANSYT 系统的此问题十分明显。1980 年，英国研究机构成功研发了 SCOOT 系统，此系统以 TRANSYT 系统作为基础，引进了 TRANSYT 系统中的自适应控制方法，并由此提出了更具现代化特点的动态交通控制系统。综合比较 TRANSYT 系统与 SCOOT 系统，可知该两系统在优化原理与模型方面存在较多的相似之处，但是基于 SCOOT 交通管理方案生成的交通信号控制系统，是指利用安装于交叉口上的进口车道上端的车辆检测器，对车辆相关信息进行采集，并通过收集到的车辆信息实现联机管理，进而优化交通信号控制方案，随之实时调整绿信比、周期、相位差等，保证其与不同的交通流相适应。SCOOT 系统存在的不足之处表现为：要求用户拥有足够的技术水平，调试与安装难度大；无法对相位进行自动增减，所以，所有的路口的相序较为固定；无法自动完成独立划分控制子区域的行为，而该项工作的完成只能依赖人工。我国在北京、上海等经济水平较高的城市，交通信号控制系统主要包括 TRANSYT 系统、SCATS 系统、简易单点信号机、SCOOT 系统等。同时，国内的部分小规模城市，诸如湘潭、岳阳等，倾向于使用国产的简易单点信号机、SCATS 系统等。而 RHODES 是由美国亚利桑那大学成功开发的一个实时自适应区域交通控制系统，该系统不再利用传统的周期、相位差和绿信比等来确定配时方案，而是改用时序和相位长度来确定配时方案，对半拥挤的交通网络比较有效。不足之处在于，一是没有建模解决公交车上下客对其他交通流及其本身造成的延迟，二十系统高层优化有待进一步提高。图 8-8 所示为典型的交通信号控制系统。

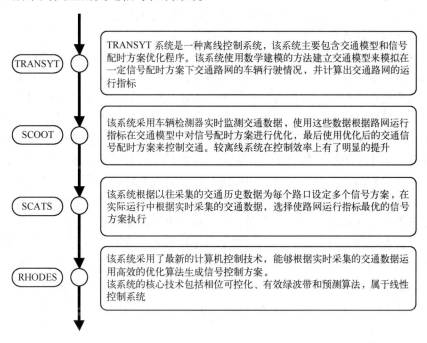

图 8-8　典型的交通信号控制系统

3. 多智能体编队

近些年来，在各种科技进步的带动下，多机器人协调控制与单一机器人相比的优势更加明显，其具有更大的灵活性和对未知环境的适应性和鲁棒性，在这一研究领域中多机器人（多智能体）编队控制发挥着特别重要的作用。多机器人编队控制是指多个机器人首先根据目标点和任务的需求形成一个最优的队形，之后保持着这个队形向目标点运动，在运动的过程中要不断地适应环境和其他各种外界因素的影响，从而很好地避免机器人之间的碰撞，同时也要避免机器人与障碍物之间的碰撞，整体形成一个稳定的系统。

多智能体编队控制方法的研究以其独特的学术魅力吸引了各界学者的深入研究。目前，比较深入的研究成果主要集中在一些国外科研团队，表 8-1 所示为具有代表性的国外科研团队及其发展成就。欧洲国家是最早开展对多机器人系统的研究，美国的 Demo 计划就是针对多机器人编队控制开展的，主要目标是实现大规模的野外侦察。

表 8-1 国外科研团队及其发展成就

代表	发展成就
密歇根州立大学	密歇根州立大学的机器人研究实验室利用自主设计的控制器模型实现了时变环境下的多机器人队形的保持
宾夕法尼亚大学	宾夕法尼亚大学的机器人感知研究实验室通过机器人定位和协同控制完成了多机器人队形控制
佐治亚理工大学	佐治亚理工大学借助于多智能体系统项目成功将编队控制研究成果应用到无人汽车驾驶当中
Sandia 国家实验室	Sandia 国家实验室通过开发一套用户应用程序，成功实现了多机器人的队形控制进而完成所分配任务
美国南加州大学	美国南加州大学对于多智能体系统的局部传感技术和编队控制方案进行了深入研究

与国外相比，国内关于编队控制的研究稍微滞后一些，但是所取得的成果并不比国外的学者少。近些年针对多机器人编队控制中存在的问题，我国许多学者进行了深入的研究。在常见方法的基础上引入智能算法如蚁群算法、粒子群优化算法等，将智能算法应用到编队控制算法中可以很好地改进原算法的性能，提高系统的编队效率；在跟随领航者算法的基础上引入多个领航者，实现了当领航者发生突变时其他机器人可以快速切换成为领航者，从而避免出现系统瘫痪的状况；将基于一致性的规则和跟随领航者算法相结合，实现了当领航者突变时，跟随者也可以根据一致性规则规划出一条优化的路径；采用滑模控制和模糊逻辑的方法来修正编队控制中出现的不确定部分，从而更加逼近机器人系统所要保持的队形；在跟随领航者算法的基础上使用输入输出反馈控制的方法，实现了在特定情形下的动态稳定性的效果；在编队控制中采用脉冲控制协议，利用一致性理论克服了编队控制中的时滞问题。因为多机器人系统具有单个机器人所没有的高沟通性和高度合作性，所以能使系统更加准确、安全和高效，不仅能够增加系统的稳定性和鲁棒性，同时还可以减少系统的消耗。随着深入的研究，多机器人编队控制在国防、工业、制造业以及智能家居等领域都得到了广泛的应用和发展。在这些领域多机器人编队控制实现了多个机器人形成固定队形搬运大型物体，在围捕中形成包围捕获所要的猎物，在航空航天事业中多机器人技术也发挥着很大的作用。多机器人编队控制技术得到了长足的发展，未来将会在更多的领域得到应用和发展。当然，国内的众多专家学者也已经在多智能体的编队控制方面投入了大量的人力和精力，并在许多高校都设立了该课题的专项研究小组、组建科研实验室、与国外高校建立合作项目等，表 8-2 所示为国内的一些科研团队及其发展成就。

表 8-2 国内的一些科研团队及其发展成就

代表	发展成就
中科院沈阳自动化	中科院沈阳自动化所取得的科研成果在国内该领域内遥遥领先
上海交通大学	上海交通大学基于小型机器人群组系统开发了分布编队策略
北京航空航天大学	北京航空航天大学基于鱼群的群集算法设计了编队控制方法
华东理工大学	华东理工大学信息科学与工程学院控制科学与工程专业与瑞典 Malardalen University 建立的合作交流项目中，也包含了对多移动足球机器人软、硬件系统的设计和研究，不仅培养了大批该领域的先进人才，还取得了丰硕的科研成果

8.4 移动智能体

随着互联网应用的逐步深入，特别是信息搜索、分布式计算以及电子商务的蓬勃发展，人们越来越希望在整个互联网范围内获得最佳的服务，渴望将整个网络虚拟成为一个整体，使软件智能体能够在整个网络中自由移动，移动智能体（Mobile Agent，MA）的概念随即孕育而生。本节将介绍移动智能体的基本概念、特征以及其技术难点。

8.4.1 移动智能体概述

1. 移动智能体的基本概念

智能体与现在流行的软件实体（如对象、构件）相比，它的粒度更大，智能化程度更高。随着网络技术的发展，可以让智能体在网络中移动并执行和完成某些功能，这就是移动智能体的思想。20 世纪 90 年代初由 General Magic 公司在推出商业系统 Telescript 时，提出了移动智能体的概念，移动智能体是指在复杂的网络系统中能够从一台计算机移动到另一台计算机的智能体，该智能体能够选择何时、何地移动。在移动时，该智能体在某一位置能根据要求运行，然后转移到另一台计算机上开始或继续运行，最后把结果传回原用户计算机上。

虽然目前不同移动智能体系统的体系结构各不相同，但几乎所有的移动智能体系统都包含移动智能体和移动智能体服务设施（MAE）两个部分。移动智能体服务设施负责为移动智能体建立安全、正确的运行环境，为移动智能体提供最基本的服务（包括创建、传输、执行），实施针对具体移动智能体的约束机制、容错策略、安全控制和通信机制等。移动智能体的移动性和问题求解能力很大程度上取决于移动智能体服务设施所提供的服务。移动智能体服务设施至少应包括以下基本服务。

1）事务服务：实现移动智能体的创建、移动、持久化和执行环境分配。

2）事件服务：包含智能体传输协议和智能体通信协议，实现移动智能体间的事件传递。

3）目录服务：提供移动智能体的定位信息，形成路由选择。

4）安全服务：提供安全的执行环境。

5）应用服务：提供面向特定任务的服务接口。

2. 移动智能体的工作方式

移动智能体能够在异构的网络节点间移动，并通过与服务设施和其他智能体协商来获取、提供服务以完成全局目标。移动智能体的跨平台移动机制带来了许多新的技术特点，在以网络为中心的计算环境中为许多应用提供了新的问题解决方法。移动智能体的工作方式如图 8-9 所示，由以下几个步骤组成。

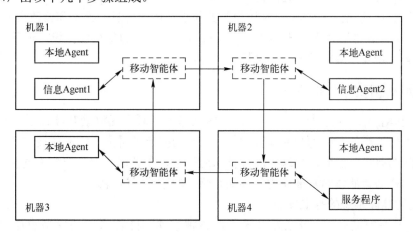

图 8-9　移动智能体的工作方式

1）由 4 台计算机构成一个网络环境，其中每台机器都拥有一个本地 Agent（智能体），它是静态的，知道信息 Agent 在网络中的位置。

2）服务程序向分布于网络环境的信息 Agent 登记，以便移动智能体搜寻。

3）为了能得到服务，移动智能体向本地 Agent 咨询，寻找服务程序登记的信息 Agent。

4）移动智能体首先在机器 3 上与本地 Agent 交互，得到两个信息 Agent 在网络中的位置，然后它移至机器 1，向信息 Agent1 请求服务程序所在的位置，假设服务程序只向信息 Agent2 登记，则信息 Agent1 不能向移动 Agent 给出回答，移动 Agent 移到机器 2，向信息 Agent2 发出请求，信息 Agent2 给出服务程序所在的位置即机器 4，然后移动智能体移到机器 4，从而得到所要求的服务。

5）移动智能体通过移动，最后找到为其提供服务的服务程序，并将所得结果返回至它最初所在的位置。

3. 移动智能体的特征

移动智能体可以看成是软件智能体技术与分布式计算技术相结合的产物，它与传统网络计算模式有着本质上的区别，移动智能体在分布式环境下有以下特点。

1）移动性：移动智能体不依赖于操作系统和平台，可以从一台机器移动到另一台机器。智能体通过移动到达需要处理的信息源，激活本地资源，减少中间数据在网络上的传输，节省带宽和延迟。即使网络连接中断，智能体仍可以继续执行。

2）自主性：移动智能体可以控制自身的行为。移动智能体具有独立的自身知识与知识处理方法，对遇到的事件采取自主行动。

3）反应性：移动智能体可以对环境变化做出感知和应变。它可以根据将要执行的任务和当前网络状态采取行动，即发送多少智能体，发送到哪儿，这些智能体是否将迁移或保持静态，它随网络的变化而变化。

4）异步操作性：移动智能体可以独立于用户和其他智能体，执行自己的操作。它可以从某一站点被发送出去，到达另一站点后激活，异步自主地操作。

5）协作性：移动智能体具有合作求解和管理通信的能力，它可以通过一系列移动智能体或发送子智能体到其他机器上，与当地静态智能体和远程资源连接，实现分布式任务的并行计算。

6）学习能力：移动智能体可以利用得到的关于环境的信息，调整和修改自己的行为。

7）安全性：指的是对移动智能体本身及它的运行环境的安全性保障，体现为移动智能体及智能体运行环境抵御恶意攻击和破坏的能力。

8.4.2 移动智能体的技术难点

移动智能体技术及实验性系统的研究为建立基于互联网的移动智能体系统奠定了良好的基础，标准化工作的开展为智能体技术的广泛应用架起了桥梁，智能体技术的初步应用已经展示出广阔的前景。然而，移动智能体技术的研究正在进行之中，一些关键性技术尚需进一步研究，如移动智能体的基准模型、移动智能体的迁移机制等。

1. 移动智能体系统的基准模型

关于移动智能体技术的研究方兴未艾，各种移动智能体系统的原型也层出不穷。然而，这些系统大多数是基于各自的系统构建者对移动智能体技术和环境的理解而建立的，缺乏共识，对构建一个智能体系统缺乏系统性的阐述，从而使得这些系统一方面自身的功能不够全面，另一方面系统之间的互操作性较差实用性差。虽然 MAF（Management Application Function）规约给出了提高移动智能体系统互操作的原则性阐述，但是该规约并不全面，它主要侧重于系统的外部接口和移动智能体管理，缺乏对系统内部构件之间的接口规约，缺乏对构建一个实用的移动智能体系统的指导和建议。

2．移动智能体系统的迁移机制

在移动智能体技术中，移动智能体的迁移机制是其核心技术之一。最早提出移动智能体概念的是 General Magic 公司，该公司开发的 Telescript 曾经被广泛使用。Telescript 是一种面向对象的解释性语言，用它编写的移动智能体在通信时可以采用两种方式：如果在同一场所运行，则智能体之间可以互相调用彼此的方法；若不在同一场所运行，则智能体之间需要建立连接，互相传递可计算的移动对象。在 Telescript 中基于进程的迁移理论采用了语句极线程迁移模型。该模型提供了 Go 指令，智能体可根据需要在线程执行的任意点使用 Go 指令改变自己的位置。该方法中系统应承担智能体线程状态的捕获、封装、发送和回复工作，显然负担较重，网络传输量大，尤其是绝大部分语言（如 Java 等）并不支持线程状态的捕获。因此 IBM 公司在采用 Java 实现其智能体系统时，设计了时间驱动方法实现语句级对象迁移模型。Aglet 就是 IBM 公司开发出来的最早的基于 Java 的移动智能体开发平台之一。用户可根据需要使用"派遣"或"回收"指令进行智能体的迁移。迁移发生时，智能体一方面利用 Java 的对象序列化机制，另一方面还需要用户在迁移前根据需要进行必要的线程状态收集工作，以帮助迁移后的线程恢复执行。因此，智能体提供了若干帮助完成上述工作的方法，并允许用户进行灵活修改。与 Telescript 相比，该机制虽然采用对象迁移取代了 Telescript 中的线程迁移，降低了系统负担，但其将实现语句级迁移所必须完成的线程状态的迁移工作转嫁给了用户，增加了用户负担。

此外，从用户使用的角度看，以上述模型为代表的语句级迁移模型还存在不足，智能体迁移条件和动作都是隐含在智能体的代码之中的，所以，智能体功能和智能体的迁移是混合在一起的；对一般程序员来讲，若不对智能体本身及智能体移动条件有深入的了解，则智能体功能和移动的设计、测试和调试都具有一定的难度，尤其是在互联网环境中，更是难以管理和控制；如果移动智能体的迁移信息能从智能体功能体中分离出来，用一种有足够能力的结构进行描述，即可在不降低迁移描述和处理能力的同时，方便地实现过程级对象迁移，减轻系统和用户的负担。

3．移动智能体系统的安全性

在移动智能体提出后不久，人们就意识到安全的问题，开始着手研究，借鉴了现代分布式系统中的许多技术和方法，根据移动智能体的特点，对其进行了改进和扩充，取得了一定的进展，提出了许多提高移动智能体系统安全性的方法，其中有些已经应用到实验系统中了。其代表性的工作有基于软件的错误隔离、数字签名技术、携带证明的代码、用加密的函数进行计算、混淆代码等。但是，这些方法大多仍处于研究状态，并且实用性不强，而且有些问题目前的技术还难以解决，需要探索新技术。

8.5　案例分析

智能体和多智能体技术自 20 世纪 80 年代末开始就成为人工智能领域活跃的研究分

支，与数学、控制、经济学、社会学等多个领域相互借鉴和融合，逐渐成为国际上备受重视的研究领域之一。本节将介绍两个与智能体有关的案例，火星移动智能体和供应商评估方法。

8.5.1 火星移动智能体

图 8-10 所示为火星移动智能体的实现方案框架。整个框架采用分层递归式体系结构，分为智能规划层、导航控制层、驱动层 3 个层次。

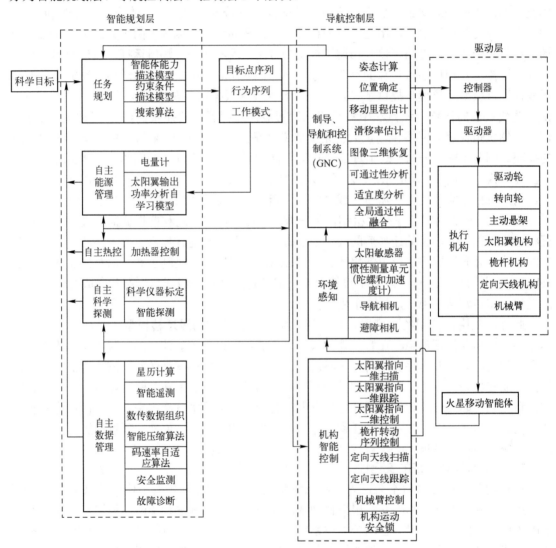

图 8-10　火星移动智能体的实现方案框架

1）智能规划层主要是综合能源管理、热控、数据管理、科学探测等方面的控制需求，通过任务规划顶层规划出火星移动智能体的目标点序列、行为序列和工作模式。其中，任务规划包括智能体能力描述模型、约束条件描述模型、搜索算法等模块；自主能源管理包括电量计、太阳翼输出功率分析自学习模型等模块；自主热控包括加热器控制等模块；自主科学探测包括科学仪器标定、智能探测等模块；自主数据管理包括星历计算、智能遥测、数传数据组织、智能压缩算法、码速率自适应算法、安全监测、故障诊断等模块。

2）导航控制层根据任务规划结果，进行环境感知、建模，姿态、位置确定以及更精细的路径规划，给出各执行结构的控制策略。其中，制导、导航和控制系统（Guidance、Navigation and Control System，GNC）包括姿态计算、位置确定、移动里程估计、滑移率估计、图像三维恢复、可通过性分析、适宜度分析、全局通过性融合等模块；环境感知包括太阳敏感器、惯性测量单元、导航相机、避障相机敏感器；机构智能控制包括太阳翼指向一维扫描、一维跟踪和二维控制等。

3）驱动层根据导航控制层给出的控制策略，通过控制器和驱动器，转化为相应指令，控制执行结构完成各项动作。

3 个层次自左而右逐步分解任务，前一层的计算结果作为后一层规划的目标，通过分层求解的方法分解复杂的火星移动智能体规划和控制问题，完成从科学目标到指令单元之间的映射。3 个层次自右而左逐步反馈信息，执行动作后的结果信息由后一层反馈到前一层，作为前一层的输入或者约束。比如，驱动层执行的动作将导致控制对象——火星移动智能体的状态变化，并通过敏感器的感知反馈到导航控制层，而导航控制层计算出的姿态和位置数据又将反馈到智能规划层，作为任务规划、自主能源管理、自主热控、自主科学探测、自主数据管理等模块的输入条件或者约束条件。

8.5.2　供应商评估方法

供应商的选择是供应链采购决策意向的重要内容。移动智能体在供应链中的应用结构如图 8-11 所示。

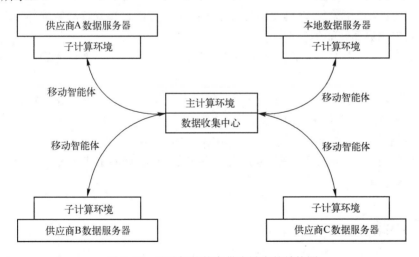

图 8-11　移动智能体在供应链中的结构图

由于移动智能体具有节约网络带宽、封装网络协议、支持异步自主执行、支持平台无关性、易于分发服务、动态适应性以及能够增强应用的鲁棒性和容错能力等特点，很多学者将其应用引入到供应链管理之中。由于供应链环境的分布性、异构性、动态性、跨组织性，在目前大多采取人工的方式对供应商的评价数据进行收集。而供应商的数量和评价指标较多，导致沟通成本高、时间漫长。移动智能体可以较好地解决分布、异构、动态环境下的信息检索任务。

数据收集中心根据用户输入，生成查询智能体，迁移到供应商数据中心及本地数据服务器查询相关数据，查询完毕后，智能体将结果返回。图 8-12 所示为主计算环境，图 8-13 所示为子计算环境。

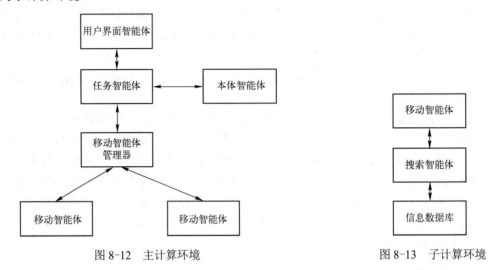

图 8-12　主计算环境　　　　　　　　图 8-13　子计算环境

1）用户界面智能体：主要负责与用户交互，一方面负责接收用户的输入，获取查询条件，另一方面将查询的信息输出给用户。

2）任务智能体：一方面根据用户界面智能体的输入，向本体智能体发送信息，并根据其反馈信息，向移动智能体管理器发出相关指令；另一方面，接受移动智能体管理器反馈的查询信息，向用户界面智能体反馈。

3）本体智能体：主要为了解决供应商之间语义的异构性，它为查询提供术语概念上的一致性。

4）移动智能体管理器：主要与任务智能体交互，根据具体任务创建或销毁相关移动智能体，接收任务智能体的输入或向其输出相关信息。

5）移动智能体：负责移动到指定计算环境，并携带相关查询信息。

6）搜索智能体：主要负责根据接收到的指令在信息数据库中查询相关信息，并将查询结果返回给移动智能体。

8.6　本章小结

多智能体技术是目前人工智能领域中最新、最重要的研究方向之一。随着网络技术的发展，多智能体技术的应用领域不断扩大，现已面向社会领域的各个方面。本章首先介绍了智能体以及智能体系统的基本概念及其特点，了解到智能体具有自治性、交互性和协调性的特点，因此构建的多智能体系统具有较大的灵活性。然后介绍了智能体的结构、分类以及多智能体系统中的通信、协商、协调和协作原理，这些都是这一领域的入门知识，是深入研究智能体和智能体系统的重要基础。其中智能体的类型主要介绍了反应型智能体、慎思型智能体和混合型智能体。接着对移动智能体的概念以及技术难点进行了介绍，移动智能体可以看成是软件智能体技术与分布式计算技术相结合的产物。最后结合实际应用案例深化对智能体以及智能体系统的理解。

8.7　思考与练习

（1）智能体的定义是什么？多智能体的定义是什么？

（2）慎思型智能体与反应型智能体的区别是什么？

（3）简述智能体之间如何进行通信。

（4）讨论多智能体之间各种可能的协作形式。

（5）阐述移动智能体的含义及特征。

（6）移动智能体有什么技术难点？

第 9 章　自然语言处理

自然语言是一种最直接和简单的表达工具，自然语言处理（Natural Language Processing，NLP）是将人类交流沟通所用的语言经过处理转换为机器所能理解的机器语言，是一种研究语言能力的模型和算法框架，是语言学和计算机学科的交叉学科。作为人工智能的一个重要分支，自然语言处理在数据处理领域也占有越来越重要的地位，如今被大多数人熟知和应用。本章首先介绍自然语言处理的基本概念、发展历史以及语言处理过程的层次等内容。然后介绍自然语言处理的基础技术，如词法分析、句法分析、语义分析等。最后介绍其在机器翻译、信息检索和问答系统等领域的应用，并结合实际案例加以分析。

9.1　自然语言处理概述

自然语言处理是一门融语言学、计算机学科、数学于一体的学科，是计算机学科领域与人工智能领域中的一个重要方向。它研究能实现人与计算机之间用自然语言进行有效通信的各种理论和方法。本节将介绍自然语言处理的基本概念以及其发展历程。

9.1.1　自然语言处理的基本概念

所谓自然语言处理就是利用计算机技术研究和处理语言的一门学科，即把计算机作为语言研究的强大工具，在计算机的支持下对语言信息进行定量化的研究，并提供可供人与计算机能共同使用的语言描写。美国计算机科学家 Bill Manaris（马纳利斯）在 1999 年出版的《计算机进展》（Advances in Computers）第 47 卷的《从人—机交互的角度看自然语言处理》一文中，曾经给自然语言处理提出了如下的定义："自然语言处理可以定义为研究在人与人交际中以及在人与计算机交际中的语言问题的一门学科。自然语言处理要研制表示语言能力（Linguistic Competence）和语言应用（Linguistic Performance）的模型，建立计算框架来实现这样的语言模型，提出相应的方法来不断地完善这样的语言模型，根据这样的语言模型设计各种实用系统，并探讨这些实用系统的评测技术。"这个定义比较全面地说明了自然语言处理的性质和学科定位。

自然语言处理通常又叫自然语言理解，因为处理自然语言的关键是要让计算机"理解"自然语言。但是对于"理解"的含义，不同领域的专家有着不同的意见和看法。如心理学家认为理解是"紧张的思维活动的结果"，哲学家认为理解是"认识或揭露事物中本质的东西"，而逻辑学家则认为理解是"把新的知识、经验纳入已有的认识结构而产生的"。这样，自然语言的理解过程，实质上是把一种表达转换为另一种表达的过程，这种转换也可视为映射。建立自然语言理解系统就是寻求映射的算法，使机器能够得到同人们在理解上相当的输出。判断机器是否理解语言的最直观的方法，就是依据机器对人们所提出问题的回答，判定机器是否理解了人们的问话。

当前在计算机普及应用中，为了让计算机更方便地为人类服务，人们迫切希望能用自然语言同计算机进行通信的时代早日到来，这也正是计算机科学家、语言学家、心理学家等寻求的目标。自然语言处理研究的历史虽不是很长，但就目前已有的成果足以显示它的重要性和应用前景。在美、英、日、法等发达国家，自然语言处理如今不仅作为人工智能的核心课题来研究，而且也作为新一代计算机的核心课题来研究。从知识产业的角度来看，自然语言处理的软件也占据重要地位，专家系统、数据库、知识库、计算机辅助设计系统、计算机辅助教学系统、计算机辅助决策系统、办公室自动化管理系统、智能机器人等，无一不需要用自然语言作人机界面。从长远看，具有篇章理解能力的自然语言理解系统可用于机器自动翻译、情报检索、自动标引、自动文摘、自动写故事小说等领域，具有广阔的应用领域和令人鼓舞的应用前景。

9.1.2　自然语言处理的发展历程

从 20 世纪 40 年代算起，自然语言处理的研究已经有 80 多年的历史了，随着信息网络时代的到来，它已经成为现代语言学中一个颇为引人注目的学科。自然语言处理的研究大体上经历了 3 个时期，即萌芽时期、发展时期以及繁荣时期。其中发展时期可分为 20 世纪 60 年代以关键词匹配为主流的早期，20 世纪 70 年代以句法—语义分析为主流的中期，以及 20 世纪 80 年代开始走向实用化和工程化的近期。

1. 萌芽时期（1956 年以前）

1956 年以前，可以看作自然语言处理的基础研究阶段。一方面，人类文明经过了几千年的发展，积累了大量的数学、语言学和物理学知识。这些知识不仅是计算机诞生的必要条件，同时也是自然语言处理的理论基础。另一方面，图灵在 1936 年首次提出了"图灵机"的概念。"图灵机"作为计算机的理论基础，促使了 1946 年电子计算机的诞生。而电子计算机的诞生又为机器翻译和随后的自然语言处理提供了物质基础。

由于来自机器翻译的社会需求，这一时期也进行了许多自然语言处理的基础研究。1948 年美国数学家和信息论之父香农（Shannon）把离散马尔科夫过程的概率模型应用于描述语言的自动机。1956 年，美国语言学家乔姆斯基（Chomsky）又提出了上下文无关语法，并把它运用到自然语言处理中。他们的工作直接引起了基于规则和基于概率这两种不同的自然语言处理技术的产生。而这两种不同的自然语言处理方法，又引发了数十年有关基于规则方法和基于概率方法孰优孰劣的争执。另外，这一时期还取得了一些令人瞩目的研究成果。比如，1946 年 Köenig 进行了关于声谱的研究。1952 年 Bell 实验室进行了语音识别系统的研究。1956 年人工智能的诞生为自然语言处理翻开了新的篇章。这些研究成果在后来的数十年中逐步与自然语言处理中的其他技术相结合。这种结合既丰富了自然语言处理的技术手段，同时也拓宽了自然语言处理的社会应用面。

2. 发展时期（1957～1993 年）

自然语言处理在这一时期很快融入了人工智能的研究领域中。主要分为以下 3 个阶段。

（1）以关键词匹配为主流的早期

20 世纪 60 年代开发的自然语言理解系统，大都没有真正意义上的语法分析，而主要依靠关键词匹配技术来识别输入句子的意义。在这些系统中事先存放了大量包含某些关键词的模式，每个模式都与一个或多个解释（又叫响应式）相对应。系统将当前输入句子与这些模式逐个匹配，一旦匹配成功便立即得到了这个句子的解释，而不再考虑句子中那些不属于关键词的成分对句子意义会有什么影响。匹配成功与否只取决于语句模式中包含的关键词及其排列次序，非关键词不能影响系统的理解，所以说当时的自然语言理解系统近似于一种匹配技术。这种技术最大的不足在于文理是不通的，并且存在的不精确性往往会导致错误的分析。这一时期的几个著名系统包括 1968 年出现的 SIR（Semantic Information Retrieval，语义信息检索）和 ELIZA 系统等。拉法勒（Raphael B）在美国麻省理工学院完成的 SIR 系统，能记住用户通过英语告诉它的事实，然后对这些事实进行演绎，回答用户提出的问题；韦森鲍姆（Weizenbaum J）在美国麻省理工学院设计的 ELIZA 系统，能模拟一位心理治疗医生（机器）同一位患者（用户）的谈话。

（2）以句法—语义分析为主流的中期

进入 20 世纪 70 年代后，自然语言理解的研究在句法—语义分析技术方面取得了重要进展，一批采用句法—语义分析技术的自然语言理解系统脱颖而出，机器翻译系统发展很快，出现了很多实用化产品。这一时期的巨大进步与其方法的革新密切相关，主要表现在规则技术的兴起并成为主流。该时期的代表系统包括美国伍兹（Woods）设计的 LUNAR，它是第一个允许用英语同数据库对话的人机接口，用于协助地质学家查找、比较和评价阿波罗 11 飞船带回的月球标本的化学分析数据。美国斯坦福大学教授维诺格拉德（Winograd T）设计的 SHEDLU 系统，是一个在"积木世界"中进行英语对话的自然语言理解系统，它把句法、推理、上下文和背景知识灵活地结合于一体，模拟一个能够操纵桌子上一些积木玩具的机器人手臂，用户通过人机对话方式命令机器人放置哪些积木块，系统通过屏幕给出回答并显示现场的相应情景。这些系统的主要特点是在句法—语义的分析中采用了所需要的知识表示形式和处理模型，尽管它还是局限在某个领域内，但在语言分析的深度和难度方面都比早期系统有了长足的进步，能够更好地理解自然语言，标志着自然语言处理进入了一个新的阶段。

（3）开始走向实用化和工程化的近期

20 世纪 80 年代一批新的语法理论脱颖而出，具有代表性的有词汇功能语法（LFG）、功能合一语法（FUG）和广义短语结构语法（GPSG）等。自然语言处理系统开始走向实用化和工程化，其重要标志之一是有一批商品化的自然语言人机接口系统和机器翻译系统推向了市场。另一方面，人们已经开始对大规模真实文本进行理解，句法—语义分析为主的思想来自于规则的方法，而规则不可能把所有的知识表示出来，因为自然语言存在的数量是庞大的，并且具有不确定性和模糊性。这一时期英国 Leicester 大学利希（Leech）领导的 UCREL 研究小组，利用已带有词类标记的语料库，经过统计分析得出了一个反映任意两个相邻标记出现频率的"概率转移矩阵"。他们设计的 CLAWS 系统依据这种统计信息，而不是系统内存储的知识，对 LOB 语料库的一百万个词的语料进行词类的自动标注，准确率达96%。CLAWS 系统的成功使许多研究人员相信，基于语料库的处理思想能够在工程上、在宽广的语言覆盖面上解决大规模真实文本处理这一极其艰巨的课题，即使还达不到传统处理方法的水平，至少也是对传统处理方法的一个强有力的补充。

3. 繁荣时期（1994 年至今）

20 世纪 90 年代中期，计算机的速度和存储量大幅提高，改善了自然语言处理的基础，使得其商品化开发成为可能。除此之外，1994 年互联网商业化，与此同时，网络技术的发展，共同对自然语言处理中的信息检索和信息抽取的需求大幅提升。因此，自然语言处理迎来繁荣时期，图 9-1 所示为自然语言处理发展史上的 8 大里程碑事件。

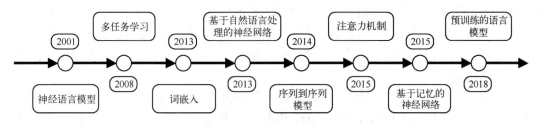

图 9-1　自然语言处理发展史上的 8 大里程碑事件

我国自然语言处理的研究起步较晚，比国外晚了 17 年。国外在 1963 年就建成了早期的自然语言处理系统，而我国直到 1980 年才建成了两个汉语自然语言处理模型，都是以人机对话的方式来实现的。但是，在国际新一代计算机激烈竞争的影响下，自然语言处理的研究在国内得到了越来越多的重视，研究单位在逐渐增多，研究队伍也在逐渐壮大。国内比较有代表性的成果，如以冯志伟教授为代表的计算语言学学者早期在机器翻译研究方面做了大量的工作，并总结出不少珍贵的经验和方法，为后来的计算语言学研究奠定了基础；清华大学的黄昌宁教授和北京大学的俞士汶教授分别领导的计算语言学实验室，主要从事基于语料库的汉语理解，近年来在自动分词、自动建立知识库、自动生成句法规则、自动统计字词的使用和关联频率方面做了大量的工作并发表了不少很有价值的论文；中科院的黄曾阳先生在自然语言研究当中通过长期的探索和总结，在语义表达方面提出了"概念层次网络"理论，这个理论框架是以语义表达为基础，并以一种概念化、层次化和网络化的形式来实现对知识的表达，这一理论的提出为语义处理开辟了一条新路。

9.2　自然语言处理的基础研究内容

自然语言处理就是要计算机理解自然语言，计算机要理解自然语言文本的含义，最后能以自然文本形式来表达意图。处理过程主要是理解、转化、生成。自然语言的基础技术包括词汇、短语、句子和篇章级别的表示，分词、句法分析和语义分析以及语言认知模型和知识图谱等。本节主要介绍自然语言处理的基础技术，包括词法分析、句法分析和语义分析等。

9.2.1　自然语言处理的层次

语言的分析和理解过程是一个层次化的过程，许多语言学家把整个过程分为 5 个层次，这样的细分可以更好地为自然语言的问题解决提供层次对应的专业指导，也可以更好地体现语言本身的构成，5 个层次表现如下。

1）语音分析。在有声语言中，最小可独立的声音单元是音素，音素是一个或一组音，它可与其他音素相区别。如 pin 和 bin 中分别有/p/和/b/这两个不同的音素。语音分析是指根据人类的发音规则，以及人们的日常习惯发音，从语音传输数据中区分出一个个独立的音素，再根据对应的发音规则找出不同音素所对应的词素或词，进而由词到句，识别出人所说的一句话的完整信息，将其转化为文本存储。

2）词法分析。词法分析是找出词汇的各个组成部分，即词汇的各个词素，分析这些词素之间的关系，进而从中获得语言学的信息。在英语等语言中，找出句子中的一个个词汇是很容易的事情，因为词与词之间是由空格来分隔的，但是要找出各个词素就复杂得多。而在汉语中，找出词素相对英语来说比较容易，因为每个字就是一个词素，但是要切分出各个词也不是那么容易。

3）句法分析。句法分析的最大单位就是一个句子，是对句子和短语的结构进行分析，分析的目的是要找出词或短语等的相互关系以及各自在句中的作用，并且以一种层次结构来加以表达。这种层次结构可为反映从属关系、直接成分关系，也可以是语法功能关系。在语言自动处理的研究中，自动句法分析的方法很多，如短语结构法、格语法等。

4）语义分析。对于语言中的实词而言，每个词都是用来称呼事物、表达概念的。句子是由词组成的，句子的含义和词义是直接相关的，但是也不是词义的简单相加。语义分析就是通过分析找出词义、结构意义以及结合意义，并在词义的基础上，拼接出一段完整的意思，进而得到完整语篇的含义，从而确定语言所表达的真正含义或概念。在语言自动理解中，语义越来越成为一个重要的研究内容。

5）语用分析。语用分析是离我们生活最近的层次，但也是相对较难的部分，它是指研究语言所存在的外界环境对语言使用者所产生的影响，例如人在恐慌条件下的表达方式与平时生活中的表达方式有很大的不同，而这是由环境变化引起的，其本人并没有改变。

对于词法分析、句法分析和语义分析 3 个层次，将在下面的小节中进行具体介绍。

9.2.2 词法分析

词法分析（Lexical Analysis）是计算机学科中将字符序列转换为单词序列的过程。进行词法分析的程序或者函数叫作词法分析器（Lexical Analyzer，简称 Lexer），也叫扫描器（Scanner）。词法分析器一般以函数的形式存在，供语法分析器调用。词法分析器或扫描器从左至右地对源程序进行扫描，按照语言的词法规则识别各类单词，并产生相应单词的属性。

词法分析是从句子中切分出单词，找出词汇的各个词素，并确定其词义。例如 disagreement 是由 dis-agree-ment 构成的，它的词义由这 3 部分构成。对于不同的语言，词法分析上有着不同的要求，例如英语和汉语在进行词法分析上就有着较大的不同。汉语的每个字就是一个词素，因此找出每个词素是很容易的，但是想要切分出每个词却非常困难。如"我们研究所有东西"，可以是"我们-研究所-有-东西"也可以是"我们-研究-所有-东西"。英语却相反，英语很容易切分一个单词，但是找出词素却很复杂。例如上述例子中 disagreement 可以是 dis-agree-ment 或者 disagree-ment，因为 dis、agree、ment 都是词素。

而通过词法分析，可以从词素中获得很多有用的语言信息。例如，在英语中，有词尾 ing 通常表示动名词，s 通常表示名词复数或者动词第三人称单数等。此外，一个词可以有很多的变形并且也可以产生派生词，例如上述例子中的 agree，可以变化出 agrees、agreement、disagreement 等。因为在词典收录中，如果将这些词都收入词典，无疑是非常庞大的，但是它们的词根只有一个 agree。因此，在自然语言理解系统中的电子词典中，通常只放入词根，通过词根来进行词素分析，从而可以极大地压缩电子词典的规模。以 agree 为例的词法分析算法如下。

> STEP1: repeat;
> STEP2: look for agree in dictionary;
> STEP3: if not found;
> STEP4: then modify the agree;
> STEP5: Until agree is found or no further modification possible;

【例 9-1】 对单词 catches、studies 进行分析。

catches	studies	词典中查不到。
catche	studie	修改 1：去掉 s。
catch	studi	修改 2：去掉 e。
	study	修改 3：把 i 变成 y。

最终，在修改 2 的时候就可以找到 catch，在修改 3 的时候就可以找到 study。

9.2.3 句法分析

句法分析（Parsing）是指对句子中的词语语法功能进行分析，它的主要任务：一是确定输入句子的结构，识别句子的各个成分及其之间的关系；二是保证句子结构的规范化，从而使得对句子进行后续处理时更简单。句法分析方法可以简单分为基于规则的方法和基于统计的方法，其中基于规则的方法包括短语结构语法和乔姆斯基形式语法。句法分析一般需要考虑 3 个方面的工作：语法的形式化表示、词条信息的描述、分析算法的设计。其中语法的形式化表示着重了解上下文无关方法。而在对一个句子进行分析的过程可用句法分析树来表示，此外，还可以用转移网络在自动推理机中表示语法。下面将分别对短语结构语法、乔姆斯基形式语法、句法分析树和转移网络进行介绍。

1. 短语结构语法

定义 一个短语结构语法 G 可用四元组形式表示：G={(T,N,S,P)。

其中，T 代表终结符集合，终结符是指被定义的那个语言的词（或符号）。N 表示非终结符集合，这些符号不能出现在最终生成的句子中，是专门用来描述语法的。T 和 N 不相交，两者共同组成了符号集 V。S 为起始符，是集合 N 的一个成员。P 为产生式规则集，具有 a→b 的形式，其中，a∈V⁺，b∈V*，a≠b。V* 表示由 V 中符号构成的全部符号串集合，V⁺ 表示 V* 中除空串（空集合）∅之外的其他符号串的集合。短语结构语法的基本运算就是把一个符号串重写为另一个符号串。例如 a→b 为一个产生式规则，可以通过 b 置换 a，重写任意一个包含子符号串 a 的符号串。

【例 9-2】 G={T,N,S,P}

> T=(the, woman, scares, a, dog, likes)
> N=(S, NP, VP, N, ART, V, Prep, PP)
> S=S

| P: | ①S→NP+VP | 短语结构为名词或名词短语加上动词或动词短语。 |
| | ②NP→N | 名词。 |

③NP→ART+N   冠词加名词。

④VP→V   动词。

⑤VP→V+NP   动词加名词或名词短语。

⑥ART→the|a   冠词有 the 和 a。

⑦N→woman|dog   名词有 woman 和 dog。

⑧V→scares|likes   动词有 scares 和 likes。

2. 乔姆斯基形式语法

乔姆斯基以数学中的公理化方法研究自然语言，采用代数和集合论把形式语言定义为符号序列，根据形式语法中使用的规则集，定义了 4 种类型的语法：无约束短语结构语法，又称 0 型语法；上下文有关语法，又称 1 型语法；上下文无关语法，又称 2 型语法；正则语法，又称 3 型语法。型号越高，所受的约束越多，生成能力就越弱，能生成的语言集就越小，描述能力就越弱。

1）无约束短语结构语法是乔姆斯基形式语法中生成能力最强的一种形式语法，它不对短语结构语法产生式规则的两边做更多的限制，仅要求 x 中至少含有一个未终结符，即 x→y（x∈V$^+$，y∈V*），无约束短语结构语法是非递归的语法，即无法再读入一个符号串后最终判断出这个字符串是否是这种语法定义的语言中的一个句子。因此，无约束短语结构语法很少用于自然语言处理。

2）上下文有关语法的产生式规则形式为 aXb→aYb，为了保证上下文有关语法的递归，一般情况下满足以下约束，对于形式为 x→y 的产生式规则，y 的长度（即符号串 y 中的符号个数）总是大于或等于 x 的长度，而且 x，y∈V*。例如，ab→cde 是上下文有关语法中一条合法的产生式规则，但是 abc→de 则不是。自然语言是上下文有关的语言，语法规则允许在左侧有多个符号（至少包括一个非终结符），以指示上下文相关性，即对非终结符进行替换时，需要考虑该符号所处的上下文环境，但是要求规则的右侧符号的个数不少于左侧，用以确保语言的递归性。

3）上下文无关语法的产生式规则是 A→x，式中，A∈N，x∈A$^+$，即每条产生式规则的左侧必须是一个单独的非终结符，右侧没有限制。规则被应用时不依赖于符号 A 所处的上下文，因此称为上下文无关语法。

4）正则语法只能生成非常简单的句子。它有两种形式，左线型语法和右线型语法。左线型语法的产生式规则是 A→Bt 或 A→t，右线型语法的产生式规则是 A→tB 或 A→t。其中 A，B∈N，t∈T，即 A、B 都是单独的非终结符，t 是单独的终结符。

3. 句法分析树

用一个短语结构语法对一个句子进行语法分析，意味着寻找一个从起始符到该句子的推导，在对一个句子进行分析的过程中，如果把分析句子各成分间关系的推导过程用树形图表示出来，那么这种图称为句法分析树。从推导方向可分为自顶向下法和自底向上法，自顶向下法即从树顶的根节点开始推导，建立句法树方向是从起始符 S 到句子；自底向上法是从树底部的叶节点（词或词类）规约，建立句法树方向是从句子到 S。从算法上分回溯算法和并行算法，回溯算法每次只尝试一种推导，当这种推导失败时便返回以尝试另一种推导；并行算法则是同时进行所有的推导。

【例 9-3】 对给出的句子 The dog can run in the park 进行分析。分析过程如下。

$$S \rightarrow NP{+}VP$$
$$NP \rightarrow Art{+}N$$
$$VP \rightarrow VP{+}ADV$$
$$VP \rightarrow Aux{+}V$$
$$ADV \rightarrow PP$$
$$ADV \rightarrow Adv$$
$$PP \rightarrow Prep{+}NP$$

词典如下。

$$Art \rightarrow a, the, this\cdots$$
$$N \rightarrow dog, baby, park, \cdots$$
$$Aux \rightarrow must, can, \cdots$$
$$V \rightarrow run, smile, sit \cdots$$
$$Adv \rightarrow quickly, slowly \cdots$$
$$Prep \rightarrow in, on, by, \cdots$$

最终得到句法分析树如图 9-2 所示。根节点为初始符，叶节点为终止符。

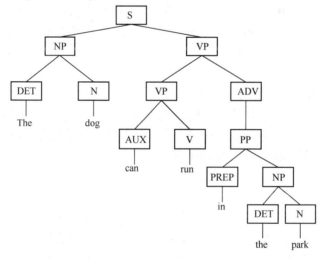

图 9-2　句法分析树

4. 转移网络

转移网络（Transition Network，TN）的一般结构为由节点和带有标记的弧构成，其中节点表示状态，弧对应符号，实现从一个状态转移到另一个状态。转移网络结构图如图 9-3 所示，图中 $q_0,q_1,\cdots,q_T$ 表示状态，q_0 是初态，q_T 是终态。弧上给出了状态转移的条件以及转移方向。转移网络可用于分析句子，也可用于生成句子。

9.2.4　语义分析

自然语言的最大特点就是充满了歧义。句法分析达不到令人满意的效果，是由于其不能很好地解决自然语言中的各种歧义现象。因此语义分析就成了自然语言理解的研究主题。

语义是指信息包含的概念和含义。语义不仅表述事物本质,还表述事物之间的因果、上下文、事实等各种逻辑关系。因此,语义是对事物的描述和逻辑表示。语义分析就是对信息所包含的语义的识别,并建立一种计算模型,使其能够像人那样理解自然语言。语义分析的目的是根据上下文辨识一个多义词在指定句子中的确切含义,然后根据该句子的句法结构和各词的词义推导出这个句子的句义,并用形式化的方式表达出来,从而使计算机能够根据这一表示进行推理。

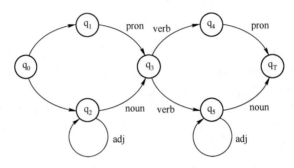

图 9-3　转移网络结构图

"我打他"和"他打我"中的词是完全相同的,但是表达的含义是完全相反的。因此,还应当考虑句子的结构含义。英语中 a red table(一张红色的桌子),它的结构含义是形容词在名词之前修饰名词,但在法语中却不同,one table rouge(一张桌子红色的),形容词在被修饰的名词之后。

语义分析是自然语言理解的根本问题,它在自然语言处理、信息检索、信息过滤、信息分类、语义挖掘等领域有着广泛的应用。在互联网时代,面对海量的信息资源,要想准确地进行信息抽取、检索所需信息、挖掘潜在的信息价值、提供智能的知识服务,都离不开面向机器理解的语义分析。尤其在大数据环境下,语义分析的地位越来越重要。语义分析主要分为两部分,词语语义分析和句子语义分析。

1. 词语语义分析

词语语义分析是指确定词语含义,即词义消歧,以及分析词之间的语义相似度(相关度)。如"他打鼓厉害"和"她打电话"中的"打"词是完全相同的,但表达的并不是一个意思。词语的相似性和相关性既有联系又有区别,相似性指词语间的可替代性,而相关性指词语的相关程度。如"喜欢"和"热爱"是两个语义相关的词语,但它们的语义不可替代。

1)词义消歧。词义消歧是自然语言处理中的基本问题之一,在机器翻译、文本分类、信息检索、语音识别、语义网络构建等方面都具有重要意义。词义消歧的方法主要分为词义词典法和机器学习法。词义词典法就是基于背景知识(知识规则)的词义消歧,通过词典中词条本身的定义作为判断其语义的条件。机器学习法则包括有监督、无监督和半监督方法,其中最常用的有基于贝叶斯分类器的词义消歧方法、基于最大熵的词义消歧方法和基于互信息的消歧方法。

2)词义相似(相关)度。在不同的上下文中可以互相替换且不改变文本句法语义结构的可能性越大,二者的相似度就越高,否则相似度就越低。根据研究方法的不同,国内外已有的词语语义相似(相关)度的研究大体可分为两大类:基于词语语义知识规则的词语语义分析和基于统计的词语语义分析。基于词语语义知识规则的词语语义分析是一种基于语言学的词汇语义分析的理性方法，它利用词语语义知识库中定义好的概念及其之间的上下文关系等逻辑关系，通过计算两个概念在概念体系中的距离来衡量词语间的语义相似或相关度。基于统计的词语语义相似（相关）度分析方法是一种经验主义方法，该方法认为两个词语语义相似或相关，当且仅当它们处于相似或相关的上下文环境中。通过对大规模语料库的统计，该方法将词语的上下文信息作为语义相似或相关分析的主要参照依据。

2. 句子语义分析

句子语义分析主要分为两个部分：浅层语义分析和深层语义分析，浅层语义分析只标注句子中与谓词相关的语义角色，它的主要形式是语义角色标注。语义角色标注出的语义角色信息构成了自然语言中最基本的浅层语义信息，这些浅层语义信息为信息的深入理解和分析奠定了基础。浅层语义分析的流程通常包含 5 个步骤。

1）预处理。采用分词、词性标记、命名实体识别、句法分析等自然语言处理技术对输入文本进行处理，得到句子。

2）句法分析树剪枝。过滤掉句法分析树中的非语义角色的句法成分，提高语义分析准确率。

3）语义角色识别。逐个判断候选句法成分是否为目标谓词的语义角色。

4）语义角色分类。标记识别出的语义角色及其对应的语义角色类型。

5）后处理。修正语义角色标注结果，更正一些明显的错误。

在众多种语义分析方法中，典型的语义分析理论是格文法（Case Grammar）。格文法是从语义的角度出发，即从句子的深层结构来研究句子的结构，着重探讨句法结构与语义之间关系的文法理论。格是指句子中的体词（名词、代词等）和谓词（动词、形容词等）之间的关系，如动作和施事者的关系、动作和受事者的关系等。格文法是美国语言学家费尔蒙（Fillmore C J）于 1968 年提出的一种语法分析模式。其基本思想是动词在句中起中心作用，参与动作的个体称为语义格。针对每个动词的义项，由可能的语义格子集构成格框架。格文法给出了各格成分之间的深层语义，即句子的深层结构。格文法最大的特点是承认语义在句法中的主导作用，由格文法分析可以得到句子的深层语义结构。通常，运用格文法进行语义分析时，需要先拥有一个语义词典，该词典中记录动词的格框架；同时也记录名词的语义信息，建立其语义分类体系。基于格文法的语义分析思路是：首先，识别待分析句子的主要动词，在动词词典中找出该词的格框架；其次，识别必要的格，即必须存在的关系，并查找格的填充物；如果格框架还需要其他必备格，则查找其他名词的语义信息，并按要求进行相应的填充；最后，识别可选格并查找相应填充物。

9.3 自然语言处理的应用技术

自然语言处理的主要任务是研究表示语言能力和语言应用的模型，建立和实现计算框架并提出相应的方法不断地完善模型，根据这样的语言模型设计有效地实现自然语言通信的计算机系统，并研讨关于系统的评测技术，最终实现用自然语言与计算机进行通信。目前，具有一定自然语言处理能力的典型应用包括机器翻译、信息检索以及问答系统等，本节将分别对这 3 方面的内容进行介绍。

9.3.1　机器翻译

近年来，自然语言处理的研究已经成为热点，而机器翻译作为自然语言研究领域的一个重要分支，同时也是人工智能领域的一个课题，同样为大家所关注。机器翻译是建立在语言学、数学、信息学、计算机科学等学科基础上的多边缘学科。现代理论语言学的发展、计算机学科的进步以及概率统计学的引入，对机器翻译的理论和方法都产生了深刻的影响。机器翻译的发展经历了一条曲折的道路，从 20 世纪 40 年代英国工程师 Booth 和美国工程师 Weaver 提出利用计算机进行翻译的想法，到 20 世纪 50 年代欧美国家投入大量的人力、物力致力于机器翻译的研究，再到 20 世纪 60 年代 ALPAC 置疑报告的提出，机器翻译走向沉寂。到了 20 世纪 80 年代机器翻译开始复兴，注意力几乎都集中在人助自动翻译上，人助工作包括译前编辑（或受限语言）、翻译期间的交互式解决问题以及译后编辑等。几乎所有的研究活动都致力于在传统的基于规则和"中间语言"模式的基础上进行语言分析和生成方法的探索，这些方法都伴有人工智能类型的知识库。在 20 世纪 90 年代早期，机器翻译研究被新兴的基于语料库的方法向前推进，出现了新的统计方法的引入以及基于案例的机器翻译等。我国进行机器翻译的研究从 20 世纪 50 年代开始，多家大学和研究机构先后开发出俄汉、英汉、汉英、日汉、汉日等机器翻译系统，同时在汉语的自然语言理解方面做了大量的研究。近些年机器翻译取得了很大发展，Google、百度等公司都推出了联机翻译系统。桌面翻译记忆软件 SDL Trados Studio 也得到广泛的应用。

机器翻译的一般过程包括源语文输入、识别与分析、生成与综合和目标语言输出。当源语文通过键盘、扫描器或话筒输入计算机后，计算机首先对一个单词逐一识别，再按照标点符号和一些特征词（往往是虚词）识别句法和语义，然后查找机器内存储的词典、句法表和语义表，把这些加工后的语义信息传输到规则系统中。典型的机器翻译方法有基于规则的、基于统计的以及基于实例的机器翻译方法，下面将分别进行介绍。

1. 基于规则的机器翻译方法

Weaver 机器翻译思想的提出，开启了机器翻译的研究热潮。美国语言学家乔姆斯基（Chomsky）在 20 世纪 50 年代后期提出的短语结构语法，给出了"从规则生成句子"的原则。由于短语结构语法采用单一标记的短语结构来描述句子的构成，因此存在约束能力弱、生成能力过强的问题，人们逐渐意识到仅依靠单一的短语结构信息，不能充分判别短语类型和确认短语边界。于是，复杂特征集（Complex Feature Set）和词汇主义（Lexicalism）被引入自然语言语法系统，基于规则的翻译方法也应运而生，基于规则的方法一直是机器翻译研究的主流，图 9-4 所示为基于规则的机器翻译流程图。

基于规则的机器翻译的优点为规则可以很准确地描述出一种语言的语法构成，并且可以很直观地表示出来。机器可以按照一组规则来理解它面对的自然语言，这组规则包含了不同语言层次的规则，包括用于对源语言进行描述的分析规则、用于对源语言/目标语言之间的转换规则以及用于生成目标语言的生成规则。由此可见，基于规则的机器翻译的核心问题是构造完备的或适应性较强的规则系统。

2. 基于统计的机器翻译方法

语言规则的产生需要大量的人力，而且大量的语言规则之间往往存在着不可避免的冲突。另外，规则方法在保证规则的完备性和适应性方面也存在着不足。而随着语料库语言学的发展和统计学、信息论在自然语言处理领域的应用，人们尝试着用统计的方法进行机器翻译的研究。对于机器翻译来说，基于统计的方法可以从两个层面上来理解，一种是指某些概率统计的方法在具体的机器翻译过程中的应用，比如用概率统计的方法解决词性标注的问题、词义消歧的问题等。另一种较狭义的理解是指纯粹的基于统计的机器翻译，翻译所需的所有知识都来源于语料库本身。这一节主要介绍这种纯统计的机器翻译方法。

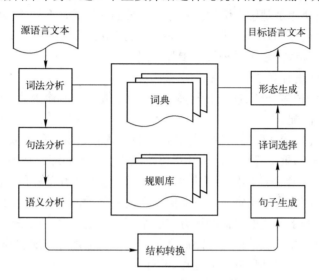

图 9-4　基于规则的机器翻译流程图

IBM 的 Brown 在 1990 年首先将最初应用于语音识别领域的统计模型用于法英机器翻译。其基本思想是用信道模型把机器翻译看作一种解码的过程，解码过程如图 9-5 所示。

图 9-5　解码过程

基于统计的机器翻译也可以用下面这个公式来说明。

$$best-translationT = \arg\max_T fluency(T)faithfulenss(T,S)$$

其中，T 表示目标语言句，S 表示源语言句。fluency(T) 相当于语言模型，它反映目标语言句子的质量，faithfulenss(T,S) 相当于翻译模型，表示从源语言到目标语言的翻译质量。从上面的公式可以看出，翻译的过程其实也是一个寻求最优翻译结果的过程。

因此，基于统计的机器翻译的关键首先是定义最适合的语言概率模型和翻译概率模型。其次，需要从已经存在的语言资源中，对语言模型和参数模型的概率参数进行估计。尽管统计机器翻译在语音识别领域取得了一定的成功，但是它需要大量的双语语料库，而且存在数据稀疏问题。因此，如何构建大规模的双语对齐语料库，以及找到比较好的平滑算法进行准确的参数估计，成了基于统计机器翻译系统实现中的关键问题。除此之外，要找到最优的译文，也需要好的搜索算法。

3. 基于实例的机器翻译方法

随着双语语料的大量增加、计算机性能的提高，基于实例的机器翻译方法被提出，并由此泛化产生了基于模板的机器翻译方法。基于实例的机器翻译思想最早由 Nagao 提出，其基本思想是将过去的翻译结果当成范例，产生一个范例库，在已有的源语言范例库中，待翻译句子按照类比原理匹配出最相似的实例句后，取出实例句对应的目标语句子，进行适当的改造，最终得出待翻译句子所对应的目标语句子。整个翻译过程实际上是一个匹配过程，它的特点是不需要对源语言进行任何的分析，仅仅是通过类比进行翻译。从翻译过程来看，句子级对齐的双语语料库是基于实例的机器翻译系统的知识源，在基于实例的机器翻译系统中，双语对齐语料库被称为翻译记忆库（Translation Memory）。

基于实例的机器翻译方法可以按如下步骤实现。

1）对双语语料库进行句子级对齐。

2）在语料库的源语言一侧进行句子分块，称为组块。然后检索输入组块的最佳候选匹配，称为源语言内部匹配。

3）在源语言最佳候选匹配的组块中检索对应目标语言组块，称为双语匹配。

4）对组块级检索结果进行组合，以获得整个源语言文本的翻译结果。

基于实例的机器翻译系统的翻译质量取决于翻译记忆库的规模和覆盖率。因此，如何构建大规模翻译记忆库成为基于实例的机器翻译研究的关键问题。现阶段，由于缺少大规模的双语对齐语料库，基于实例的机器翻译方法匹配率并不是很高，而基于实例的机器翻译如果匹配成功，可以获得高质量的译文，因此基于实例的机器翻译一般和基于规则的机器翻译结合使用。基于实例的机器翻译方法的优点如下。

1）可以通过索引和并行处理提高处理速度。

2）可以采用最佳匹配推理。

3）可以较好地利用翻译专家的专业知识（通过翻译实例）。

4）一个基于实例的机器翻译系统的知识可以移植、共享。

现有的各种机器翻译方法在现阶段的机器翻译研究中被广泛采用，它们之间已经没有严格的界限。基于规则的机器翻译结合语料库的方法，大量使用统计方法获取语言信息，而基于统计的机器翻译和基于实例的机器翻译更是相互渗透，这两种方法统称为基于语料库的方法，因为它们同样依靠双语语料库。在机器翻译研究的过程中，各种机器翻译方法层出不穷，其他的还有基于模式的机器翻译、基于神经网络的机器翻译、基于对话的机器翻译、基于原则的机器翻译等，由于这些方法不是主流，本书就不再一一介绍。

9.3.2 信息检索

信息检索（Information Retrieval，IR）是指将信息按一定的方式组织和存储起来，并根据用户的需要找出有关信息的过程。信息检索包括信息存储和检索。在检索之前必须将信息收集起来，按科学方法进行整理，并按一定准则存储起来，形成书本式检索工具或者计算机可读数据库。在检索时，用户根据自身需求提交查询条件给信息检索系统，系统利用存储信息所依据的准则，在文档集中找出与查询条件相关的文档子集，并按照它们与查询条件的相关性进行排序，最后为用户返回一个有序的文档子集。自然语言处理在信息检索中的应用呈现出多元化的趋势，主要有去除停止词技术、词性标注技术、分词技术以及取词根技术等。

1）去除停止词技术。所谓"停止词"，其实就是指在某一文档中出现频率非常高，但是其实这些词语并没有实际含义，例如英文中大部分的介词、冠词等。去除停止词技术常被用在信息检索系统中，作为文档预处理的一个步骤，通常使用一个停止词表来过滤，并可根据实际的文档集合选择合适的停止词表。然而，多数信息检索系统中，通常没有此项技术（例如 Web 搜索引擎），因为此项技术不能够提高信息检索效率，并且还会出现一些不良现象。因此，在大多数实际检索系统中，停止词也被作为索引项保留下来。去除停止词虽然对提高检索效果帮助很小，但可以提高检索效率。

2）词性标注技术。词性标注就是在给定句子中判定每个词的语法范畴，确定其词性并加以标注的过程，这也是自然语言处理中一项非常重要的基础性工作，所以对于词性标注的研究已经有较长的时间了。基于规则的词性标注方法是人们提出较早的一种词性标注方法，其基本思想是按兼类词搭配关系和上下文语境建造词类消歧规则。早期的词类标注规则一般由人工构建。随着标注语料库规模的增大，可利用的资源也变得越来越多，这时候以人工提取规则的方法显然变得不现实，于是，人们提出了基于机器学习的规则自动提取方法。另一种基于统计方法的词性标注方法是将词性标注看作是一个序列标注问题。其基本思想是给定带有各自标注的词的序列，可以确定下一个词最可能的词性。现在已经有隐马尔科夫模型（HMM）或条件随机域（CRF）等统计模型了，这些模型可以使用有标记数据的大型语料库进行训练，而有标记的数据则是指其中每一个词都分配了正确的词性标注文本。

3）分词技术。一般情况下，在进行亚洲语言的信息检索中会遇到分词的问题，在欧洲语言信息检索中通常不会遇到分词。因此，分词技术被广泛应用在中文信息检索系统中。中文分词技术常见的有两大类：机械分词技术、基于统计的序列标注技术。机械分词技术操作简单、方便，比较省心，但是对于歧义词以及未登录词的效果并不是很好；基于统计模型的序列标注技术对于识别未登录词拥有较好的识别能力，而且分词精度也比较高，同时这个方法可以不分中文、英语，着重在语言前后的顺序。

4）取词根技术。取词根技术可以将形态不同却具有同一种词根的词语进行重合，取词根方式多种多样，应用频率最高的有两种方式，即在词典的基础上取词根（例如KSTEM）、在规则的基础上取词根（例如 Porter Stemmer）。实际上，尽管取词根技术的使用对信息检索效果只有较小的提高，但由于这种技术可用性很强，所以被广泛地使用在信息检索系统中。

从广义上讲，信息检索包括两个过程：一是信息存储（Information Storage），即信息的标记加工和存储过程；二是信息检索（Information Retrieval），即信息用户的查找过程。从狭义上讲，信息检索仅指后一部分。信息检索的本质是一个匹配的过程，即用户的信息需求和存储的信息集合进行比较和选择的过程，信息检索过程如图 9-6 所示。

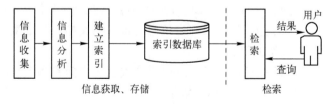

图 9-6　信息检索过程示意图

按信息检索的内容，可将信息检索划分为如下几类。

1）文献检索（Information Retrieval）。文献检索是指根据学习和工作的需要获取文献的过程。文献是指具有历史价值的文章和图书或与某一学科有关的重要图书资料，随着现代网络技术的发展，文献检索更多是通过计算机技术来完成的。

2）数据检索（Data Retrieval）。数据检索是指把数据库中存储的数据根据用户的需求提取出来。数据检索的结果会生成一个数据表，既可以放回数据库，也可以作为进一步处理的对象。

3）事实检索（Fact Retrieval）。事实检索是情报检索的一种类型。广义的事实检索既包括数值数据的检索、算术运算、比较和数学推导，也包括非数值数据（如事实、概念、思想、知识等）的检索、比较、演绎和逻辑推理。

4）概念检索（Concept Retrieval）。概念检索又称基于知识信息的检索，是基于在自然语言处理中对知识在语义层次上的析取，并由此形成知识库，然后根据对用户提问的理解来检索其中的相关信息。

以上信息检索类型的主要区别在于，数据检索和事实检索是要检索出包含在文献中的信息本身，而文献检索则检索出包含所需要信息的文献即可。

按信息检索的组织方式可将信息检索划分为如下几类。

1）全文本检索。全文本检索技术以各类数据如文本、声音、图像等为对象，提供按数据的内容而不是外在特征来进行的信息检索，其特点是能对海量的数据进行有效管理和快速检索。

2）多媒体检索。多媒体检索在基于内容的图像（视频）检索中，颜色、纹理、形状和运动等视觉特征被提取出来表征图像（视频）内容所蕴含的语义，从而实现图像（视频）数据的查询与管理，即称为多媒体分类分检索。

3）超文本检索。超文本检索是对每个节点中储存的信息以及信息链构成的网络信息进行的检索。与传统文本的线性顺序不同，超文本检索强调中心节点之间的语义联结结构，靠系统提供的工具进行图示穿行和节点展示，提供浏览式查询，可进行跨库检索。

9.3.3 问答系统

问答系统（Question Answering System，QA）是信息检索系统的一种高级形式，它能用准确、简洁的自然语言回答用户用自然语言提出的问题。问答系统是一种以自然语言或语音和用户进行自由问答交流的计算机程序，它在用户和基于计算机的应用程序之间提供了一个接口，该接口允许以一种相对自然的方式与应用程序进行交互。目前，问答系统正以文本、图形、语音等多模态的形式发展。问答系统是目前人工智能和自然语言处理领域中一个备受关注并具有广泛发展前景的研究方向。一般问答系统模型通常由4部分组成。

1）自然语言理解 （NLU），将自然语言信息转换成语义槽，通俗来说就是将文本语言转换为计算机可以表示并理解的信息。

2）问答状态跟踪，即问答管理，这一阶段系统根据历史问答和当前用户的输入，产生当前的问答状态，即输出当前状态所采取的动作。

3）自然语言生成 （NLG），将计算机的语言理解表示映射为人类所熟悉的自然语言。当然，有些问答系统的输入输出并非自然语言，也可能是语音，那么在输入时还需要将语音转换为自然语言，在输出时将自然语言转换为语音。

不同类型的问答系统在数据处理的方式上有所不同。虽然不同的问答系统面对不同的任务有着各自的架构体系，但根据数据的流动方式，一般可以将其分为 3 层结构，即用户层、中间层、数据层，问答系统的结构框图如图 9-7 所示。各部分的主要功能如下。

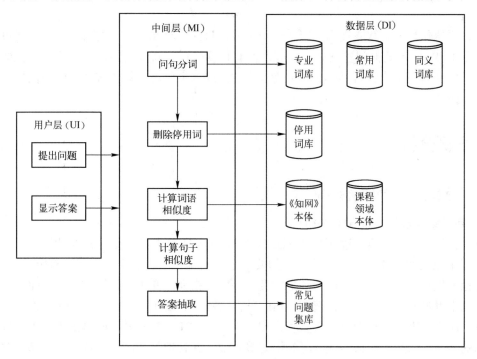

图 9-7　问答系统的结构框图

1）用户层（UI）。供用户输入提出的问题，并显示系统返回的答案。

2）中间层（MI）。中间处理层，主要负责问句分词、删除停用词、计算词语相似度、计算句子相似度，答案抽取。

3）数据层（DI）。系统的知识库存储，主要有专业词库、常用词库、同义词库、停用词库、《知网》本体、课程领域本体和常见问题集（FAQ）库。

从涉及的应用领域进行分类，可将问答系统分为限定域问答系统和开放域问答系统。限定域问答系统是指系统所能处理的问题只限定于某个领域或者某个内容范围，比如只限定于医学、化学或者某企业的业务领域等。例如 BASEBALL、LUNAR、SHRDLU、GUS 等都属于限定域问答系统，BASEBALL 只能回答关于棒球比赛的问题、LUNAR 只能回答关于月球岩石的化学数据的相关问题、SHRDLU 只能回答和响应关于积木移动的问题等。由于系统要解决的问题限定于某个领域或者范围，因此如果把系统所需要的全部领域知识都按照统一的方式表示成内部的结构化格式，则回答问题时就能比较容易地产生答案。开放域问答系统不同于限定域问答系统，这类系统可回答的问题不限定于某个特定领域。在回答开放领域的问题时，需要一定的常识或者世界知识并具有语义词典，如英文的 WordNet 在许多英文开放域问答系统中都会使用。此外，中文的 WordNet、"同义词词林"等也常在开放域问答系统中使用。

从任务类型角度进行分类，可将问答系统分为面向任务型问答系统和面向非任务型问答系统。面向任务型问答系统的目的是完成具体的任务，例如查询酒店、订餐等。而面向非任务型问答系统的主要目的是和用户进行自由交流，很典型的就是当前流行的聊天机器人。面向非任务的问答系统可分为基于检索的方法、基于生成的方法、基于检索和生成的混合方法。

问答系统作为人工智能技术的有效评价手段，目前已有 60 多年的研究历史，问答系统主要应用于 Web 形式的问答网站，代表产品有百度知道、新浪爱问、知乎网等这些即问即答网站。如今问答系统仍然存在一些急需解决的问题，主要是自然语言理解能力偏弱，还需要进一步提高等。

9.4 案例分析

9.4.1 自然语言自动理解系统

1. 自然语言理解系统 SHRDLU

指挥机器人的自然语言理解系统 SHRDLU 是由 MIT 研制的，这个系统能用自然语言来指挥机械手在桌面上摆弄积木，按一定的要求重新安排积木块的空间位置。SHRDLU 可与用户进行人机对话，接收自然语言，把它变为相应的指令，并进行逻辑推理，从而回答关于桌面上积木世界的各种问题。系统在 LISP 语言的基础上设计了一种 MICRO-PLANNER 程序语言，用它来表示各种指令、事实和推理过程。在 SHRDLU 系统的语法中，不仅包含句法方面的特征，而且还包括语式、时态语态等特征，并且把句法同语义结合在一起，取得了良好的效果。

2. 自然语言情报检索系统 LUNAR

自然语言情报检索系统 LUNAR 是由伍兹于 1972 年研制成功的一个自然语言信息检索系统，具有语义分析能力，用于帮助地质学家比较由 Apollo-11 带回的月球岩石和土壤组成的化学成分数据。这个系统具有一定的实用性，为地质学家们提供了一个有用的工具，也显示了自然语言理解系统对科学和生产的积极作用。LUNAR 系统的工作过程可分为 3 个阶段。

1）句法分析。系统采用 ATN 及语义探索的方法产生人提出问题的推导树。LUNAR 能处理大部分英语提问句型，有 3500 个词汇，可解决时态、语式、指代、比较级、关系从句等语法现象。如英语句子"Give me the modal analysis of P205 in those samples."（给我做出这些样本中 P205 的常规分析），"What samples contain P205?"（哪种样本含有 P205？）等。

2）语义解析。在这个阶段中，系统采用形式化的方法来表示提问语言所包含的语义，例如（TEST（CONTAIN S10046 OLIV），其中 TEST 是一个操作，CONTAIN 是一个谓词，S10046 和 OLIV 都是标志符，代表了数据库中所存储的事物，S10046 是标本号，OLIV 是一种矿石。形式表达中还有多种量词，如 QUANT、EVERY 等，(FOR EVERY x_1/(SEQTYPEC): T; (PRINTOUTx_1))的含义是枚举出所有类型为 C 的样本并打印出来。

3）回答问题。在这个阶段将产生对提问的回答，如提问"Do any samples have more than 13 percent aluminium?"（举出任何含铝量大于 13%的样本）。分析后的形式化表达为"(TEST(FOR SOME x_1/(SEQ SAMPLES): T; (CONTAIN x_1(NPR*x_2/ AL203)(MORE THAN 13 PCT)))"，回答结果为 yes。然后，LUNAR 系统可枚举出一些含铝量大于 13%的样本。

3．自然语言问答系统

简单的自然语言问答系统，至少要做 3 件事：分析一语句，同时构造它的逻辑表示，检查它的语义正确性；如果可能的话，转换该逻辑形式为 Horn 子句；如果该语句是陈述句，则在知识库中增加该子句，否则认为该子句为一个问题，并演绎检索相应的答案。如今研究最多的问答系统应用是聊天机器人。

聊天机器人是自然语言处理和人工智能领域中的一个重要研究方向。近年来，聊天机器人系统的研究受到了广泛关注。由于自然语言处理、深度学习、语音识别和模式识别等在内的人工智能技术稳步前进，推动了聊天机器人系统的高度发展，人机交互的方式也发生了很大的变化。目前，很多商业公司纷纷投入到聊天机器人的研发中，陆续推出了相关产品，比如苹果的 Siri、谷歌的 Google Now、微软的 Cortana 与小冰、百度的度秘、亚马逊的智能语音助手 Alexa、Facebook 的语音助手 M，以及韩国的 SimSimi 等。

9.4.2 中文文本的词频统计

在中文信息处理中，中文文本分类（Text Categorization，TC）问题一直是重要的研究内容。中文文本分类的最终目标是在给定的分类体系下，根据训练文档集合，自动确定新文档的类别。通过文档的自动分类，实现资源从无序到有序的组合，以便用户高效地利用资源。早期的自动文本分类以知识工程的方法为主，根据领域专家对给定文本集合的分类经验，人工提取出一组逻辑规则，作为计算机自动文本分类的依据。

从数学的角度可以把文本分类看成是一个映射的过程。它将未标明类别的文本映射到已有的文本中，该映射可以是一对一映射，也可以是一对多映射，一篇文档和多篇文档相关联。用数学的公式表示为 F(A)⇒(B)。其中 A 为待分类的文本集，B 为分类体系中的类别集，F 为文本分类规则。图 9-8 所示为中文文本分类系统流程图。

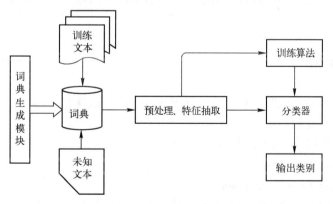

图 9-8　中文文本分类系统流程图

系统主要由词典生成模块、训练模块和分类模块组成。词典生成模块通过对文本中单字的字频信息以及相邻字共同出现的频率信息进行统计，产生分词词表。训练模块首先对训练文本进行预处理，然后进行特征抽取和参数训练，最后生成文本分类器。分类模块通过对待分类文本的预处理及特征抽取后，由文本分类器自动对文本进行分类，文本分类器的分类流程如图 9-9 所示。

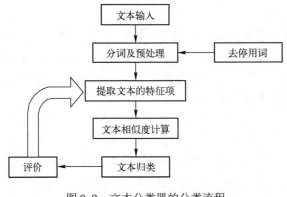

图 9-9   文本分类器的分类流程

9.5   本章小结

21 世纪以来，随着计算机和互联网的广泛应用，计算机可处理的自然语言信息数量空前增长，面向海量信息的文本挖掘、信息提取、跨语言信息处理和人机交互等应用的需求急速增长，自然语言处理研究必将对我们的生活产生深远的影响。本章首先介绍自然语言处理的基本概念和发展历程，然后介绍了自然语言处理的关键技术，包括词法分析、句法分析、语义分析，最后介绍了自然语言处理在机器翻译、信息检索和问答系统方面的应用，并对一些实际案例进行了分析介绍。生活在信息网络时代的现代人，几乎都要与互联网打交道，都要或多或少地使用自然语言处理的研究成果来获取或挖掘互联网上的各种知识和信息。因此，世界各国都非常重视自然语言处理的研究，但自然语言处理不是那么简单，而是十分困难。从现有的理论和技术现状来看，通用的、高质量的自然语言处理系统，仍然是较长期的努力目标。

9.6   思考与练习

（1）什么是自然语言理解？自然语言理解过程有哪些层次？

（2）句法分析有几种？

（3）对下列句子给出句法分析树。

1）The lion ran after a deer。

2）He used a pen to write his diary。

（4）目前常用的信息检索模型有哪些？简单介绍它们的原理。

（5）机器翻译的一般过程包括哪些步骤？概述每一步的功能。

第 10 章　人工智能在一些领域的研究

人工智能是一门外向型的学科，不但要求研究它的人懂得人工智能的知识，而且要求其有比较扎实的数学、哲学和生物学基础，只有这样才可能让一台机器模拟人的思维。因此人工智能的知识领域十分浩繁，同时也很难面面俱到，但是各领域的思想和方法有许多可以互相借鉴的地方。随着人工智能理论研究的发展和成熟，人工智能的应用领域更为宽广，应用效果更为显著。本章将对人工智能在机器人学、智能规划和数据挖掘中的应用进行介绍。

10.1　机器人学

机器人技术是综合了计算机、控制论、机构学、信息和传感技术、人工智能、仿生学等多门学科而形成的高新技术，是当代研究十分活跃、应用日益广泛的领域。近几十年来，随着时代的飞速发展，人工智能与机器人的技能发展逐渐渗入生活的方方面面。本节将介绍人工智能在机器人学中的应用，主要介绍机器人学概述、机器人系统和机器人的应用与展望，并结合实际应用案例进行分析。

10.1.1　机器人学概述

在现实生活中，机器人并不是在简单意义上代替人工劳动，而是综合了人的特长和机器特长的一种拟人的电子机械装置。这种装置既有人对环境状态的快速反应和分析判断能力，又有机器可长时间持续工作、精确度高、抗恶劣环境的能力。从某种意义上说，机器人是机器进化过程的产物，是工业以及非产业界的重要生产和服务性设备，也是先进制造技术领域不可缺少的自动化设备。1958 年，被誉为"工业机器人之父"的 Joseph F.Engel Berger 创建了世界上第一个机器人公司——Unimation 公司，并参与设计了第一台 Unimate 机器人，如图 10-1 所示。这是一套用于压铸的五轴液压驱动机器人，手臂的控制由一台专用计算机完成。它采用分离式固体数控元件，并装有存储信息的磁鼓，能够记忆完成 180 个工作步骤。与此同时，另一家美国公司——AMF 公司也开始研制工业机器人，即 Versatran 机器人，如图 10-2 所示。它主要用于机器之间的物料运输，采用液压驱动。该机器人的手臂可以绕底座回转，沿垂直方向升降，也可以沿半径方向伸缩。一般认为 Unimate 和 Versatran 机器人是世界最早的工业机器人。

国际上关于机器人的定义主要有如下几种。

1）英国简明牛津字典的定义：机器人是貌似人的自动机，具有智力的和顺从于人的但不具人格的机器。这一定义并不完全正确，因为还不存在与人类相似的机器人在运行。这个定义是一种理想的机器人。

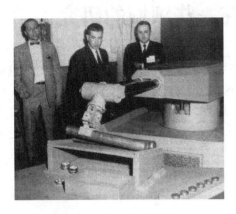
图 10-1　Unimate 机器人

图 10-2　Versatran 机器人

2）美国机器人协会的定义：机器人是一种用于移动各种材料、零件、工具或专用装置的，通过可编程序动作来执行各种任务的，并具有编程能力的多功能机械手。尽管这一定义较实用些，但并不全面，这里指的只是工业机器人。

3）日本工业机器人协会的定义：工业机器人是一种装备有记忆装置和末端执行器的、能够转动并通过自动完成各种移动来代替人类劳动的通用机器。

4）美国国家标准局（NBS）的定义：机器人是一种能够进行编程并在自动控制下执行某些操作和移动作业任务的机械装置。这是一种广义的工业机器人定义。

5）国际标准化组织的定义：机器人是一种自动的、位置可控的、具有编程能力的多功能机械手，这种机械手具有几个轴，能够借助可编程序操作来处理各种材料、零件、工具和专用装置，以执行各种任务。显然，这一定义与美国机器人协会的定义相似。

6）我国关于机器人的定义：随着机器人技术的发展，我国也面临讨论和制定关于机器人技术的各项标准问题，其中包括对机器人的定义。蒋新松院士曾建议把机器人定义为"一种拟人功能的机械电子装置"。

上述各种定义共同之处在于：认为机器人像人或人的上肢，并能模仿人的动作；具有智力或感觉与识别能力；是人造的机器或机械电子装置。随着机器人的进化和机器人智能的发展，这些定义也随之发生变化。简单地说，可把具有下述性质的机械看作是机器人。

1）代替人进行工作。机器人能像人那样使用工具和机械，因此，数控机床和汽车不是机器人。

2）具有通用性。机器人既可简单地变换所进行的作业，又能按照工作状况的变化相应地进行工作。一般的玩具机器人不具有通用性。

3）直接对外界工作。机器人不仅能像计算机那样进行计算，而且能依据计算结果对外界产生作用。

机器人的主要特点包括通用性和适应性这两方面。其中，机器人的通用性取决于几何特性和机械能力。通用性指的是某种执行不同的功能和完成多样的简单任务的实际能力，同时也意味着机器人具有可变的几何结构,即根据生产需要进行变更的几何结构。现有的大多数机器人都具有不同程度的通用性,包括机械手的机动性和控制系统的灵活性。机器人的适应性是指其对环境的自适应能力,即所设计的机器人是否能够自我执行未经完全指定的任务,而不管任务执行过程中所发生的没有预计到的环境变化。这一能力要求机器人认识其环境,即具有人工知觉。在这方面,机器人应该具备以下能力:运用传感器检测环境的能力;分析任务空间和执行操作规划的能力;自动指令模式能力。迄今为止所开发的机器人知觉与人类对环境的解释能力相比,仍然是十分有限的。

10.1.2 机器人系统

通常来讲,按照机器人各部件的作用,机器人系统一般由 3 个部分、6 个子系统组成,图 10-3 所示为 3 个组成部分,包括机械部分、传感部分和控制部分。图 10-4 所示为 6 个子系统,包括驱动系统、机械结构系统、感受系统、人机交互系统、机器人环境交互系统和控制系统。

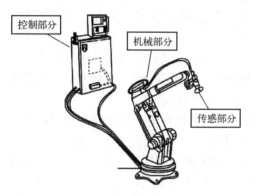

图 10-3   机器人的 3 个组成部分

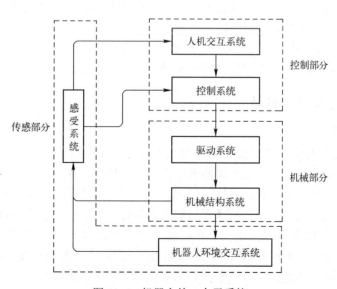

图 10-4   机器人的 6 个子系统

1）驱动系统。要使机器人运行起来，需给各个关节（每个运动自由度）安装传动装置，这就是驱动系统。其作用是提供机器人各部位、各关节动作的原动力。根据驱动源的不同，驱动系统可分为电动、液压和气动 3 种，也包括把它们结合起来应用的综合系统。驱动系统可以与机械系统直接相连，也可通过同步带、链条、齿轮等与机械系统间接相连。

2）机械结构系统。机械结构系统又称为操作机构或执行机构系统，是机器人的主要承载体，它由一系列连杆、关节等组成。机械结构系统通常包括机身、手臂、关节和末端执行器，具有多自由度。其中机身相当于机床的床身结构，机器人的机身构成了机器人的基础支撑。手臂一般由上臂、下臂和手腕组成，用于完成各种简单或复杂的动作。关节通常分为滑动关节和转动关节，以实现机身、手臂、末端执行器之间的相对运动。末端执行器是直接装在手腕上的一个重要部件，它通常是模拟人的手掌和手指的，可以是两手指或多手指的手爪末端操作器，有时也可以是各种作业工具，如焊枪、喷漆枪等。

3）感受系统。感受系统通常由内部传感器模块和外部传感器模块组成，用于获取内部和外部环境中有意义的信息。智能传感器的使用提高了机器人的机动性、适应性和智能化。人类的感受系统对外部世界信息的感知是极其灵巧的，然而，对于一些特殊的信息，传感器比人类的感受系统更有效率。

4）人机交互系统。人机交互系统是人与机器人进行联系和参与机器人控制的装置，如计算机的标准终端、指令控制台、信息显示板及危险信号报警器等。该系统归纳起来实际上就是两大类，即指令给定装置和信息显示装置。

5）机器人环境交互系统。机器人环境交互系统是实现机器人与外部环境中的设备相互联系和协调的系统。工业机器人往往与外部设备集成为一个功能单元，如加工制造单元、焊接单元、装配单元等；工业机器人也可以是多台机器人、多台机床或设备、多个零件存储装置等集成为一个去执行复杂任务的功能单元。

6）控制系统。控制系统的任务是根据机器人的作业指令程序及从传感器反馈回来的信号，控制机器人的执行机构去完成规定的动作。若机器人不具备信息反馈特征，则该控制系统为开环控制系统；若具备信息反馈特征，则该控制系统为闭环控制系统。控制系统根据控制原理可分为程序控制系统、适应性控制系统和人工智能控制系统。控制系统根据控制运动的形式可分为点位控制系统和连续轨迹控制系统。

10.1.3 机器人的应用与展望

1. 工业机器人

工业机器人是在工业生产中使用的机器人的总称，主要用于完成工业生产中的某些作业。依据具体应用目的的不同，工业机器人常以其主要用途命名。工业机器人已广泛应用于汽车工业的焊接、喷漆、热处理、搬运、装配、上下料、检测等作业，其中焊接机器人是目前应用最多的工业机器人之一，包括点焊机器人和弧焊机器人，用于实现自动化焊接作业。在物流、码垛、食品和药品等领域，工业机器人正逐步代替人工从事繁重枯燥的包装、码垛、搬运作业。工业机器人研究的运动学标定、运动规划、控制等已有成熟的控制方案。但由于工业机器人是一个非线性、多变量的控制对象，而制造业也对机器人性能提出新需求，机器人的控制方法仍是研究重点，工业机器人技术也朝着智能化、重载、高精度、高速、网络化等方向发展。结合位置、力矩、力、视觉等信息反馈，柔顺控制、力位混合控制、视觉伺服控制等方法得到大量研究，以适应高速、高精度、智能化作业的需求。利用网络技术，工业机器人不仅简化了系统结构，同时也实现了协同作业。例如，FANUC公司的并联六轴结构的机器人3iA具有很高的柔性，集成iRVision视觉系统、ForceSensing力觉系统、RobotLink通信系统和CollisionGuard碰撞保护系统等多个智能功能，可对工件进行快速识别，利用视觉跟踪系统引导完成作业。在工业机器人研究中，国内很多大学和研究机构，如哈尔滨工业大学、中国科学院沈阳自动化研究所、中国科学院自动化研究所、清华大学、北京航空航天大学、上海交通大学、天津大学、南开大学、华南理工大学、湖南大学、上海大学等，开展了大量工作，在机构、驱动和控制等方面取得了丰硕成果，为国内机器人产业的发展奠定了技术基础。而随着国内工业机器人的需求越来越迫切，沈阳新松机器人自动化公司、哈尔滨工业大学博实公司、广州数控设备有限公司、上海沃迪公司、奇瑞公司等企业在工业机器人产业方面也不断发展壮大。

2. 仿人机器人

模仿人的形态和行为而设计制造的机器人就是仿人机器人，仿人机器人要能够理解、适应环境，精确灵活地进行作业，高性能传感器的开发必不可少。传感器是机器人获得智能的重要手段，如何组合传感器摄取的信息，并有效地加以运用，是基于传感器控制的基础，也是实现机器人自治的先决条件。世界上最早的仿人机器人研究组织诞生于日本，1973年，早稻田大学加藤一郎等组成了大学和企业之间的联合研究组织，其目的就是研究仿人机器人。还有一些比较成功的案例，如日本本田公司研制的仿人机器人ASIMO，高1.2m、行走速度达6km/h，可完成8字形行走、上下台阶、弯腰等动作，还可与人握手、挥手、语音对话，识别出人和物体等。日本川田公司的仿人机器人HRP-2，高1.5m，可模仿人的舞蹈动作。索尼公司开发了0.6m高的小型娱乐仿人机器人QIRO。Aldebaran Robotics公司开发的用于教学和科研、高0.57m的小仿人机器人Nao，集成了视觉、听觉、压力、红外、声呐、接触等传感器，可用于控制、人工智能等研究。此外，值得关注的是波士顿动力公司在液压四足仿生机器人基础上开发的液压驱动双足步行机器人Petman，其行走过程显示出良好的柔性和抗外力干扰性，可完成上下台阶、俯卧撑等动作。国内在仿人机器人方面也开展了大量工作。国防科学技术大学研制开发了KDW系列双足机器人，研制了仿人机器人"先行者"。北京理工大学研制的BRH系列仿人机器人，高1.58m、32个自由度、行走速度1km/h，实现了太极拳表演、刀术表演、腾空行走等复杂动作。哈尔滨工业大学研制开发了HIT系列双足步行机器人。清华大学研制开发了仿人机器人THBIP-I。北京理工大学与中国科学院自动化研究所、南开大学等单位合作开展了乒乓球的高速识别与轨迹预测等关键技术研究，实现了两台仿人机器人、人与仿人机器人的多回合乒乓球对打。浙江大学等单位研制的仿人机器人也实现了仿人机器人、人与仿人机器人的乒乓球对打。

3. 外星探索机器人

外星探索机器人是在地外行星上完成勘测作业的移动机器人，极端环境下的可靠控制是其面临的严峻挑战。美国开发的用于火星探测的移动机器人"探路者""勇气号""机遇号""好奇号"都成功登陆火星开展科研探测。其中"好奇号"火星车采用了六轮独立驱动结构，长3m、宽2.7m、高2.2m、自重900kg，具有一个2.2m的作业臂和摄像头等多种探测设备，在45°倾角状态下不会倾翻，最高速度4cm/s。不同于以往火星车采用太阳能供电，"好奇号"采用核电池供电，使系统续航能力得到极大提升。我国在外星探索机器人方面经长期努力也取得了丰富的成果。在外星探索机器人方面,哈尔滨工业大学、北京航空航天大学等开展了相关研究工作,研究了空间作业臂,哈尔滨工业大学研制了两轮并列式、6轮摇臂一转向架式、行星轮式等多种型号的月球车样车,并搭载太阳能帆板、相机桅杆、定向天线、全向天线、前后避障相机等设备。中国科学院沈阳自动化研究所、清华大学、上海交通大学、国防科学技术大学、复旦大学等单位也都开展了相关研究,并研制了各具特色的月球车原理样机。

4. 机器人技术发展趋势

通过分析已有的机器人技术研究工作,机器人技术的应用和研究从工业领域快速向其他领域延伸扩展。工业机器人是使用数字化和网络化生产的核心组成部分。在工业领域,工业机器人的应用已不再仅限于简单的动作重复。对于复杂作业需求,工业机器人的智能化、群体协调作业成为解决问题的关键;对于高速度、高精度、重载荷的作业,工业机器人的动力学、运动学标定、力控制还有待深入研究;而机器人和操作员在重叠的工作空间合作作业问题,则对机器人结构设计、感知、控制等研究提出了确保人机协同作业安全的新要求。在工业领域以外,机器人在医疗服务、野外勘测、深空深海探测、家庭服务和智能交通等领域都有广泛的应用前景。在这些领域,机器人需要在动态、未知、非结构化的复杂环境完成不同类型的作业任务,这就对机器人的环境适应性、环境感知、自主控制、人机交互提出了更高的要求。

此外,人机协作也是机器人发展的另一个重要趋势。具备与人类协同工作能力的现代机器人系统能够适应快速变化的环境。机器人制造商不断扩大人机协作应用范围。目前最为普遍的协作场景是人机共享工作区。机器人和工人一起工作,按顺序依次完成各自任务。而机器人与人针对同一部件同时工作的应用则更具挑战性。当前的研发正专注于使机器人能够实时响应的方法,就像两个工人协同工作一样,研发团队希望机器人根据环境变化调整动作,从而实现真正的响应式协作。这些解决方案包括语音、手势和对人类动作意图的识别。随着当前技术的发展,人机协作已经为各种规模的不同行业的公司提供了巨大的发展潜力,协同作业将成为继传统机器人之后的又一投资领域。

10.1.4 足球机器人案例分析

足球机器人的最终目标是到 21 世纪中下叶,按国际足联制定的比赛规则,用机器人足球队打败人类足球冠军队。这是个"梦想",又是一个"里程碑项目",实现这个目标固然很重要,但更重要的是为实现这一目标而开发出来的许多技术将改变人类历史。目前国内外许多学者对足球机器人越来越感兴趣,并积极参加世界杯比赛,主要是因为它将各种技术集成到一个独立的、完整的智能体上,并且通过比赛的方式考验其综合技术水平。通过这个项目能检验人类和机器人共存所必需的分布式多机器人的协调与合作技术及智能机器人知识处理水平。足球机器人所包含的关键技术及主要研究内容如下。

1)视觉技术。足球机器人对环境的认识主要依靠视觉系统,它相当于人的眼睛,因此视觉是足球机器人的关键技术。目前为实现视觉的实时处理,对物体的识别主要采用彩色信息,但今后为实现类人机器人的视觉必须研究形状信息和运动信息。在视觉技术中,另一个重要问题是视野问题,通常固定摄像机容易丢失目标(机器人与球),因此最好采用全方位摄像机,但如果增加无用的视野会降低图像分辨能力,因此要通过研究主动视觉与认知心理学技术来解决视觉中存在的识别效率与定位精度的难题。

2）触觉技术。在比赛过程中足球机器人经常会和对方机器人碰撞导致翻倒或撞伤，因此触觉系统受到格外重视，它相当于人的皮肤。现在主要利用红外线或声呐技术，通过事先预测方法避免碰撞，但由于其密度不大，仍未解决碰撞问题。为实现类人机器人自主避免碰撞问题，要研究高密度触觉传感器，即人造皮肤。

3）移动机构。机器人踢球是通过移动机构实现的，它相当于人的腿与脚，因此要求机器人必须跑得快且动作要稳定，不易翻倒。为实现这个目的，目前大部分采用和汽车类似的带轮子的小车。由于这种移动机构很难实现突然转身踢球等灵活运动，因此出现了全方位移动机器人，但这些移动车由于没有腿很难实现像人那样既能跑又能踢球的功能，因此为最终实现类人足球机器人的目的必须研究两足移动机器人的复杂运动控制问题。

4）协调与合作技术。在人类足球比赛中各队员之间能否进行有效的协调与合作是胜负的关键。与此相似，在机器人足球比赛中只有各队员之间紧密协调、合作才能取胜。为实现机器人球员之间的协调、合作，不但要研究基于多智能体系统的行动决策技术，还要研究根据环境的动态变化，如何实时实现进攻和防守队形的自动生成算法问题。

5）无线通信技术。在机器人足球比赛过程中要使各队员之间协调与合作，应当通过无线通信系统做好各队员之间的联络与沟通，通信系统发挥着人类嘴和耳朵的功能。在比赛过程中，由于机器人之间距离很近会有无线电干扰，同时队员之间通信必须对对手保密，因此要开发抗干扰、高可靠、高保密性的无线电通信网络系统。

6）学习与进化技术。设计者事先设计出足球机器人所有行动是比较困难的事情，因此应当和人类一样要通过学习使机器人具有自主行动的能力。目前让足球机器人进行复杂任务的学习比较困难，因此要求通过示教与简单任务的学习使机器人具有自主控制能力。为了实现类人足球机器人的目的，需要通过遗传进化等算法使球队进一步优化，产生更好的协调与决策算法。

7）策略与仿真技术。人类的足球比赛是在教练的指导下进行的，教练的水平直接关系到比赛的成败，在机器人足球比赛中要将人类教练的专家知识移植到比赛策略仿真平台上，并通过多次仿真试验提炼出更好的比赛策略，这就要求不但要开发逼真的仿真平台，还要研究策略的开发方法与评价方法。

8）人机接口技术。在人类足球比赛中，教练通过声音或手势进行现场指挥，为实现类人机器人足球比赛，就要研究基于自然语言的声控人机接口技术与基于手势的人机接口技术。为便于机器人足球比赛深入到中小学生当中，还应当开发适合于人体工程学且操作方便的遥控操作器。

10.2 智能规划

智能规划是人工智能研究领域近年来发展起来的一个热门分支。由于其广泛的实用性，受到了研究者的高度重视。本节将介绍智能规划的概述、智能规划的应用及智能电网案例分析。

10.2.1 智能规划概述

规划是关于动作的推理，通过预估动作的效果，选择和组织一组动作，以尽可能好地实现一些预先指定的目标。而智能规划则是人工智能中专门从计算上研究这个过程的一个领域。面对复杂的任务、实现复杂的目标或者在动作的使用中受到某种约束限制的时候，智能规划技术能够节省大量人力物力财力。例如，在危险性大和费用很高的关键环境中。智能规划是智能系统理论与应用研究的重要分支，其主要思想是对周围环境进行认识与分析，根据要实现的目标，对若干可供选择的动作及所提供的资源限制进行推理，综合制定出实现目标的规划。1969 年，以著名人工智能专家 Nilssion 为首的斯坦福研究院人工智能研究组提出了智能规划系统 STRIPS（Stanford Research Institute Problem Solver），这是智能规划历史上具有重要意义的研究成果。STRIPS 用在智能机器人 Shakey 的动作规划中，其知识表示方法及推理方法对以后的智能规划系统产生了深刻的影响。

与基于遗传算法等智能方法的线性、非线性规划问题不同，动作排序是智能规划的主要任务。因为动作的种类繁多，所以存在多种形式的规划，例如路径和运动规划、感知规划和信息收集、导航规划、通信规划、社会与经济规划等。智能规划的研究方向可以分为经典规划和非经典规划两大类。经典规划是在经典规划环境下进行的搜索、决策过程。经典规划环境具有以下特点。

1）完全可观察的：系统 S 是完全可观察的，即关于 S 的状态有一个完整的知识。

2）确定的：动作的效果只有一个，且是确定的。

3）静态的：不考虑外部动态性。

4）有限的：系统状态有限。

5）离散的：动作和事件没有持续时间。

非经典规划相对于经典规划而言，是指那些在部分可观察的或随机的、考虑时间和资源的以及放宽其他限制条件的环境下进行的规划。近年来，智能规划在问题的描述和问题求解两方面得到了新的突破，成为人工智能研究者普遍关心的一个重要研究领域。由于智能规划的研究对象和研究方法的转变，极大地扩展了智能规划的应用领域，使智能规划的理论和应用研究近年来有了长足的进展。

10.2.2 智能规划的应用

1. 智能规划在工厂作业中的应用

智能规划在工厂作业中的应用是指从生产设计到产品监测的一系列过程，考虑在有限的加工资源（车床、刨床、钻床）的情况下，根据已知工件的加工顺序要求对整个车间的生产做出安排，使得加工完成所有工件所需的时间尽可能地少，每台机床的等待时间尽可能地短，主要采用资源约束的方法进行求解。智能规划在工厂作业中的应用主要体现在两方面：一是生产流程规划，在一个功能化的工厂中将一个生产要求转变为一组详细的操作指令，许多基于知识工程的软件在这方面取得了较好的效果，先将现实生产流程转化为知识库中信息，然后再根据相应的生产要求来转化；二是生产安排规划和调度，将生产安排用来符合客户的需求按时交货，即通常说的 ERP 作业调度。

此外，在工业生产运输中，智能规划也有其发展空间。智能规划在交通运输中较常见的是在物流方面的应用，物流应用问题中根据动态的运输要求而对一组交通工具进行实时规划（行程调整和计划安排），考虑在有限辆货运汽车的前提下，在不同的地点之间运送货物。规划的输出是一张车辆运转计划表，使得汽车尽可能地满载运输，空车运行情况尽可能地少，车辆闲置的情况尽可能地少，这当然也会给运输公司带来可观的效益。

2．智能规划在航空航天上的应用

智能规划的一个重要应用领域就是航空航天。现有行星探测器的主要前进方式为拍摄前方照片通过遥测发回地面站，操作人员根据图像确定前进路线，再通过在上行通道注入行动指令，实现探测车的行驶操作。这种模式过于依赖地面测试人员，效率较低，很多时候由于行星表面环境较为恶劣，或者由于距离的确过于遥远，遥测控制信号也比较微弱，或者由于地球自转引起相对位置改变，无法实现遥测遥控，更难以实现探测器的实时控制。智能规划则可以实现行星探测车的自主行动，选取最优探测路线，智能避开障碍物体，以最小的代价、最高的效率采集有用信息，大大辅助深空探测应用。例如哈勃空间望远镜（Hubble Space Telescope，HST）的修复。在修复过程中，地面人员不断得到关于 HST 能做什么和不能做什么的最新信息，然后对修复工作做出规划，从而使 HST 恢复了正常观测能力。

3．智能规划在机器人领域的应用

机器人规划研究跟其他规划研究领域不一样，主要在于机器人处于有干扰的各种环境模型中，它通过感应器和交流信道得到的信息都存在干扰，这样机器人就需要将感应和执行整合来进行直接规划。目前主要研究领域是机器人的路径规划。机器人的路径规划是指机器人在有障碍物的工作环境中，寻找出一条从起点到终点的路径，使机器人在运动过程中能无碰撞地绕过所有障碍物到达目的地，其实质就是移动机器人运动过程中的导航和避障。基于不同的研究方向，移动机器人路径规划有着不同的划分标准。比较常用的有根据环境信息感知程度分类和根据环境信息确定性分类。根据环境信息的感知程度，可将路径规划划分为全局路径规划和局部路径规划以及两者相结合的情况。根据环境信息确定性程度，可以分为静态环境路径规划和动态环境路径规划。其中全局路径规划是在机器人工作环境信息已知的情况下，离线规划出符合某种给定规则的最优路径，不需要考虑实时性问题。而局部路径规划中环境是未知的，可能存在动态障碍物。为了保证移动机器人的运行安全，不仅需要考虑机器人能够寻找到最优路径，还要考虑路径规划算法的实时性。此外，还可以根据作业任务的要求，对机器人预期的运动轨迹进行计算和规划。

10.2.3　智能电网案例分析

智能电网是在电网情报、双向通信网络的基础上建设的，是以测量技术和传感器技术为载体，配置先进的硬件设施，培训专业人员利用专业技术配合决策支持系统来对电网进行控制，可以有效地提高电网的安全性、可靠性、效率，符合经济效益，主要特征包括自愈、激励和自动防范攻击，客户可以满足当前对电力的需求，可以兼容不同发电形式的访问，优化电力市场，保证电力市场持续地高效、稳定运行。智能电网的智能规划系统是解决电力供应紧张问题的重要技术，它可以根据实际情况进行电源、电力资源的合理有效的配置，满足实际需求，可以缓解供电紧张问题。智能规划系统不是单纯的着眼于局部问题的算法研究和实现，而是结合数据信息、智能规划标准和支撑技术 3 大类要素，实现管理、工程应用、研究开发一体化交互的智能系统，具有信息化、标准化、智能化的基本特征，电网智能规划系统架构如图 10-5 所示。

该智能规划系统中智能规划标准是关键，为电网规划涉及的各类关系对象进行标准建模，保证各类开发应用的无缝集成，为电网规划理论成果转化和功能实现提供标准的开发平台。同时智能规划标准也是保证与智能电网各系统衔接的基础。智能规划系统为管理部门、工程应用单位和研究开发单位3类规划设计业务主要参与者提供了一体化交互平台。电网规划系统的基本特征如下。

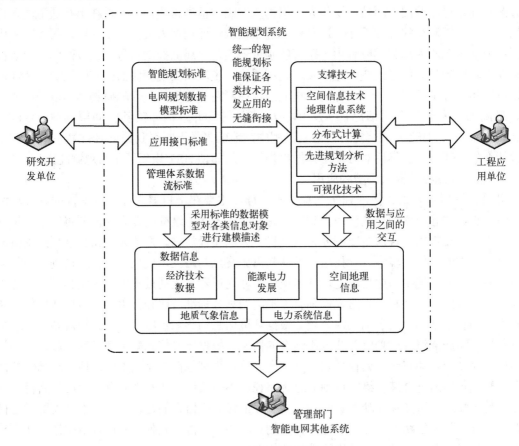

图 10-5　电网智能规划系统架构

1）信息化。电网规划涉及的信息领域不仅包括电力系统核心领域，而且包括国民经济发展、能源资源分布、地理地质等相关领域，电网规划需要考虑国民经济发展情况、设备造价水平、工程建设费用、电网维护经营、土地价值等经济信息。电网规划信息的有效组织意味着结合电力系统专业深度和其他专业的广度，相对于智能电网技术中采用高级量测技术对电网设备物理信息的采集、建模和分析，电网规划涉及信息领域更广，需要考虑的因素更多，时间维度更长。同时，由于电网规划的不确定性，导致描述规划电网的数据模型粒度较粗。智能规划系统具有开放性、信息化的特点，具备充分的数据和庞大的设备架构体系，信息高度融合集中，在此基础上实现可视化功能，形成先进的人机决策系统。

2）标准化。标准化致力于解决电网规划交互性问题。电网规划是一个技术和管理紧密结合的过程，决定了规划工作的强交互性。电网规划的研究对象既有现实存在的电网，也有未来规划的虚拟电网，意味着对电网的整体描述既需要生产调度环节采集的数据，也需要由规划技术人员预测评估数据。因此，与智能电网中侧重于设备运行状态信息采集的交互性特点不同，智能规划系统的交互性包含了人与人之间和人与物之间两个方面。智能规划标准共包括 3 类标准：电网规划数据模型标准；应用接口标准；管理体系数据流标准。其中，电网规划数据模型标准是智能规划系统的核心，用于对多水平年时态的电网规划网架等重要对象的描述，支撑电气计算、详细负荷预测、工程项目管理等主要规划业务流程。应用接口标准主要用于各类功能应用模块之间的接口建设，解决不同软件应用研发单位以及与其他系统的交互问题。管理体系数据流标准用于各类规划数据采集流程和标准化组织，图 10-6 所示为电网规划数据流示意图，电网规划工作流程本质上是从装机、负荷等边界数据到规划网架数据的数据流。数据流标准主要包含基础边界数据管理和网架数据交互两个方面。其中，装机序列和负荷预测等基础边界数据流是自下而上的，而规划网架数据则存在上下层级的交互。管理体系数据流标准将细致描述各规划单位和机构在数据流中的职能，完成顶层设计。尽管电网规划相关管理规定不断更新，仍较难满足智能规划系统的数据质量要求，直接影响了规划成果的可行性。

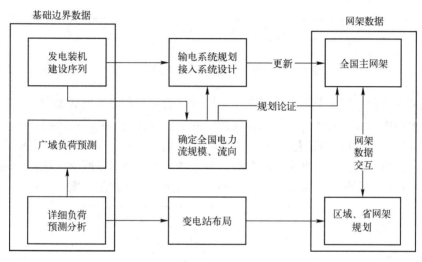

图 10-6 电网规划数据流示意图

3）智能化。在具备信息化和标准化特征之后，规划系统能够初步对规划技术人员进行辅助，大大提高规划的科学性、一致性和集约化程度。应用智能化则是智能规划系统的成熟阶段。

在国家电网公司电网规划研究平台的建设中，初步应用了电网智能规划系统技术。平台为开放式、多用户系统，按总部、网省公司两级应用设计，数据存储采用 Oracle 商用数据库，在地理信息系统基础上基于 B/S（Browser/Server）和 C/S（Client/Server）架构实现。平台采用规范化原则进行数据库设计，初步建立了电网规划网架数据模型。模型按照由核心到外围逐步建设的顺序完成数据组织，具备良好的可拓展性。电网规划工作遵循统一规划、分级管理的原则，根据传统规划思路和电网规划内容深度规定，电网规划必须具备电网现状分析、电力需求预测分析、电源建设布局、电力电量平衡、电网方案设计、电气计算、建设规模分析、经济性分析等主要内容。因此，平台功能设计贯穿了规划的所有流程，保证了平台的实用性，同时将技术应用功能和管理功能相结合。电网规划研究平台功能应用框架如图 10-7 所示，其中规划任务管理、电源基地管理、工程管理、报告辅助编制和电气化铁路牵引站管理模块为管理功能模块。

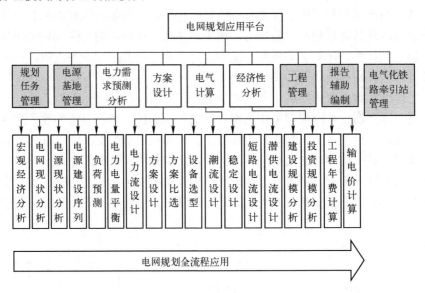

图 10-7　电网规划研究平台功能应用框架

平台应用在总部、网省公司两层部署，电网规划研究平台应用模式如图 10-8 所示。总部设计制定全国电力流，完成主网架初步设计，并下发网省公司。网省公司在主网架初步设计的基础上完成本区域内网架初步设计方案，包括变电站布局、线路走廊等关键部分，并根据本区域实际情况在标准化平台上开展负荷预测工作，上报更新各网省区域内的网架方案和负荷方案。各部门相互配合，最终可形成完整统一的全国电网规划方案。

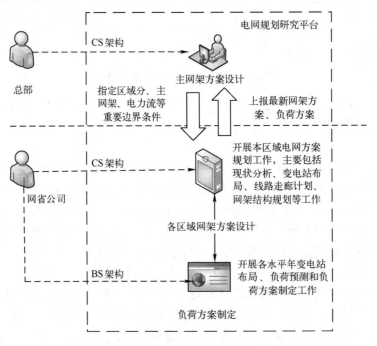

图 10-8　电网规划研究平台应用模式

10.3 数据挖掘

数据挖掘是人工智能和数据库领域研究的热点问题。近年来，数据挖掘引起了信息产业界的极大关注，其主要原因是存在大量数据、可以广泛使用，并且迫切需要将这些数据转换成有用的信息和知识。获取的信息和知识可以广泛用于各种应用，包括商务管理、生产控制、市场分析、工程设计和科学探索等。本节主要介绍数据挖掘的概述和数据挖掘常用技术应用，并且介绍数据挖掘在气象预报研究中的应用案例。

10.3.1 数据挖掘概述

数据挖掘（Data Mining，DM）是美国计算机学会（ACM）于 1995 年提出的概念。它指的是从大量的、不完全的、有噪声的、模糊的、随机的实际数据中，提取隐含在其中的、人们所不知道的、但又是潜在有用的信息和知识的过程。从定义中可知，数据挖掘的数据源是受污染的海量数据，而挖掘结果是少量的、有用的信息及知识。而且挖掘出来的信息及知识不是泛化知识，也就是说挖掘结果不是放之四海皆准的信息，它具有一定的局限性和特定性，甚至是有特定前提条件或约束条件的。

数据挖掘出现于 20 世纪 80 年代后期，是数据库研究中一个很有应用价值的新领域，是一门交叉性学科，融合了人工智能、数据库技术、模式识别、机器学习、统计学和数据可视化等多个领域的理论和技术。由于数据挖掘是数据库中知识发现（Knowledge Discovery in Database，KDD）的核心步骤，发现了隐藏的模式，所以从模式处理的角度来看，许多人认为两者是等同的，图 10-9 所示为数据库中知识发现的过程，图中的数据仓库（Data Warehouse）是整个数据挖掘技术的基础。20 世纪 80 年代中期，数据仓库之父 W. H. Inmon 在《建立数据仓库》（Building the Data Warehouse）一书中定义了数据仓库的概念，随后又给出了更为精确的定义：数据仓库是在企业管理和决策中，面向主题的、集成的、时变的以及非易失的数据集合。与其他数据库应用不同的是，数据仓库更像是一种对分布在企业内部各处的业务数据的整合、加工和分析的过程。

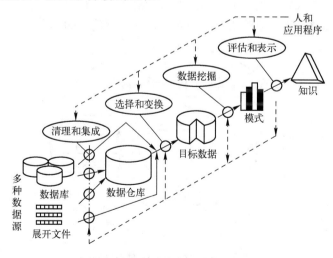

图 10-9　数据库中知识发现的过程

数据挖掘分为有指导的数据挖掘和无指导的数据挖掘。有指导的数据挖掘是利用可用的数据建立一个模型，这个模型是对一个特定属性的描述。无指导的数据挖掘是在所有的属性中寻找某种关系。具体而言，分类、估值和预测属于有指导的数据挖掘，关联规则和聚类属于无指导的数据挖掘。分类是指从数据中选出已经分好类的训练集，在该训练集上运用数据挖掘技术，建立一个分类模型，再将该模型用于对没有分类的数据进行分类。估值与分类类似，但估值最终的输出结果是连续型的数值，估值的量并非预先确定，估值可以作为分类的准备工作。预测则是通过分类或估值来进行的，通过分类或估值的训练得出一个模型，如果对于检验样本组而言该模型具有较高的准确率，可将该模型用于对新样本的未知变量进行预测。相关性分组或关联规则的目的是发现哪些事情总是一起发生的。聚类是自动寻找并建立分组规则的方法，它通过判断样本之间的相似性，把相似样本划分在一个簇中。

数据挖掘的交叉产业标准过程（Cross-Industry Standard Porocess for Data Mining，CRISP-DM）是当今数据挖掘业界通用流行的标准之一，是 SPSA、NCR 和 Daimler Chrysler 这 3 家公司在 1996 年制定的，它强调的是数据挖掘在商业中的应用，解决商业中存在的问题，而不是把数据挖掘局限在研究领域。CRISP-DM 参考模型如图 10-10 所示，其中包括数据、商业理解、数据理解、数据准备、建立模型、模型评估和模型发布。最初的阶段集中在理解项目目标和从商业的角度理解需求，同时将这个知识转化为数据挖掘问题的定义和完成目标的初步计划。数据理解的主要任务是收集数据，通过一些处理识别收集到的数据，并熟悉数据，了解数据内部的各个属性，以及勘察一些令用户感兴趣的子集并形成隐含信息的一些假设。数据准备阶段是数据预处理阶段，用户选取感兴趣的记录和属性，对数据进行清理。而在建模阶段，选择和使用不同的建模技术，根据技术的不同，数据集要求可能会有很大差别，因此在建模阶段常常需要回转到数据准备阶段重新将数据进行整理成对应技术需要的数据格式。模型创建完成后，需要对模型进行深入评估，评估阶段的主要任务就是检查建造模型的各个步骤，确保模型的可行性以及能够完成业务理解阶段制定的数据挖掘目标。最后是模型发布，不过模型发布并不意味着数据挖掘项目的结束。模型的作用是从清理过的数据中找到知识，并且要求确保用户能够重新对获取的知识进行组织和展示。通常根据需求，部署阶段可以产生简单的报告供维护人员或者用户等了解建造的模型。

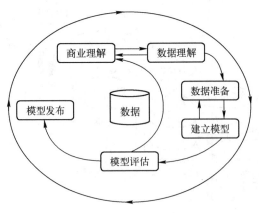

图 10-10　CRISP-DM 参考模型

10.3.2 数据挖掘的常用技术与应用

1. 数据挖掘的常用技术

目前，数据挖掘的常用技术主要包括神经网络法、决策树法、遗传算法、粗糙集法、模糊集法、关联规则法等。其中一些算法在本书前面章节已经进行了详细的介绍，下面主要介绍关联规则法。关联规则反映了事物之间的相互依赖性或关联性，关联模式中典型的是 Apriori 算法，它是由美国计算机科学家阿格拉瓦（R. Agrawal）等人首先提出来的。其算法思想是：首先找出频繁性至少和预定义的最小支持度一样的所有频繁项目集，然后由频繁项目集产生强关联规则。典型的例子就是沃尔玛尿布和啤酒事件，在此例中，商家就是利用统计这两种商品在一次购买中共同出现的频数，将出现频数多的搭配转化为关联规则。Apriori 算法的实现是通过对数据库 D 的多次扫描来发现所有的频繁项目集。在每一次扫描中只考虑具有同一长度的所有项目集，在进行第一次扫描中，Apriori 算法计算 D 中所有单个项目的支持度，生成所有长度为 1 的频繁项目集；在后续的每一次扫描中，首先以 K-1 次扫描所生成的所有项目集为基础来产生新的候选项目集，然后扫描数据库 D，计算这些候选项目集的支持度，删除支持度低于用户给定的最小支持度的项目集；最后，生成所有长度为 K 的频繁项目集。重复以上过程直到再也发现不了新的频繁项目集为止。在这个意义上，数据挖掘的目的就是从源数据库中挖掘出满足最小支持度和最小可信度的关联规则。

2. 数据挖掘的应用

数据挖掘技术可以用来支持广泛的商务智能应用，如顾客分析、定向营销、工作流管理、商店分布、欺诈检测以及自动化购买和销售。数据挖掘还能帮助零售商回答一些重要的商业问题，如"谁是最有价值的顾客？"和"公司明年的营收前景如何？"等。在科学与工程领域，研究者正在收集大量数据，这些数据对获得有价值的新发现至关重要。例如，为了更深入理解地球的气候系统，NASA 已经部署了一系列的地球轨道卫星，不停地收集地表、海洋和大气的观测数据。然而，由于这些数据的规模和时空特性，传统的方法常常不适合分析这些数据集。数据挖掘所开发的技术可以帮助地球科学家回答如下问题："干旱和飓风等生态系统扰动的频度和强度与全球变暖之间有何联系？"和"海洋表面温度对地表降水量和温度有何影响？"等。此外，数据挖掘技术越来越多地应用于医学领域，比如用来分析电子健康记录（EHR）数据。从前对疾病的研究需要手动检查每一个患者的身体记录，并提取与所研究的特定问题相关的、具体的信息，而 EHR 允许更快和更广泛地探索这些数据。目前，EHR 分析侧重于简单类型的数据，如患者的血压或某项疾病的诊断代码。同时很多类型更复杂的医学数据也被收集起来，例如心电图（ECG）、磁共振成像（MRI）或功能性磁共振成像（fMRI）的神经元图像。

3. 数据挖掘的发展趋势

现今，数据挖掘的发展趋势主要在以下几个方面。

1）数据挖掘语言的标准化。语言的标准化对于数据挖掘系统的开发和数据挖掘技术的普遍使用是至关重要的，其可改进多个数据挖掘系统和功能间的互操作，促进其在企业和社会中的使用。

2）数据挖掘的可视化。可视化要求已经成为数据挖掘系统中必不可少的技术，可以在发现知识的过程中进行很好的人机交互。数据的可视化起到了推动人们主动进行知识发现的作用。

3）分布式数据挖掘。分布式技术的到来为日益增长的数据提供了有力支持，而分布式数据挖掘中将分布式技术和数据挖掘技术相结合，也使对分离数据库的可协作数据挖掘工作开发出一个重要领域。

4）数据挖掘与数据库系统和 Web 数据库系统的集成。数据库系统和 Web 数据库已经成为信息处理系统的主流。数据挖掘系统的理想体系结构是与数据库和数据仓库系统的紧耦合。

5）挖掘复杂数据类型的新方法。挖掘复杂数据类型是数据挖掘的重要前沿研究课题，也有人称复杂类型的数据挖掘是"下一代数据挖掘"。伴随着数据的增多，需要处理的数据类型也变得越来越复杂，例如数据流、时间序列、时间空间、多媒体和文本数据等。虽然现在在很多复杂数据类型的挖掘方面取得了一些进展，但是在应用需求和可用技术之间仍然存在较大的差距。

6）数据挖掘中的隐私保护和信息安全。随着信息技术的发展，越来越多的数据涌入了网络，其中包括大量电子形式的个人信息，而挖掘技术的发展和科技的更新，在相反的一面上也使大量的个人信息受到了威胁，因此保护隐私的数据挖掘方法愈显重要。

10.3.3　数据挖掘在气象预报研究中的应用

气象数据同时具有时空属性、多维、多尺度、非平稳、不确定、周期性强、属性相关度高等特点，仅用传统方法对气象数据进行分析和处理会遇到不少困难。在气象预报中，世界各地的气象信息数据是完全共享的，通过这个庞大的数据信息资源可以获得世界上任何一个地方的天气预报数据，能够为气象预报提供气象服务资料依据。数据信息库可以为各个气象预报平台提供原始的天气数据资料，也可在气象预报的分析决策中为客户提供综合分析的变量和结果，更能为气象预报员提供具体的气象信息数据分析方法，使气象预报员在天气预报分析中的操作更为简单和快捷，能够充分满足客户在气象信息资料和气象预报信息分析方法上的需要。将数据挖掘方法应用于气象领域数据的分析和处理，探索各种气象要素间的，及其与天气现象间的内在联系，寻找各种潜在规律去揭示未知的气象理论，不但对气象科学研究很重要，而且能够在丰富天气预报方法、提高天气预报水平等方面产生积极的影响。目前，较为常用的基于数据挖掘方法的预报技术有人工神经网络、遗传算法、支持向量机（Support Vector Machine，SVM）、贝叶斯、决策树和关联规则挖掘等，下面将介绍这几种方法在气象预报中的研究应用。

（1）基于人工神经网络方法的气象预报方法研究

神经网络是一个大规模的非线性自适应系统，通过对样本的学习建立起记忆，然后将未知模式判定为其最接近的记忆，这与具有耗散的、多个不稳定源的高阶非线性特性的气候系统有着极其相似的特点，两者的相似性决定了用神经网络进行气象预报的可能性。近年来，国内外大气科学领域开展了大量的人工神经网络研究，并取得了显著成果。如对不同区域范围的暴雨预报研究，利用神经网络方法确实可以通过对网络的学习训练，从原始数据中提取足够的分类信息，从而达到较高的预报准确率。但是，神经网络在实际应用中也暴露出自身的一些弱点。如收敛慢、学习时间相对长、算法不完备、容易陷入局部极小点；鲁棒性不好、网络性能对网络的初始设置比较敏感、机理分析比较困难。这些缺点都限制了它在实际天气预报中的进一步广泛应用。

（2）基于遗传计算及其融合算法的气象预报方法研究

遗传计算是一种借鉴自然界生物种类遗传和进化过程而形成的自适应全局优化搜索算法。其主要特点是群体搜索策略和群体中个体之间的信息交换，搜索不依赖于梯度信息，具有较强移植性和通用性，它尤其适用于处理传统搜索方法难以解决的复杂非线性问题，对于处理需要进行全局优化的问题也有着较大的优势。而这些特点与具有明显非线性演变特征的气象预报问题有着极其相似的地方，两者之间的共同点决定了将遗传算法应用于气象预报中的可能性。如利用遗传算法得出各预报模式预报结果的权重系数，进而得到该气象要素的集成预报模型，对影响集成预报准确性的因素进行了分析，最终可以实现较好的集成性天气预报；改进的遗传编程模型利用多变量气象卫星数据进行海上的台风降水评估；基于遗传算法框架设计了一个通用的天气系统识别模型，可从多维的数值预报数据中识别出天气系统，达到 80%～100%的定位准确率，还能发现预报者易忽略的可揭示成因或耗散预报特征要素等一系列的研究与应用。

（3）基于支持向量机方法的气象预报方法研究

支持向量机是统计学家 Vapnik 提出的一种建立在统计学习理论的 VC 维理论和结构风险最小原理基础上的有监督机器学习的新方法，近年来受到了学术界的重视，并得到了广泛的应用。SVM 方法的基本思想是通过非线性映射把样本空间映射到一个高维乃至于无穷维的特征空间（Hilbert 空间），在特征空间中寻求最优划分或回归线性超平面，从而解决样本空间中的高度非线性分类和回归等问题。SVM 方法与传统的气象预测方法（如多元回归方法、卡尔曼滤波方法等）相比有明显的优势。首先，它不依赖于模型的选择，且 SVM 本身对不同方法具有一定的不敏感性，能够一定程度地避免维数过高和过拟合等问题，具有预测精度高、求解速度快等优点，更适合解决实际中的小样本问题。此外，SVM 具有良好的泛化能力和抗过敏能力，在处理具有非线性特征的气象要素或天气现象（如降水）的预报时有着明显的优势。然而，支持向量机在实际应用中也存在两点不足：传统 SVM 对于实际大规模问题的训练速度较慢；用 SVM 解决多分类问题存在困难。这两个问题也在不同程度上制约了 SVM 在气象预报中的发展。

（4）基于贝叶斯方法的气象预报方法研究

贝叶斯方法是将关于未知参数的先验信息与样本信息综合，再根据贝叶斯公式，得出后验信息，然后根据后验信息去推断未知参数的一种主观推测方法。其预测取决于先验知识的正确性和新证据的丰富积累，新证据的积累有利于推测分类的准确性，新证据越多，分类的准确性越高。在气象预报领域中，之所以采用贝叶斯网络进行气象预报建模主要是基于以下几点考虑：一是贝叶斯网络的拓扑结构——节点和边的集合，用一种精确而简洁的方式描述了在域中成立的条件独立关系，便于气象预报人员建立其拓扑关系；二是贝叶斯网络的推理能力比较强，能够充分描述人类的推理模式，其图形化的表示方式贴切地蕴含了网络节点变量之间的因果关系及条件相关关系，能够直观地展现气象属性与气象预报之间的因果联系，便于帮助预报人员的理解和开发；三是贝叶斯网络将不确定性的考虑融入条件概率表中，采用条件概率表达各个信息要素之间的相关关系，能在有限的、不完整的、不确定的信息条件下进行学习和推理，符合气象学中处理不确定性的要求，对于处理气象信息的不确定性提供了一个简洁而又准确的分析方法。以上 3 点决定了使用贝叶斯方法进行气象预报的可能性及其优势所在。但是，贝叶斯分析法并非是一种完美无缺的方法，在贝叶斯决策理论中也有许多未能解决的问题。如对所有可能的事件是否应同等对待，怎样更好地对不确定事件进行数量化评价等，都是需要进一步明确的。当然，指出贝叶斯分析法的不足并非意味着否定这一方法的科学性及实用性。

（5）基于决策树方法的气象预报方法研究

决策树是空间数据挖掘进行自动分类的方法之一，它是以规则形式对数据进行自动分类的。由于该方法以图形化的方式表示数据挖掘结果，浅显易懂，易于做出判断，目前已在遥感影像处理、环境演变、灾害天气预测等方面得到了广泛应用。决策树也存在一些缺点：首先，决策树算法不易处理连续数据，数据的属性域必须被划分为不同的类别才能处理，但是并非所有的分类问题都可以明确划分区域类型；其次，决策树算法对缺失数据难以处理，这是由于不能对缺失数据产生正确的分支，进而影响整个决策树的生成；最后，决策树的过程忽略了数据库属性之间的相关性。上述这些问题都或多或少地限制了决策树方法在气象预报中的进一步应用。

（6）基于关联规则挖掘的气象预报方法研究

关联规则挖掘就是通过对历史数据进行查询和遍历，从大量数据中提取或者挖掘出有用的知识，找出存在于数据之间的频繁模式、潜在联系或因果结构。当前，已有的气象数据关联规则挖掘研究的大部分都是使用 Apriori 算法进行的。但是该算法在实际应用中也存在一些问题，如可能产生大量的候选集、可能需要重复扫描数据等。这两个缺点也在一定程度上制约了关联规则挖掘在气象预报中的应用。

综上所述，数据挖掘经过多年的发展，现已有大量经典的数据挖掘算法拓展到气象预报的实践和应用中，它们各有优缺点，在不同的问题背景上具有不同的性能和优越性。在气象预报分析过程中，气象预报的准确程度并不能保证百分百有效，其预测结果具有不可测属性。要想提高气象预报的准确度，就必须选用适当的气象预报分析模型。气象决策服务模型的建立大多具有技术标准高、时空变化快的特点，并且能够科学地提供决策。气象决策服务过程主要包括：一是问题的提出，了解区域内的天气变化规律，实现气象保障的需求目标；二是数据预处理，对大数据信息进行区分和加工，检验数据信息的完整性和信息度，用科学方法进行评估预测，并将数据信息处理结果用客户能够快速理解掌握的方式进行呈现，以便解读。同时，在数据挖掘过程中要不断对数据信息进行优化处理，以满足客户对时空气象变化的要求。近年来，以感知学习为基础的神经网络和支持向量机是国内外气象预报领域研究和应用较广泛的数据挖掘方法。而关联规则挖掘方法在各种灾害天气的规律分析及其预测研究的应用非常多且具有较强的效能。

10.4　本章小结

人工智能技术对于人类的生活与工作有着重要的影响，本章介绍了人工智能在机器人学、智能规划和数据挖掘中的应用。人工智能一直处于计算机技术的前沿，其研究的理论和发现在很大程度上将决定计算机技术的发展方向。今天，已经有很多人工智能研究的成果进入人们的日常生活，将来，人工智能技术的发展将会给人们的生活、工作和教育等带来更大的影响。

10.5　思考与练习

（1）简述机器人系统的组成，以及各部分的功能。
（2）经典的规划环境有什么特点？
（3）智能规划可以应用在哪些地方？
（4）数据挖掘常用方法有哪些？